医疗器械系列教材

无源医疗器械检测技术

徐秀林　主编

U0225855

科学出版社

北　京

内 容 简 介

  本书结合检测仪器,在编写过程中参考国内外最新的无源医疗器械的检测标准和检测方法,以 GB/T 16886 的要求为主线,系统地论述了典型无源医疗器械的结构原理、检测标准和检测方法,全书共分十章,每章末尾都附有一定数量的思考题。

  全书编排结构合理、语言通俗、自成体系,突出了内容的先进性、系统性和实用性。

  本书可作为高等院校医疗器械检测技术、医疗器械质量与安全工程专业的教材或教学参考用书,也可作为从事医疗器械产品质量认证和产品检测的技术人员、医疗器械监督管理人员、医疗器械生产和经营工作者及临床工程技术人员的参考用书。

图书在版编目(CIP)数据

无源医疗器械检测技术/徐秀林主编. —北京:科学出版社,2007
(医疗器械系列教材)
ISBN 978-7-03-019571-5

Ⅰ. 无… Ⅱ. 徐… Ⅲ. 医疗器械-检测 Ⅳ. TH77

中国版本图书馆 CIP 数据核字(2007)第 121869 号

责任编辑:王志欣 孙 芳/责任校对:刘小梅
责任印制:赵 博/封面设计:耕者

科学出版社 出版
北京东黄城根北街 16 号
邮政编码:100717
http://www.sciencep.com

北京中石油彩色印刷有限责任公司印刷
科学出版社发行 各地新华书店经销
*
2007 年 8 月第 一 版 开本:B5(720×1000)
2025 年 1 月第九次印刷 印张:19 1/4
字数:369 000

定价:**68.00** 元
(如有印装质量问题,我社负责调换)

前　言

随着现代科学和医疗卫生事业的迅速发展，具有高新技术的医疗器械工业在医疗卫生事业中起着越来越重要的作用。我国于 2000 年 1 月 4 日颁布了《医疗器械监督管理条例》，这是我国医疗器械监督管理进入法制化建设的新的里程碑，它标志着我国医疗器械监督管理工作进入法制化、规范化和依法监督管理的新时期。随着改革开放的不断深入，世界各种先进的技术和新的科技成果引入我国的医疗器械工业，大力推进了医疗器械新产品的研究和开发，同时也对我国医疗器械的监管水平提出了更高的要求。医疗器械产品使用安全性的问题得到了全社会的普遍关注，医疗器械产品质量的优劣关系到广大患者的生命安全，这就要求政府部门必须把保障人体健康和生命安全作为其监督管理的重要职责。其中，关键要求就是医疗器械产品质量认证技术的先进性、准确性和公正性。为此，全国各级医疗器械监督管理部门、医疗器械生产企业、医疗器械经营企业、医疗器械使用单位需要大量既具备医疗器械专业技术知识，又具备医疗器械监督管理法规知识、检测标准知识和检测技术能力的管理人才和专业技术的应用型人才。在此应用背景下，作者撰写了《有源医疗器械检测技术》和《无源医疗器械检测技术》两本书。

本书以 GB/T 16886 的内容为主线，紧紧围绕一次性使用无菌医疗器械和体内植入器械的质量与安全方面，全面而翔实地介绍了常用无源医疗器械及其标准和检测方法。本书可作为高等院校医疗器械检测技术、医疗器械质量与安全工程专业的教材或教学参考书，也可作为从事医疗器械产品质量认证和产品检测的技术人员、医疗器械监督管理人员、医疗器械生产和经营工作者及临床工程技术人员的参考用书。

全书共分为十章。其中，第一章至第五章、第七章和第九章由徐秀林同志编写，第六章和第八章由谷雪莲同志编写，第十章由崔海坡同志编写。第一章介绍了医疗器械生物学评价原则及评价方法；第二章介绍了医用注射、输液、输血器具的国家标准及其检测方法；第三章介绍了血压计检测标准及其方法；第四章介绍医疗器械中不溶微粒的检测方法及相关仪器；第五章介绍了环氧乙烷残留量的检测方法及仪器；第六章介绍了人工心脏瓣膜检测标准及方法；第七章介绍外科植入器械相关标准及其检测方法；第八章介绍血管支架及其检测方法；第九章介绍了中空纤维透析器及其检测方法；第十章介绍了人工晶体及其检测方法。

本书在编写过程中得到了上海理工大学医疗器械与食品学院沈力行教授的大

力帮助，并且，核工业北京化工冶金研究院的由文职工程师和张红海工程师对本书的部分章节进行了详细的修改，他们在本书的编撰过程中提出了许多宝贵的修改意见。上海理工大学硕士研究生杨瑜静同学对本书的编辑提供了许多帮助，在此一并表示感谢。

由于作者水平和经验有限，加之时间仓促，错误和不妥之处在所难免，敬请读者不吝批评指正。

作　者

2007 年 3 月

目　　录

第一章 医疗器械生物学评价

§1-1 概 述

为了保障医疗器械在临床使用中的安全、有效，1976年，美国国会最早立法，授权食品药品管理局（FDA）管理医疗器械，并实行售前审批制度。随后，西欧、日本、加拿大、澳大利亚等也相继进行强制性管理。与此同时，国际各学术机构和团体也加强了医疗器械的安全性评价研究。1979年，美国国家标准局和牙科协会首先发布了"口腔材料生物学评价标准"（ANSI/ADA41—1979）。1982年，美国材料试验协会（ASTM）发布了"生物材料和医疗器械的生物学评价项目选择标准"（ASTMF748—82），并随后相继颁布了相关的生物学评价试验标准。1984年，国际标准化组织（ISO）颁布了"口腔材料生物学评价标准"，加拿大颁布了"生物材料评价试验方法标准"。1986年，美国、英国和加拿大的毒理学和生物学专家制定了"生物材料和医疗器械生物学评价指南"。1987年，美国药典（USP）发布了"医用塑料的生物学评价试验方法（体外）"，1988年又发布了"医用塑料的生物学评价试验方法（体内）"。1989年，英国发布了"生物材料和医疗器械的生物学评价标准"。1990年，联邦德国发布了"生物材料的生物学评价标准"。1992年，日本完成了"生物材料和医疗器械的生物学评价指南"。与此同时，国际标准化组织在1989年专门成立194技术委员会研究制定"生物材料和医疗器械生物学评价标准"。目前，该委员会已制定18个有关标准：10993—1（1997）生物学评价和试验；10993—2（1997）动物保护要求；10993—3（1997）遗传毒性、致癌性和生殖毒性试验；10993—4（1992）与血液相互作用试验的选择；10993—5（1998）细胞毒性试验（体外）；10993—6（1999）植入后局部反应试验；1099—7（1995）环氧乙烷灭菌残留量；10993—8（1998）生物学试验的参照材料选择和确定指南；10993—9（1999）潜在降解产物的鉴别和限定；10993—10（1995）刺激和致敏试验；10993—11（1997）全身毒性试验；10993—12（1996）样品制备和参照材料；10993—13（1998）聚合物降解产物的鉴别和限定；10993—14（1997）陶瓷制品降解产物的鉴别和限定；10993—15（1997）涂层和未涂层金属和合金降解产物的鉴别和限定；10993—16（1997）降解产物和可沥滤物毒性动力学研究设计；10993—17工业化灭菌的医疗器械中戊二醛和甲醛残留量（未完成）；10993—18（1997）材料化学特性。同时，将原编号为10993—8的医疗器械临床研究标准以ISO14155—1996颁布。

我国在 1994 年正式组团参加该委员会会议，并申请由观察会员国成为正式会员国。

我国从 20 世纪 70 年代后期开始研究生物材料和医疗器械的生物学评价，基本上是和国外同步开展这方面研究的。中国医学科学院生物医学工程研究所、上海第二医科大学、中国药品生物制品检定所等单位进行了开拓性研究；随后，天津医药科学研究所、四川劳动卫生职业病防治研究所、中山医科大学、第四军医大学、国家医药管理局医用高分子产品质量检测中心等单位也先后开展了大量研究工作。1983 年，由中国药品生物制品检定所牵头的十个研究单位承担了国家科委"六五"课题——医用热硫化甲基乙烯基硅橡胶标准研究，在该课题中，对生物材料生物学评价试验项目选择（短期）和试验方法进行了研究。1987 年，卫生部将此标准正式发布（WS5—1—87），为我国开展生物材料和医疗器械的生物学评价提供了依据。为了适应我国生物材料和医疗器械发展的需要，国内急需一个与国际评价标准相接轨和统一的生物学评价标准，为此，中国药品生物制品检定所、上海第二医科大学、天津医药科学研究所、中山医科大学、四川劳动卫生职业病防治研究所和第四军医大学六个单位在 1990 年承担了卫生部科学研究基金课题——生物材料和制品的生物学评价标准研究。在卫生部支持下，经过六个研究单位的共同努力，1994 年正式完成此课题，并通过卫生部组织的专家鉴定。1997 年，卫生部以卫药发（1997）第 81 号文，将此研究成果以"生物材料和医疗器材生物学评价技术要求"下发到各省、市、自治区卫生局，要求各地遵照执行。在原国家医药局的支持下，原山东医用高分子质量检测中心等单位在 1993 年制定了"医用输液、输血、注射器具检验方法"，1996 年制定了国际"医用有机硅材料生物学评价试验方法"，在 1997 年将 ISO10993—1、10993—3、10993—5、10993—6、10993—11 五个标准转化成国标，并以 GB/T 16886—1、GB/T 16886—3、GB/T 16886—5、GB/T 16886—6、GB/T 16886—11 颁布。1998 年，国家药品监督管理局成立后，于 2000 年将 ISO10993—2、10993—10、10993—12 三个标准转化成国标 GB/T 16886—2、GB/T 16886—10、GB/T 16886—12。同时，编写 GB/T 16886（即 ISO10993）的宣传贯彻教材，在全国开展 GB/T 16886 的宣传贯彻工作。

§1-2　生物学评价试验原则

选择和评价任何用于人体的材料和器械，都需要有一套评价程序。在设计过程中，应权衡各种材料的优缺点，选择试验步骤。为了保证最终产品安全应用于人体，对直接或间接与人体接触的医疗器械，在设计程序中应包括生物学评价。

GB/T 16886 涉及医疗器械和材料的使用安全性，作为器械和材料总体评价与开发的一部分，用以评价器械和材料的生物学反应，并确定器械和材料在常规应用中对组织的影响。

生物学危害的范围很广。医疗器械生物学危害分为两个方面，一是材料带来的生物学危害，二是器械的机械故障引起的生物学危害。GB/T 16886 系列标准只涉及前者，不涉及后者，它是根据拟用于人体的材料或器械与人体作用的途径和接触时间以及其他有关因素，提供一套生物学评价程序，该标准的作用是以一个框架结构帮助设计一种少用动物（即使用动物数量最少）的最经济、最省时而又最可靠的生物学评价方案。

在考虑一种材料与组织的相互作用时，不能脱离器械的总体设计。在组织作用方面最好的材料未必能使器械有好的性能。当为使器械有效地使用而选用好材料与组织作用时，还要评价其尺寸对组织的影响，对此，迄今为止的标准和指南中一般都没有涉及到。

材料在某种应用中出现生物学副反应。生物学试验依赖于动物模型，因此，材料在动物体内所出现的组织反应，在人体内不一定出现同样的反应。反之，即使已证实是好的材料，由于人体间的差异，也会在某些人身上产生不良反应。

目前的生物学试验都依赖于动物模型，然而，随着科学进步和人们对基本机理的了解，只要科学上证明能获得同样的信息，应优先采用体外试验模式。对于器械和材料而言，应用一套硬性规定的试验方法及合格/不合格指标，会出现两种可能，一种可能是会受到不必要的限制，另一种可能是产生虚假的安全感。在一些被证明是特殊应用的情况下，生产领域或使用领域的专家可以在具体的产品标准中规定特殊的试验和指标。

一、GB/T 16886 适用范围

该标准对下列方面给出指南：① 指导医疗器械生物学评价的基本原则；② 按器械与人体接触的性质和时间分类的定义；③ 选择合适的试验。

其不涉及与病人身体不直接亦不间接接触的材料和器械，也不涉及由于机械故障所引起的生物学危害。

二、常用词的定义和术语

医疗器械：指单独或者组合使用于人体的仪器、设备、器具、材料或者其他物品，包括所需要的软件。其使用旨在达到下列预期目的：疾病的诊断、预防、监护、治疗或缓解；伤残的诊断、监护、治疗、缓解或代偿；人体结构或生理过程的研究、替代或修复；妊娠的控制。其对于人体内的主要预期作用不是用药理学、免疫学或代谢的手段获得，但可能有这些手段参与并起一定辅助作用。

材料：任何用于器械及其部件的合成或天然的聚合物、金属、合金、陶瓷或其他无生命活性物质，包括无生命活性的组织。

最终产品：处于"使用"状态的医疗器械。

三、材料和器械生物学评价的基本原则

在选择制造器械所用材料时，应首先考虑材料的特点和性能，包括化学、毒理学、物理学、电学、形态学和力学等性能。器械总体生物学评价应考虑以下方面：① 生产所用材料；② 助剂、工艺污染和残留；③ 可沥滤物质；④ 降解产物；⑤ 其他成分以及它们在最终产品上的相互作用；⑥ 最终产品的性能与特点。如果合适，应在生物学评价之前对最终产品的可浸出化学成分进行定性和定量分析。

用于生物学评价的试验与解释应考虑材料的化学成分，包括接触状况和器械及其成分与人体接触的性质、程度、次数和周期。为简化试验选择，根据以下原则对器械分类，来指导对材料和最终产品的试验。

生物学潜在危害的范围很广，可能包括：① 短期作用（如急性毒性、对皮肤、眼和结膜表面刺激、致敏、溶血和血栓形成）；② 长期或特异性毒性作用〔如亚慢性或慢性毒性作用、致敏、遗传毒性、致癌（致肿瘤性）和对生殖的影响，也包括致畸性〕。对每种材料和最终产品都应考虑所有潜在的生物学危害，但这并不意味着所有潜在危害的试验都必须进行。所有体外或体内试验都应根据最终使用情况，由专家按实验室质量管理规范（GLP）进行，并尽可能先进行体外筛选，然后再进行体内试验。试验数据应予以保留，数据积累到一定程度就可得出独立的分析结论。

在下列任一情况下，应考虑对材料或最终产品重新进行生物学评价：① 制造产品所用材料来源或技术条件改变时；② 产品配方、工艺、初级包装或灭菌改变时；③ 贮存期内最终产品中的任何变化；④ 产品用途改变时；⑤ 有迹象表明产品用于人体时会产生副作用。

按上述原则进行生物学评价应对生产器械所用材料成分的性质及其变动性、其他非临床试验、临床研究及有关信息和市场情况进行综合考虑。

四、医疗器械分类

任何一种属于下列类型的器械，应按本标准所述的基本原则进行试验。某些器械可能兼属几类，应考虑进行所属各类相应的试验。

1. 按接触性质分类

1）非接触器械
不直接或不间接接触患者的器械，本标准不涉及这类器械。

2）表面接触器械

包括与以下部位接触的器械：

（1）皮肤：仅接触未受损皮肤表面的器械，如各种类型的电极、体外假体、固定带、压迫绷带和监测器。

（2）黏膜：与黏膜接触的器械，如接触镜、导尿管、阴道内或消化道器械（胃管、乙状结肠镜、结肠镜、胃镜）、气管内管、支气管镜、义齿、畸齿矫正器、宫内避孕器。

（3）损伤表面：与伤口或其他损伤体表接触的器械，如溃疡、烧伤、肉芽组织敷料或治疗器械、创可贴等。

3）外部接入器械

包括接至下列部位的器械：

（1）血路：间接与血路上某一点接触，作为管路向血管系统输入的器械，如输液器、延长器、转移器、输血器等。

（2）组织/骨/牙质接入：接入组织、骨和牙髓/牙质系统的器械和材料，如腹腔镜、关节内窥镜、引流系统、齿科水门汀、齿科充填材料和皮肤钩等。

（3）循环血液：接触循环血液的器械，如血管内导管、临时性起搏电极、氧合器、体外氧合器管及附件、透析器、透析管路及附件、血液吸附剂和免疫吸附剂。

4）植入器械

包括与以下部位接触的器械：

（1）组织/骨：主要与骨接触的器械，如矫形钉、矫形板、人工关节、骨假体、骨水泥和骨内器械。主要与组织和组织液接触的器械，如起搏器、药物给入器械、神经肌肉传感器和刺激器、人工肌腱、乳房植入物、人工喉、骨膜下植入物和结扎夹。

（2）血液：主要与血液接触的器械，如心脏起搏电极、血管支架、人工动静脉瘘管、心脏瓣膜、血管移植物、体内药物释放导管和心室辅助装置。

2. 按接触时间分类

（1）短期接触（A）：一次或多次使用接触时间在 24h 以内的器械；

（2）长期接触（B）：一次、多次（累积）或长期使用接触时间在 24h 以上、30d 以内的器械；

（3）持久接触（C）：一次、多次（累积）或长期使用接触超过 30d 的器械。

如果一种材料或器械兼属两种以上时间分类，应执行较严的试验要求。对于多次使用的器械，应考虑潜在的累积作用，按这些接触的总时间对器械进行分类。比如输液器，考虑到某些特殊病人要经常使用，累积使用时间会超过 24h，因此，要列入长期接触类。同理，透析器要列入持久接触类。

按上述分类原则，表 1-2-1、表 1-2-2、表 1-2-3 列出了各类器械实例。

表 1-2-1　表面接触器械

皮肤	A	粘附电极、压迫绷带、监测器探头
	B	急救绷带、固定带
	C	外科矫形固定用制品
黏膜	A	人工排泄口（用于人工肛门）、泌尿系统冲洗用导管、泌尿系统诊断导管、尿道造影导管、接触镜、阴道内或消化道器械（胃管、乙状结肠镜、结肠镜、胃镜）、支气管镜
	B	胃肠道用导管：进食管、胃肠道引流、灌注、清洗和取样用导管、肛门管 呼吸道用导管：吸痰用导管、气管内导管（包括麻醉用气管插管）、供气管道、给氧管道、泌尿系统用导管、尿道用导管
	C	接触眼镜、宫内避孕器、义齿、畸齿矫正器
损伤皮肤	A	外科用敷料、溃疡、烧伤、肉芽组织治疗器械
	B	急救绷带、创可贴
	C	创伤、愈合和保护用敷料（烫伤用敷料等）

表 1-2-2　外部接入器械

组织和骨	A	外科用乳胶手套、吸引管、腹腔镜、关节内窥镜、皮肤钩
	B	治疗腹水用留置针、透析血液循环用的吸附柱、胆管治疗用导管、经皮肤穿刺胆管引流导管、食管静脉曲张止血带气囊导管、瘘道用导管、气管切开用导管、脑积液引流导管、连续灌注或引流用导管（经皮留置）、组织扩张器
	C	腹膜透析管和套管、齿科水门汀、齿科充填材料
间接与血液接触	A	注射器、注射针、带翼输液针、采血器、输血器、白细胞过滤器、延长器、转移器、自体血液回输装置
	B	输液器、静脉输液留置针
	C	—
循环血液	A	心室放射学检查用血管导管、心脏外科手术用导管、心脏诊断和治疗用导管、导管套、引导管、扩张器和导丝、主动脉内气囊反搏用导管、膜式血浆分离器（用于收集血浆）、采集血浆用导管、血浆分离器、膜式血浆成分分离器、血浆灌流柱（用于选择性血浆吸附、免疫调理等）、血浆灌注导管、血液灌流吸附柱（用于重症肝炎等）、血液灌流导管、一次性使用的自体血液回输器、氧合器（体外循环用）、体外循环用储血器、体外循环血液过滤器、体外循环吸引器、体外循环热交换器、体外循环用血液导管、血液浓缩器、血液灌流柱（用于免疫调理等）
	B	静脉内留置导管、带套管穿刺针、血液透析用血液进出导管、血流监测导管、治疗腹水用过滤器和浓缩器、治疗腹水用导管、血液透析器、血液透析留置针、血液准流吸附柱（用于肾辅助治疗）、血液过滤器、体外膜式氧合器、体外膜式氧合器储血器、体外膜式氧合器血液过滤器、体外膜式氧合器吸引管、体外膜式氧合器热交换器、体外膜式氧合器用导管、连续血液过滤器、连续血滤过滤器用导管、血袋
	C	肠道外营养中心静脉输注导管（人工肠道等）、心室辅助装置（半体内装置）、人工胰脏（半体内装置）

表 1-2-3　体内植入器械

骨/组织	A	—
	B	吸收性外科缝线和夹、非吸收性外科缝合线、人工肌腱、视网膜剥离手术用材料、暂时性使用的心脏起搏器、神经肌肉内传感器和刺激器
	C	颌面部修复材料、外科矫形内固定制品、骨内器械、人工骨、人工关节、骨水泥、人工硬脑膜、人工乳房、植入式软组织扩张器、人工耳、植入式心脏起搏器、人工喉、人工晶状体、皮下植入药物给入器械、植入牙、体内植入避孕药物缓释材料、降解材料和制品、人工肌腱、透明质酸钠、非血管内支架
血液	A	—
	B	暂时使用的心脏起搏器电极、永久性起搏器电极
	C	机械或生物心脏瓣膜、人工心脏瓣环、人工或生物血管、心脏和血管修补片、动静脉短路管道、支架

五、试验

试验应在最终产品或取自最终产品或材料的有代表性的样品上进行。除以上规定的基本原则外，医疗器械的生物学试验还应注意以下方面。

（1）器械在正常使用时，与人体作用或接触的性质、程度、时间、频次和条件；

（2）最终产品的化学和物理性能；

（3）最终产品配方中化学制剂毒理学活性；

（4）如排除了可沥滤物的存在，或已知可沥滤物的毒性可以接受，某些试验可以不进行（如对全身作用的评价）；

（5）器械表面积与接受者身材大小的关系；

（6）已有的文献、非临床试验和经验方面的信息；

（7）主要目的是保护人类，其次是保证动物福利，使动物的数量和使用降至最低限；

（8）如果是制备器械浸提液，溶剂及浸提条件应与最终产品的性质和使用相适应；

（9）试验应有相应的阳性对照和阴性对照；

（10）试验结果不能保证器械无潜在的生物危害，器械在临床使用期间还应进行生物学调查，仔细观察对人体所产生不希望有的副反应或不良事件。

1. 基本评价试验内容

1）细胞毒性

该试验采用细胞培养技术，测定由器械、材料和/或其浸提液造成的细胞溶解（细胞死亡）以及对细胞生长的抑制和其他影响。

2）致敏

该试验采用一种适宜的模型测定器械、材料和/或其浸提液潜在的接触致敏性，该试验较为实用，因为即使是少量的可沥滤物的使用或接触也能引起致敏反应。

3）刺激

该试验采用一种适宜的模型，在相应的部位或在皮肤、眼、黏膜等植入组织上测定器械、材料和/或其浸提液潜在的刺激作用。要测定器械、材料及其潜在可沥滤物的刺激作用，试验的进行应与使用或接触的途径（皮肤、眼、黏膜）和持续时间相适应。

4）皮内反应

该试验评价组织对器械浸提液的局部作用，适用于不适宜做表皮或黏膜刺激试验的情况（如连向血路的器械），还适用于亲水性浸提物。

5）全身毒性（急性）

该试验将器械、材料和/或其浸提液在 24h 内一次或多次作用于一种动物模型，测定其潜在的危害作用，适用于接触会导致有毒的沥滤物和降解产物吸收的情况。该试验还包括热原试验，检测器械或材料浸提液的材料致热反应。专项试验不能区分热原反应是因材料本身还是因内毒素污染所致。

6）亚慢性毒性（亚急性毒性）

该试验在大于 24h 但不超过试验动物寿命的 10% 的时间（如大鼠是 90d）内，测定器械、材料和/或其浸提液一次或多次作用或接触对试验动物的影响。试验应与器械实际接触途径和作用时间相适应。

7）遗传毒性

该试验采用哺乳动物或非哺乳动物的细胞培养或其他技术，测定由器械、材料和/或其浸提液引起的基因突变、染色体结构和数量的改变，以及 DNA 或基因的其他毒性。

8）植入

该试验是用外科手术法，将材料或最终产品的样品植入或放入预定植入部位或组织内（如特殊牙科惯用试验），在肉眼观察和显微镜检查下，评价对活体组织的局部病理作用。试验应与器械实际接触途径和作用时间相适应。对一种材料来说，如还评价全身作用，该试验等效于亚慢性毒性试验。

9）血液相容性

该试验评价血液接触器械、材料或一相应的模型或系统对血液或血液成分的作用。特殊的血液相容性试验，还可设计成模拟临床应用时器械或材料的形状、接触方式和血流动态。

溶血试验采用体外法测定由器械、材料和/或其浸提液导致的红细胞溶解和血红蛋白释放的程度。

2. 补充评价试验

1）慢性毒性

该试验是在不少于试验动物寿命10%（如大鼠是90d以上）的时间内，一次或多次将器械、材料和/或其浸提液作用于试验动物，测定其对动物的影响。试验应与器械实际接触途径和作用时间相适应。

2）致癌性

该试验是在试验动物的寿命期内，一次或多次将器械、材料和/或其浸提液作用于试验动物，测定潜在的致肿瘤性。在专项实验研究中，该试验还可检验器械或材料的慢性毒性和致肿瘤性。致癌性试验只有在从其他方面获取到有建议性的资料时才进行，试验应与器械实际接触途径和作用时间相适应。

3）生殖与发育毒性

该试验评价器械、材料和/或其浸提液对生殖功能、胚胎发育（致畸性）以及对胎儿和婴儿早期发育的潜在影响。只有在器械有可能影响应用对象的生殖功能时，才进行生殖/发育毒性试验或生物测定。试验应考虑器械的应用位置。

4）生物降解

在存在潜在的可吸收和/或降解时，该试验可测定器械、材料和/或其浸提液的可沥滤物和降解产物的吸收、分布、生物转化和消除的过程。

生物学评价与试验选择指南见表1-2-4和表1-2-5。其中，表1-2-4用于确定各种器械和作用时间应考虑的基本评价试验，表1-2-5用于确定各种器械和作用时间应考虑的补充评价试验。

由于医疗器械的多样性，对任何一种器械而言，所确定的各种试验并非都是必需的或可行的，应根据器械的具体情况考虑应做的试验，必须对选择和/或放弃试验的理由进行记录。

一般是在完成基本评价试验后，再考虑补充评价试验。在遗传毒性试验出现阳性或被测材料与已知致癌物质的结构相似时，就应做致癌试验；如果材料和器械用于计划生育或生殖系统部位时，就必须补充做生殖和发育毒性试验；如果材料和器械在体内会发生降解，就必须补充做体内降解试验。

表 1-2-4　基本评价试验指南

器械分类		接触时间 A—短期（≤24h） B—长期（>24h～30d） C—持久（>30d）	细胞毒性	致敏	刺激或皮内反应	全身毒性（急性）	亚慢性（亚急性）毒性	遗传毒性	植入	血液相容性
人体接触										
表面器械	皮肤	A	×	×	×					
		B	×	×	×					
		C	×	×	×					
	黏膜	A	×	×	×					
		B	×	×	×					
		C	×	×	×			×	×	
	损伤表面	A	×	×	×					
		B	×	×	×					
		C	×	×	×			×	×	
外部接入器械	血路，间接	A	×	×	×	×				×
		B	×	×	×	×				×
		C	×	×	×	×	×	×		×
	组织/骨/牙接入	A	×	×	×					
		B	×	×				×	×	
		C	×	×				×	×	
	循环血液	A	×	×	×	×				×
		B	×	×	×	×		×		×
		C	×	×	×	×	×	×		×
植入器械	组织/骨	A	×	×	×					
		B	×	×				×	×	
		C	×					×	×	
	血液	A	×	×	×	×			×	×
		B	×	×	×	×		×	×	×
		C	×	×	×	×	×	×	×	×

注：应考虑各器械的主要特长。

表 1-2-5 补充评价试验指南

器械分类		接触时间 A—短期（≤24h） B—长期（>24h～30d） C—持久（>30d）	生物学试验			
人体接触			慢性毒性	致癌性	生殖与发育毒性	生物降解
表面器械	皮肤	A				
		B				
		C				
	黏膜	A				
		B				
		C				
	损伤表面	A				
		B				
		C				
外部接入器械	血路，间接	A				
		B				
		C	×	×		
	组织/骨/牙接入	A				
		B				
		C		×		
	循环血液	A				
		B				
		C	×	×		
植入器械	组织/骨	A				
		B				
		C	×	×		
	血液	A				
		B				
		C	×	×		

注：应考虑各器械的主要特长。

　　由于生物材料和医疗器械的复杂性，在进行生物学评价试验选择时，应考虑到各方面因素，以下是一些基本原则和注意事项：

　　（1）在考虑一种材料与组织间的相互作用时，不能脱离整个医疗器械的总体设计。一个好的医疗器械必须要具备有效性和安全性，这就涉及到材料的各种性能，例如，化学性能、电子性能、力学性能、形态学性能、生物学性能等。一个生物相容性好的材料未必具备好的力学性能，因此，一般是在材料满足其物理和化学性能后，再去评价它的生物性能。

　　（2）对一个产品的生物学评价，不仅和制备产品的材料的性能有关，而且还和加工工艺有关，所以应该考虑加入材料中的各种添加剂，以及材料在生理环境中可浸提出的物质或降解的产物。在产品标准制定时，应对最终产品的可浸提物质的化学成分进行定性和定量分析，这样，可控制和减少最终产品对生物体的危害。

　　（3）考虑到灭菌可能对医疗器械的潜在作用，以及伴随灭菌而产生的毒性物质，因此，在进行生物学评价试验时，应该用最后灭菌过的产品或其中有代表性的样品作为试验样品或作为制备浸提液样品。

　　（4）在进行生物学评价试验时，为了减少动物使用量并节约时间，一般是先进行体外试验，后进行动物试验。如果体外试验都通不过，就不必做动物试验。一般是先进行溶血试验和细胞毒性试验，特别是溶血试验，具有很高的灵敏度，是一个很好的粗筛试验。

　　（5）进行生物学试验必须要在专业实验室（应通过国家有关部门的认证），并由经过培训且具有实践经验的专业人员进行，其试验结果应具有可重复性。在对最终产品作出评价结论时，也应考虑到产品的具体应用及有关文献（包括临床使用资料）。

　　（6）由于材料和器械的复杂性和使用的多样性，不能规定一套硬性的合格或不合格指标。否则会出现两种可能，一种可能是受到不必要的限制，另一种可能是产生虚假的安全感。因此，一般是在最终产品的标准中确定合格或不合格的指标。

　　（7）当最终产品投放市场后，如果制造产品的材料来源或技术条件发生变化，产品的配方、工艺、初级包装或灭菌条件改变，储存期内产品发生变化，产品用途发生变化，有迹象表明产品用于人体会产生副作用时，要对产品重新进行生物学评价。

　　图1-2-1为医疗器械生物学评价程序框图，由图中可判断出哪些器械需要做生物相容性评价试验。

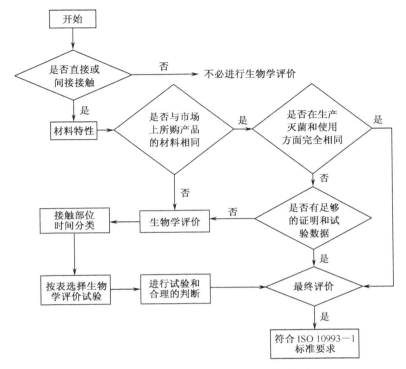

图 1-2-1　医疗器械生物学评价程序框图

§1-3　生物学评价试验的样品制备

一、试验样品的选择原则

有些医疗器械生物学评价试验可以直接用材料作试验样品，但有些生物学评价试验必须用溶液（例如全身急性毒性试验、刺激试验等）作试验样品，同时，医疗器械种类繁多、形状各异，并且大多数医疗器械不能在溶液中溶解，为生物学评价试验的试验样品选择和制备的标准化带来很大难度，但试验样品的选择和制备标准化是保证生物学评价试验结果可靠和可比性的很关键的一步，因此，应遵守以下选择原则：

（1）首先，最好直接用医疗器械作为试验样品。

（2）若不能直接用医疗器械成品，可选择医疗器械成品中有代表性部分作为试验样品。如果还不行，可用相同配方材料的有代表性样品进行试验，按照与成品相同的工艺过程进行预处理。如：① 合成材料应作为单一材料的试验样品。② 有表面涂层的器械试验样品应包括涂层材料和基质材料。③ 器械如果使用粘接剂、射频密封或溶剂密封，试验样品应包括粘接和（或）密封处有代表性的部分。④ 若在临床中使用固化的材料，如粘固剂、粘接剂或充填剂，最好采用临床使用的状态进行试验；如果不行，应采用临床使用最小固化期时作为试验样品。

（3）若不能采用医疗器械成品或有代表性部分作试验样品时，可采用以上样品制备浸提液进行试验（详见医疗器械浸提液制备）。

在采用医疗器械成品或有代表性部分作试验样品时，如果器械是由不同材料组成，还应考虑到不同材料的相互作用和综合作用。有些特殊生物学评价试验（例如致癌试验），试验样品的几何形状可能大于材料类型的影响，这时，试验样品的几何形状要比按比例选择器械上有代表性的不同材料更为重要。有的生物学评价试验（例如植入试验）则要求对单一材料进行评价，这样，若是不同材料组成的医疗器械，就需要对这些不同材料分别进行生物学评价试验。

二、试验样品的制备

生物学评价所用的试验样品应是最终产品成分、工艺和表面特性的综合代表，在制备过程中应符合以下要求：

（1）对于高分子材料，其成分应包括树脂、聚合物和所有添加剂。对于配方的替代成分也要评价，并对配方作详细说明，包括材料的耐热性、原始状态、再粉碎以及最大允许的再粉碎。

（2）对于金属材料，应取自与医疗器械相同的原材料，并且与最终产品相同的车、磨和抛光、表面处理和灭菌等而制备的试验样品。

（3）对于陶瓷材料，应取自与医疗器械生产的同批粉料，并且用与最终产品生产相同的铸造、浇铸、烧结、表面抛光加工和灭菌而制备的试验样品。

（4）由于器械的表面对生物反应有很大影响，因此，最好是使用器械的最终产品与细胞或生物体接触，或采用与器械最终产品相同的工艺加工成的小器械样品，这些比代表性部分更能反应原医疗器械的生物学特性。

三、医疗器械浸提液制备

如上所述，在进行生物学评价试验时，应尽量采用医疗器械最终产品或有代表性部分作为试验样品；当无法采用上述医疗器械本身进行生物学评价试验时，才采用医疗器械浸提液作为试验样品。但应认识到，用浸提液作为试验样品所得的结果是有一定局限性的。用浸提液作为试验样品可测定医疗器械中可滤出物质对生物体的生物反应，从而进一步预测医疗器械对于人体的潜在危害。

在制备医疗器械浸提液时，所用浸提介质和浸提条件应最好与最终产品的性能和临床使用情况相适应，并与试验方法的可预见性（如试验原理、敏感性等）

相适应。因此，理想的浸提条件既要反映产品的实际使用条件，也要反映试验的可预见性。

浸提应在洁净和化学惰性的封闭容器中进行，容器内顶部空间尽量小并保证安全。浸提应在防止样品污染的条件下进行。浸提液制备可以在静态或搅拌条件下进行。若搅拌，则要注明搅拌条件和方法。浸提液制备后最好立即使用，以防吸附在浸提容器上或其成分发生变化。如果浸提液存放超过 24h（在室温下存放），则应检查贮存条件下浸提液的稳定性，否则不能再使用。

可浸提出的物质量与浸提时间、温度、材料表面积、浸提介质体积比以及浸提介质性质有关。浸提是一个复杂过程，受时间、温度、表面积、体积比、浸提介质以及材料的影响。如用加速或加严浸提条件，应认真考虑高温或其他条件对浸提动力学及浸提液浓度的影响。最好的浸提条件设计是与临床使用相近、并能浸提出最大量的浸提物质。下面规定的浸提条件是为了提供一个相互比较的基础，作为一个基本指导原则。

1. 浸提介质选择

在选择浸提介质时，应考虑医疗器械在临床使用的部位及可能发生的浸提情况。选择的浸提介质最好能从医疗器械中浸提出最大可滤出的物质，并且能和将要进行的生物学评价试验相适应。浸提介质应淹没整个试验样品。

（1）极性溶液：生理盐水，无血清液体培养基。

（2）非极性溶液：植物油（例如棉籽油或芝麻油）。为了排除劣质或变质的植物油，植物油必须符合以下试验要求：选三只健康兔，剪去背部表面的毛，选 10 个注射点，每点注射 0.2mL 植物油，注射后在 24h、48h、72h 观察动物。以注射点为圆心，直径 5mm 以外的区域不显示水肿或红斑。

（3）其他浸提介质：乙醇/水（5%，V/V），乙醇/生理盐水（5%，V/V）聚乙二醇 400，二甲基亚砜，含血清液体培养基。

2. 浸提温度

模拟医疗器械临床使用可能经受的最高温度，并且在此温度可浸提出最大量的滤出物质。浸提温度还取决于医疗器械的理化性能，例如对于聚合物，浸提温度应选择在玻璃化温度以下；如果玻璃化温度低于使用温度，浸提温度应低于熔化温度。下边列出了 5 种浸提温度和持续时间，可根据试验样品性能和临床使用情况进行选择。（37±1）℃[（95±1.8）℉]持续（24±2）h；（37±1）℃[（95±1.8）℉]持续（72±2h）；（50±2）℃[（122±3.6）℉]持续（72±2h）；（70±2）℃[（158±3.6）℉]持续（24±2h）；（121±2）℃[（250±3.6）℉]持续（1±0.2）h。

在选择浸提温度时，还应注意以下事项：

（1）熔点和软化点低于121℃的试验样品应在低于该熔点的一个标准温度下浸提（例如低密度聚乙烯）。

（2）会发生水解的材料应在使水解量最低的温度下浸提（例如对聚酰胺建议采用50℃浸提）。

（3）经过蒸汽灭菌且在贮存期内含有液体的器械应采用121℃浸提（例如带药的透析器）。

（4）只在体温下使用的材料，应在能提供最大量滤出物质而不使材料降解的温度下浸提（例如胶原制品采用37℃浸提）。

3. 浸提介质与试验样品表面积（或质量）比例

在浸提过程中，其浸提介质与试验样品表面积（或质量）比例应满足：试验样品被浸提介质浸没；使得生物学评价试验的剂量体系中所含浸提物质的量最大，当然，剂量体积应在生理学限度内；使得生物学评价试验能反映试验样品对人体的潜在危害作用。

对医疗器械无基本参数的情况下，建议按表1-3-1所列比例进行操作。

表1-3-1　试样表面积（或质量）和浸提介质的比例

材料形状	材料厚度	试样表面积（或质量）/浸提介质
薄膜或片状	＜0.5	6cm²/mL[1]
	0.5~1	3cm²/mL
管状	＜0.5	6cm²/mL[2]
	0.5~1	3cm²/mL
平板或管状	＞1	3cm²/mL[3]
弹性体片状	＞1	1.25cm²/mL[4]
弹性体不规则形状	按质量	0.1g/mL
不规则形状	按质量	0.2g/mL

[1] 为双面面积之和；[2] 内层和外层面积之和；[3] 总接触表面积；[4] 总接触表面积，并不再分割。

如果弹性体材料（泡沫、海绵状）按表1-3-1中比例，浸提介质仍不能覆盖样品时，可加大浸提介质量直到覆盖样品，并说明所用表面积比（样品称重精确至0.1g）。对于超吸收体材料，目前暂无认可的标准比例。

有的生物学评价试验可能需要浓缩浸提液，以提高试验的敏感性，但应考虑到在制备浓缩浸提液时，可能导致易挥发物质（如残留的环氧乙烷）丢失。

在制备医疗器械有代表性试验样品时，可能在分割时产生微粒，从而在浸提液中出现。这时，可采用过滤或其他方法除去这些微粒，但要注明详细理由和过程。

§1-4　生物学评价试验方法

一、细胞毒性试验

1. 范围

细胞毒性试验是利用细胞体外培养方法来评价医疗器械或其浸提液可滤出成分中急性细胞毒性的潜在性。

2. 试验项目选择（推荐）

依据 GB/T 16886.5—1997 标准中有关细胞毒性试验的要求，现推荐下面任何一种细胞毒性试验方法评价医疗器械的细胞毒性，即琼脂覆盖法、分子滤过法、生长抑制法。

3. 试验条件

1）细胞株

可以使用已建立的细胞株，目前我国使用较多的是 L-929（小鼠结缔组织成纤维细胞）和 V-79（中国地鼠肺成纤维细胞）。

2）培养基

培养基及其血清浓度的含量应能适合所选择细胞株的生长，满足细胞生长的需要。培养基内含抗生素的量应不引起细胞毒性，以免影响材料的评价，含血清和谷氨酰胺的培养基在 2～8℃贮存不能超过一周，只含谷氨酰胺不含血清的培养基在 2～8℃贮存不能超过一个月，培养基的 pH 在 7.2～7.4 之间，所有培养用液都应是无菌的。

3）样品的准备

（1）试验样品的准备。试验样品应选择材料本身或其浸提液进行。试验材料应用最终产品。制备材料浸提液的条件往往是夸大了临床应用的条件来评价样品潜在的细胞毒性，但不能引起样品严重的变化（如溶解或其化学结构改变），浸提液应在制备后的 24h 内使用；固体材料应至少有一个平面使其利于在细胞层或琼脂层相接触，各种试验样品在试验时均应经无菌处理。

（2）阴性对照。应是已知无细胞毒性的物质。对于合成高分子材料，高密度聚乙烯较为适宜，牙科材料则可用氧化铝陶瓷作为阴性对照。

（3）阳性对照。是已知的有一定细胞毒性的物质。推荐含锡的聚氯乙烯作为固体材料或浸提液的阳性对照，稀释苯酚亦可作为浸提液的阳性对照。

4. 试验方法

1) 琼脂覆盖法

（1）目的：本试验是为了评价医疗器械可浸提成分的急性细胞毒性。

（2）范围：本试验方法适用于固体（粉末、纤维状、金属）、液体等试验材料。

（3）试验样品的制备。

试验样品：将试验样品制成 $100mm^2$ 的圆形，要求边缘光滑整齐。液体材料用 0.1mL 的样品吸收在同面积的无菌滤纸片或纤维素片上。

阴性样品：为已知无毒的材料（反应指标为 0/0），高密度聚乙烯由于有良好的光学性质且易于切割被认为最为适宜。制备方法同试验样品。

阳性对照：为已知的有一定毒性的样品材料（反应指标为 2/2），含锡的聚氯乙烯是一种较为合适的阳性对照。制备方法同试验样品。

细胞株：推荐使用 L-929 细胞株。试验用细胞为传代 48～72h 生长旺盛的细胞。

培养基和试剂：用于细胞培养的培养液都应无菌。

磷酸盐缓冲液（PBS-Complete）：

成分	质量/g
NaCl	8.0
KCl	0.2
Na_2HPO_4	1.15
KH_2PO_4	2.0
$MgCl_2 \cdot 6H_2O$	0.5
$CaCl_2$	1.0

加水至 1000mL，过滤灭菌，4℃贮存。

中性红浓缩液：

成分	质量/g
中性红	2.0

加水至 200mL，用磁力搅拌器搅拌 1h 后，滤纸过滤，高压消毒，4℃避光保存。

中性红活体染液：

成分	容量/g
中性红浓缩液	1.0
PBS-Complete	99.0

避光，新鲜配备。

消化液：为 0.25％胰酶与 0.2％EDTA 混合液，其配比为 1∶9。

培养液：为 Eagle'sMEM，内含牛血清 10％～15％（胎牛血清最好），青霉素、链霉素为每毫升培养液 100 单位。

Eagle's 琼脂培养基：

成分	物质量
3％琼脂	一半
Eagle's 培养基	一半

把加热熔化的琼脂和 2 倍 Eagle's 培养基无菌混合后置 50℃水浴中备用。

试验平板：90mm 直径的玻璃培养皿，按组织培养常规灭菌。

（4）试验步骤（在无菌条件下进行）。

制备细胞悬液：将传代 48～72h 细胞经消化液作用后，使贴壁细胞悬浮于营养液中，调节细胞悬液浓度至 $3×10^5$ 个细胞/mL。

制备平板细胞单层：每只平板中加入 10mL 制备好的细胞悬液，轻轻转动培养皿，以使细胞均匀地分布在培养皿底部。放入含 5％CO_2 的 37℃恒温培养箱中培养 24h，使其成为融合但不稠密的网状细胞单层。

制备琼脂培养基平板：吸去原培养液，留下融合的细胞单层，将混合的 Eagle's 琼脂培养基沿平皿壁加入平皿内，每皿 10mL。轻轻转动平皿，使琼脂培养基分布均匀，并使其在室温下凝固。

染色：有两种方法可供选择。取 10mL 新鲜配制的中性红活体染液，轻轻地置于已凝固的琼脂表面中央，染液应覆盖整个表面，避开强光，37℃下染色 15min，倾斜平板并弃去多余染液；将中性红染液加入熔化的 Eagle's 琼脂培养基（0.1mL 中性红加入 10mL 培养基中），混合后覆盖于细胞单层上。

放置试验样品：应立即放置样品，最迟不超过染色后 1h。

将样品对称地放在琼脂表面，可轻轻加压以与琼脂表面接触，但不可破坏琼脂表面，在放置样品 30min 内将培养皿放入 CO_2 培养箱内培养 24h。

试样位置：一只阴性样品、一只阳性样品和两只相同的试样对称地放置在培养皿的琼脂表面，试样边缘距培养皿的边缘 15mm。每一种试验样品至少做两只培养皿。

（5）结果评定标准。

在白色背景下，观察样品周围及样品下面脱色区范围。在阴性样品周围和下面的细胞单层应达到标准的反应，即 $R=0/0$，阳性样品亦应达到标准反应，即 $R=2/2$，否则该培养皿弃之。

反应指标：反应情况用反应指标 "R" 来表示，即

$$R = Z/L$$

式中，Z 为区域指标（如表 1-4-1 所示），与脱色区大小有关；L 为细胞溶解指标

（如表 1-4-2 所示），与区域内细胞溶解的范围有关。

表 1-4-1　区域指标

区域指标	区域内情况
0	样品下和周围无可观察到的脱色区
1	脱色区局限性样品下
2	从样品边缘扩散脱色区≤5mm
3	从样品边缘扩散脱色区≤10mm
4	从样品边缘扩散脱色区＞10mm，但未布满整个培养皿
5	脱色区布满整个培养皿

表 1-4-2　溶解指标

溶解指标	脱色区域内情况
0	未观察到细胞溶解现象
1	脱色区内细胞溶解达 20％以内
2	脱色区内细胞溶解在 20％～40％之间
3	脱色区内细胞溶解在 40％～60％之间
4	脱色区内细胞溶解在 60％～80％之间
5	脱色区内细胞溶解在 80％以上

反应指标应作为 2 个数来报告（不是一个分数），两个指标的大小都应很明显，对每一只样品应报告其区域指标的平均值和溶解指标的平均值。无论何种原因，一个指标的四个值丢失了一个以上，则该试验弃之，如仅丢失了一个，则其他三个的平均值可作为指标来报告。

在同一试验中，4 个相同的样品指标大小有 2 个或 2 个单位以上的差异。如果数值在 0～3 以内，则应重复试验；如数值是 4～5，表示有高度弥散的毒性物质，则不必重复试验。

为了试验的可靠起见，规定每种样品重复试验一次以上，最后报告其指标的平均值。

（6）试验报告。

包括试验材料和阴、阳对照材料的化学名称、商品名称、产品批号、生产厂家以及材料试样尺寸规格与消毒方式。

指出试验用细胞名称、来源、培养基种类。

描述操作步骤：包括制备细胞悬液、制备细胞单层、覆盖琼脂、染色等。

显微镜下观察试验结果。

对试验材料进行评价。

2) 分子滤过法

(1) 目的：本试验用于试验材料的细胞毒性评价。

(2) 试验材料的准备。

(3) 试验样品。

按照生产厂家的产品说明准备试验样品，将试验样品制备成直径 7mm 的圆形膜片，要求有一个平面，使其可以充分地与滤膜接触，试验样品的质量不应超过 3g，亦可用直径为 7mm 的纤维素片汲取 0.1mL 浸提液放置在分子滤膜片上。

空白对照样品：只长有单层细胞的分子滤膜或单纯的分子滤膜。

阳性对照样品：推荐使用稀释的苯酚溶液作为阳性对照样品。

(4) 细胞株、培养基。

细胞株：人上皮细胞株（HeLa）、小鼠结缔组织成纤维细胞株（L-929）。

培养基：用于细胞培养的培养用液都应是无菌的。

生长培养基：采用 Eagle's 培养基，加入 10% 胎牛血清，1×10^5 IU/L 青霉素，100mg/L 链霉素及 10mmol/L 碳酸氢钠和 10mmol/L HEPES 缓冲液。

琼脂培养基：采用 2 倍 Eagle's 培养基，加 10% 胎牛血清，1×10^5 IU/L 青霉素，100mg/L 链霉素和 10mmol/L HEPES 缓冲液。

(5) 试验步骤。

消化收集细胞并用生长培养基调节细胞浓度为 1.5×10^5/mL，在直径为 50mm 组织培养皿中放置的直径 47mm、孔径 0.45μm 的分子滤膜上加入 6mL 细胞悬液，在 5% 二氧化碳培养箱内培养 24h。

加 5mL 约 40℃ 的琼脂培养基于一空白的组织培养皿内，使其室温下凝固。将用 37℃ 磷酸缓冲液漂洗后的覆有单层细胞的分子滤膜，细胞面向下放置在琼脂培养基面，每一滤膜上放置 3~5 个样品，每种材料测 10 个样品，空白对照和阳性对照操作方法相同。放置样品后，在 5% CO_2 培养箱内继续培养 2h。

培养后移去试验样品并轻轻地从琼脂培养基上拿下分子滤膜，用细胞化学方法来测定细胞单层的琥珀酸脱氢酶的活性。37℃ 孵育 3h 后，用蒸馏水洗涤，风干。

(6) 结果评价。

在显微镜下检查滤膜，含细胞单层的膜片染为深蓝色，没有细胞的滤膜用来观察试验材料可能对滤膜产生的影响。按照表 1-4-3 判断试验样品的细胞毒性。

按照记分系统，对材料的细胞毒性进行分级、报告。

3) 细胞生长抑制法 [MTT（四唑盐）比色法]

(1) 细胞株：L-929（小鼠结缔组织成纤维细胞）。

表 1-4-3　细胞毒性试验

评　分	评　价	解　释
0	与单层细胞的其他部分比较染色无差异	无细胞毒性
1	存在染色浅或未染色区，其直径小于试样（7mm）	轻度细胞毒性
2	未染色区域为 7～11mm	中度细胞毒性
3	未染色区域为 12mm 以上	明显细胞毒性

（2）仪器：免疫酶标仪。

（3）培养液和试剂。

　　培养液：详见琼脂覆盖法。

　　消化液：详见琼脂覆盖法。

　　PBS 缓冲液：详见琼脂覆盖法。

　　MTT（四唑盐）：浓度为 5mg/mL 溶于 PBS 中。

（4）样品制备：将无菌的样品浸在培养液中（含 10％胎牛血清）静置 24h，浸提液量与样品表面积之比为 10mL/cm²，浸提液制备好后，将其一半用培养液稀释成浓度为 50％。

（5）将培养 1～2d 的 L-929 细胞，吸除原培养液，加入消化液，消化、吸除消化液，加入新配制的培养液，使细胞成悬浮液计数，稀释成 $1×10^4$ 个细胞/mL。接种于 3 块 96 孔塑料板上，每组 4 孔，每孔 100μL。在 37℃ CO_2 培养箱中培养 24h，使细胞贴壁，24h 后，加样品，将每孔中原培养液吸除，空白对照加新配制的培养液 100μL，试验组分别加 100％和 50％样品浸提液，放入 37℃ CO_2 培养箱中培养，在 2d、4d、7d 时，分别各取出一块培养板，吸除样品浸提液加入 20μL/孔 MTT 液，继续培养 6h，然后吸除，再加入 150μL/孔二甲基亚砜，振荡 10min，在免疫酶标仪上以 500nm 波长测吸收值，通过下式计算相对增殖率（relative growth rate，RGR）：

表 1-4-4　细胞相对增殖率评价

评分	细胞相对增殖率
0 级	≥100
1 级	75～99
2 级	50～74
3 级	25～49
4 级	1～25
5 级	0

$$RGR = \frac{试验组吸光值}{对照组吸光值} × 100\%$$

（6）结果评价：根据 RGR 均值，按表 1-4-4 所列评分标准对样品细胞毒性程度进行评价。

二、刺激试验

1. 皮肤刺激试验

1）范围

本试验是将医疗器械或医疗器械浸提液与完整的皮肤在规定的时间内相接

触，以评价医疗器械对局部皮肤的刺激作用。

2）试验材料的制备和要求

（1）粉末材料或半固体材料 0.5g，制成一定浓度的软膏或其他实际应用的剂型。

（2）液态材料 0.5mL。

（3）材料浸提液 0.5mL。

材料浸提液的制备详见§1-3。浸提液在 24h 内使用，若浸提液放置超过 24h，应重新制备浸提液。

（4）用 3%～5%甲醛溶液作阳性对照，生理盐水作阴性对照。

3）试验动物

家兔，体重＞2kg，每组动物至少 3 只。

4）试验方法和步骤

（1）试验动物的准备。

试验前 24h，动物背部去毛，脊柱两侧各选二个 2～3cm² 面积的去毛区斑贴。

（2）试验程序。

① 将 0.5g 或 0.5mL 试验材料斑贴在试验部位，立即用 4 层 25mm×25mm 纱布覆盖，并用绷带包扎、固定。

② 如材料是粉剂，敷贴前用水或其他适当的溶剂将其弄湿。

③ 斑贴 4h 后，除去斑贴物，并标记斑贴部位，用温水或 70%乙醇清洁斑贴区并吸干（注意：某些预期长期与皮肤接触的材料或可降解材料，需根据使用情况进行皮肤重复接触试验，但时间不超过 21d，每日在试验材料斑贴 4h 后，同法对试验部位进行观察记分）。

5）结果

按表 1-4-5 所述记分标准，在移去斑贴物 24h、48h、72h 后，对试验部位的红斑和水肿反应记分。

6）结果评价

（1）每只动物对材料的原发刺激指数（PII）为皮肤分别在 24h、48h 和 72h 红斑、水肿的总分除以观察的总数。平均原发刺激指数（APII）为所有试验动物的原发刺激指数的和除以试验动物总数。

（2）根据计算结果：0～0.4 分为无刺激，0.5～1.9 分为轻度刺激，2.0～4.9 分为中等刺激，5.0～8.0 分为强刺激。

7）试验报告

（1）试验材料的描述、批号、数量和制备方法，试验的 pH。

（2）试验动物的品种、数量。

表 1-4-5　皮肤反应记分标准

反　　应	说　　明	记　　分
红斑和焦痂	无红斑	0
	极轻微的红斑	1
	边界清晰的红斑（淡红色）	2
	中等的红斑（红色、界限分明）	3
	严重的红斑（呈紫红色，并有轻微的焦痂形成）	4
水肿	无水肿	0
	极轻微的水肿（刚可察出）	1
	轻度水肿（边缘明显高出周围皮面）	2
	中度水肿（水肿区高出周围皮面约 1mm）	3
	严重水肿（水肿区高出皮面约 1mm 以上，面积超出斑贴区）	4
总的刺激评分		8

　　注：对重复接触结果的评价，根据累积刺激指数，其计算为每只动物的刺激评分相加除以动物总数，而每只动物的刺激评分为皮肤在每个观察期时的红斑和水肿的评分总和除以观察的总数。

　　（3）试验方法。

　　（4）结果及评价。

　　2. 眼刺激试验

　　1）范围

　　本试验通过将一定量的医疗器械或医疗器械浸提液滴入动物眼内，观察角膜、虹膜和结膜的反应，从而评价医疗器械是否产生对眼的刺激性（如表 1-4-6 所示）。

表 1-4-6　眼损伤反应记分标准

反　　应	说　　明	记　　分
角膜	混浊度（选最致密混浊区，混浊累积深度）：透明	0
	角膜云翳或弥散混浊区，虹膜清晰查见	1*
	肉眼可见易识别的半透明区，虹膜模糊	2*
	角膜混浊，为乳白色，看不见虹膜及瞳孔	3*
	角膜白斑，完全看不见虹膜	4*
	角膜受累范围：	
	<1/4，>0	0
	<1/2，>1/4	1
	<3/4，>1/2	2
	<1（完整区域），>3/4	3

续表

反　应	说　明	记　分
虹膜	正常	0
	超出正常皱襞，充血水肿，角膜缘充血（其中一种或全部），对光反应存在，但反应减弱	1*
	光反射消失，出血或严重结构破坏（其中一种或全部）	2*
结膜	充血：	
	变红（累及睑结膜和球结膜，不包括角膜和虹膜）	0
	血管明显充血	1
	充血弥散，呈暗红色，结膜血管纹理不清	2*
	弥散性严重出血	3*
	水肿：	
	无水肿	0
	轻度水肿	1
	明显水肿伴部分睑外翻	2*
	水肿使眼睑呈半闭合状	3*
	眼睑水肿，眼呈半闭合到全闭合状	4*
泪溢	无泪溢	0
	轻度泪溢，任何超过正常量的情况	1
	泪溢累及眼睑和眼睑邻近的睫毛	2
	泪溢湿润眼睑、睫毛和眼周围相当区域	3
涂片	无炎性细胞	0
	少量炎性细胞	1
	较多炎性细胞	2*
	大量炎性细胞	3*

＊阳性结果。

2）试验材料

（1）液态材料 0.1mL。

（2）材料浸提液 0.1mL。浸提方法详见 §1-3，但浸提介质采用 0.6％氯化钠溶液。

（3）试验动物。家兔，体重 2～3kg，每种材料至少 3 只动物。

3）试验方法和步骤

（1）试验动物的准备。试验前 24h，用检眼镜检查家兔双眼有无异常。

（2）试验程序。

① 将 0.1mL 液态材料或材料浸提液滴入动物一只眼的下结合膜囊内，闭眼 1s。

② 重新给动物带上项圈送回笼。

③ 重复接触。如材料预期需重复暴露，则需重复接触，但接触时间不超过 21d。

4）结果观察和记分

（1）单次滴入，在滴入 1h、24h、48h 和 72h 后，检查动物的双眼。

（2）多次滴入试样，在滴入前和后 1h 检查动物双眼。

（3）如有持续的损害，需延长观察时限，以确定其损伤程度，或其逆向恢复，但不超过 21d。

（4）按表 1-4-6 所述记分标准，在滴入 1h、24h、48h 和 72h 后，对试验部位的损伤反应记分。

（5）试验结束后，刮取动物上下眼睑结膜及球结膜表皮细胞涂片，伊红染色，光学显微镜下检查，每只眼（包括对照组）至少各涂片 2 张。

5）结果评价

（1）急性接触：在任何观察期内，有 2/3 滴入试样的眼睛出现阳性反应（如表 1-4-6 所示），则认为该材料为眼的阳性刺激物。

（2）如 1/3 滴入试样的眼睛呈阳性反应或反应可疑，需用另外的动物重新评价。

（3）重复接触：在任何观察阶段，试验组有一半以上动物呈阳性反应，该试验材料则被认为是一种眼刺激物。

6）试验报告

（1）试验材料及浸提介质名称、批号、来源、材料浸提液制备方法。

（2）动物品种及健康状况、体重、性别。

（3）试验方法和步骤。

（4）结果与评价。

3. 口腔黏膜刺激试验

1）范围

本试验用于检测医疗器械对口腔黏膜产生的刺激作用。

2）试验材料的制备和要求

（1）固体材料制成直径＜5mm 的小球。

（2）液体材料浸湿直径＜5mm 的棉球。

（3）材料浸提液，浸湿直径＜5mm 的棉球。材料浸提液的制备详见§1-3。

3）试验动物

（1）健康成年仓鼠，任何性别，每组动物至少 3 只。

（2）每只动物带上 3～4cm 大小的项圈，使动物能正常饮食和呼吸，但又不至于移出小棉球。

（3）动物每天称重，共 7d，检查动物在这期间质量变化，并调整好项圈。

4）试验方法和步骤

（1）试验动物的准备。

① 试验时，移去项圈并麻醉每只动物。

② 翻转颊陷凹并用生理盐水冲洗后，检查有无异常。

（2）试验程序。

① 将固体材料小球、液态材料或材料浸提液浸湿的棉球（记录所用量）直接放入每只动物的一侧颊陷凹内，对侧作为空白对照。

② 重新给动物带上项圈送回笼。

③ 如用材料浸提液，将同时设置浸提介质为对照。

④ 5min 后，取下项圈和小棉球，并用生理盐水冲洗颊陷凹。

⑤ 每小时 1 次，共 4 次。

（3）重复接触：根据材料在临床上预期应用量、持续时间和间歇，而决定重复接触天数。

5）试验部位的观察和反应记分

（1）取出棉球后 24h，肉眼检查颊陷凹有无糜烂、溃疡、充血及肿胀。

（2）取颊陷凹阳性区域作病理组织学检查，按表 1-4-7 所述标准记分。

表 1-4-7　口腔黏膜组织的显微镜记分标准

反　应	说　明	记　分
上皮	正常	0
	细胞变性或变平	1
	化生	2
	局部糜烂	3
	广泛糜烂	4
白细胞浸润 （每个高倍视野）	无	0
	极少 <25 个	1
	轻度 26～50 个	2
	中度 51～100 个	3
	重度 >100 个	4
血管充血	无	0
	极少	1
	轻度	2
	中度	3
	重度伴有血管破裂	4
水肿	无	0
	极少	1
	轻度	2
	中度	3
	重度	4

6）结果评价

（1）试验组或对照组的平均评分为该组所有动物的显微镜评分相加除以观察数。刺激指数即指从试验组平均评分中减去对照组的平均评分。

（2）根据计算结果，0 分为无刺激，1～4 分为轻微刺激，5～8 分为轻度刺激，9～11 分为中度刺激，12～16 分为强度刺激物。

（3）如对照组的显微镜评分＞9，提示对照组有潜在的刺激性或给药时损伤对照动物。如其他试验或对照动物表现出相同高的评分，则需重复试验。

7）试验报告

（1）试验材料的制备方法，试验的 pH。

（2）试验动物、品系、体重、性别和鼠龄。

（3）试验方法和步骤。

（4）结果及评价。

4. 皮内刺激试验

1）范围

本试验用于评价医疗器械对皮肤产生的潜在刺激性。对皮肤、眼、口腔组织有刺激性或 11.5＜pH＜2 的任何材料或器械不必试验。

2）试验材料的制备和要求

（1）根据 §1-3 制备试验材料的生理盐水和新鲜精炼植物油浸提液。

（2）空白对照，仅用浸提介质，处理方法同上。

（3）浸提液于 20～30℃存放，于 24h 内使用。

3）试验动物

（1）单一品系，任何性别健康家兔，体重 2.0～2.5kg，皮肤光滑，无任何皮肤疾病或损伤，未做过任何试验。

（2）每种材料浸提液需要 3 只兔，若试验结果可疑，则需要重复试验。

（3）在试验过程中应精心喂养护理，条件环境基本稳定。

4）试验方法

（1）以脊柱为中线，两侧剪剃兔毛 25cm×10cm 大小，剪剃过程中避免造成任何损伤。

（2）清洁暴露的皮肤，酒精消毒。在一侧选择 10 个点，每点间隔 2cm，5 个点注射生理盐水浸提液，另 5 个点注射空白对照液。同法，在另一侧选择 10 个点，5 个点注射植物油浸提液，另 5 个点注射植物油空白对照液。各点注射 0.2mL。

5）结果观察和记分

（1）在注射后即刻、24h、48h 和 72h 观察每个注射部位及周围组织反应，包括充血、肿胀、坏死等。

（2）根据表 1-4-8 的记分标准，在每个时间点对每个注射部位的红斑和水肿反应评分并记录。

表 1-4-8　皮内刺激反应记分标准

反　应	说　明	记　分
红斑和焦痂形成	无红斑	0
	轻度红斑（几乎看不出）	1
	明显红斑	2
	中度红斑	3
	重度红斑伴有轻度焦痂	4
水肿形成	无水肿	0
	轻度水肿（几乎看不出）	1
	明显水肿（边缘明显高出周围皮面）	2
	中度水肿（肿接近 1mm）	3
	重度水肿（超出 1mm，面积超出红斑区）	4
总刺激评分		8

6）结果评价

（1）每只动物对材料的原发刺激指数（PII）为 24h、48h 和 72h 红斑、水肿的总分除以观察的总数。平均原发刺激指数（APII）为所有动物的原发刺激指数的和除以试验动物总数。

（2）根据计算结果，0.0～0.4 分为无刺激，0.5～1.9 分为轻度刺激，2.0～4.9 分为中度刺激，5.0～8.0 分为强刺激。

7）试验报告

（1）试验材料的化学名称、商品名称、产品批号、生产厂家。所用试剂名称、产品批号、生产厂家。

（2）试验动物名称、品种、数量、体重、性别、健康状况。

（3）试验方法。

（4）结果及评价。

三、全身急性毒性试验

1. 范围

本试验是一种非特异急性毒性试验。将试验材料或材料浸提液通过动物静脉或腹腔注射到动物体内，观察其生物学反应，以判定材料的急性毒性作用。当医疗器械释放成分在机体达到一定大量的浓度时，可能会导致全身毒性。

急性全身毒性是指在 24h 内经给予一种测试样本的单一或多种剂量后而发生的副作用。

2. 试验材料

样品可制成小试样，也可以用整块样品测试。根据试样的类型，指明是块状物（近 0.1g）或是接触的表面积（近 1cm^2），并记录浸提量。不管试样制备的方法如何，必须记录试样表面积（或质量）和使用浸提液的容量。

3. 材料浸提液制备

参照 §1-3。

4. 试验动物

要求选用正常健康、未做过任何其他试验的小鼠，体重在 17～23g 范围，雌性应无孕。每次试验应选择同批小鼠，在相同环境和条件下饲养，试验前需记录动物性别、体重。

5. 试验操作

（1）将小鼠随机分为试验组和对照组，每种液体至少注射 5 只动物。

（2）制备试验材料的生理盐水或植物油浸提液，以及生理盐水或植物油空白对照液。

（3）通过小鼠尾静脉，每公斤体重注射 50mL（50mL/kg）生理盐水浸提液或生理盐水空白对照液。

（4）通过小鼠腹腔，每公斤体重注射 50mL（50mL/kg）植物油浸提液或植物油空白对照液。

（5）注射后 24h、48h、72h，分别称量记录两组小鼠的体重，并观察其各种反应。

6. 评价方法

1）观察指标

注射后于 24h、48h 和 72h 时观察记录试验组和对照组动物的一般状态、毒性表现和死亡动物数。其毒性程度根据中毒症状分为无毒、轻度毒性、明显毒性、重度毒性和死亡（如表 1-4-9 所示）。

表 1-4-9　注射后动物反应观察指标

程　度	症　状
无毒	未见毒性症状
轻度毒性	轻度症状，但无运动减少、呼吸困难或腹部刺激症状
明显毒性	有腹部刺激症状、呼吸困难、运动减少、眼睑下垂、腹泻、体重通常下降 15～17g
重度毒性	衰竭、发绀、震颤、严重腹部刺激症状、眼睑下垂、呼吸困难、体重减轻（通常＜15g）
死亡	注射后死亡

2）结果判断

（1）在 72h 观察期内，注射材料浸提液的动物反应不大于对照组动物，则认为该材料符合医疗器械的全身急性毒性试验要求。

（2）在 72h 观察期内，注射材料浸提液动物中有 2 只以上出现轻度毒性症状，或仅 1 只动物出现明显毒性症状死亡，或试验组 5 只动物的体重均下降，即使无其他中毒症状都需要进行重复试验。

（3）重复试验的动物数量应加倍，即每组需 10 只小鼠。浸提液也应该重新制备。重复试验结果若符合（1）所要求，则认为该医疗器械合格。

（4）如试验组动物有 2 只以上发生死亡，或 3 只以上出现明显毒性症状，或动物普遍出现进行性体重下降，则不需重复试验，可认为该材料不符合全身急性毒性试验要求。

7. 试验报告

（1）试验材料的商品名称、化学名称、产品批号、生产厂家、试验日期。

（2）材料的类型、试样尺寸规格、试样分割的大小。

（3）试样消毒方法。

（4）浸提条件、方法、试样表面与浸提介质的比例或试样块与浸提介质的比例、浸提介质的鉴定、浸提介质的配方。

（5）试验动物的名称、品系、数量、体重、性别、年龄。

（6）描述主要试验步骤。

（7）试验结果。描述动物的反应，是否需进行重复试验及其理由。

（8）对试验器械的评价。

四、溶血试验

1. 范围

本试验是用医疗器械或其浸提液做体外试验，测定红细胞溶解和血红蛋白游离的程度，对医疗器械的体外溶血性进行评价。由于本试验能敏感地反映试样对红细胞的影响，因而是一项特别有意义的筛选试验。

2. 试剂和仪器

（1）新鲜抗凝兔血或人血。

由新采的兔血 20mL 加 2％草酸钾 1mL，制成新鲜抗凝兔血。取新鲜抗凝兔血 8mL，加 0.9％氯化钠溶液 10mL 稀释。亦可将新采健康正常人血按临床常规方法制成新鲜抗凝血液，代替抗凝兔血进行试验。

（2）离心机。

（3）水浴箱［(37±0.5)℃］。

（4）分光光度计。

3. 操作步骤

（1）称取试样，每份 5g，共 3 份。

（2）试样先用自来水冲洗，再用适量蒸馏水摇洗 2 次，每次约 1min，将试样切成 5mm×（25～30）mm 小条，置试管内。

（3）加 0.9％氯化钠溶液 10mL，置 37℃水浴箱中保温 30min。

（4）加稀释兔血（或人血）0.2mL，轻轻混匀，37℃水浴继续保温 60min。

（5）离心 5min（750g）。

（6）阳性对照用蒸馏水 10mL 加稀释兔血（或人血）0.2mL，阴性对照用 0.9％氯化钠溶液 10mL 加稀释兔血（或人血）0.2mL，保温条件与试验管相同。

（7）分别吸取上清液移入比色皿中，用分光光度计在 545nm 波长处测定吸收度。

（8）如阴性对照管的吸收度大于 0.03，此次试验应放弃。阳性对照管的吸收度值应为 0.8±0.3。

4. 结果计算

溶血程度用％表示，按下列公式计算：

$$溶血率 = \frac{D_t - D_{nc}}{D_{pc} - D_{nc}} \times 100\%$$

式中，D_t 为试验样品吸收度；D_{nc} 为阴性对照吸收度；D_{pc} 为阳性对照吸收度。

5. 试验报告

（1）试样的溶血程度以％表示，称为溶血率。

（2）试样材料的名称、商品名、生产厂家以及每个试验管所用试验材料的量。

（3）各试验管和对照管的吸收度均取三管的平均值。

（4）若材料的溶血率≤5％，则材料符合生物材料溶血试验要求；若溶血率＞5％，则预示试验材料有溶血作用。

五、热原试验

1. 兔法

1）范围

本试验是将一定量试验材料的浸提液由静脉注入兔体内，在规定时间内，观察兔体温变化，以确定浸提液中所含热原量是否符合人体应用要求的一种方法。

2）试样制备和要求

（1）试样浸提液的制备。详见§1-3。

（2）凡与浸提液接触的容器、量器等玻璃器皿均应先置于干燥箱内 250℃ 加热 30min 或 180℃ 加热 2h 去除热原物质。

（3）浸提液所用的灭菌 0.9％氯化钠溶液应是热原检查合格者，试样在浸提前应用同一批号灭菌的 0.9％氯化钠溶液冲洗 3 遍。

3）动物

（1）选用健康、成年的新西兰兔，体重 2.5～3.0kg，雌兔应无孕。

（2）在测体温前 7d，应在同一环境条件下，使用同一饲料进行饲养，在此期间体重不减轻，精神、食欲、排泄等不应有异常现象。

（3）未经用于热原检查的试验兔，应在试验前 7d 内预测体温，进行挑选，挑选试验的条件与试验测温的条件相同，但不注射浸提液。每隔 1h 测量体温 1 次，共测 4 次，4 次体温均在 38.3～38.6℃ 范围内，且最高、最低体温的差数不超过 0.4℃ 的兔方可供试验用。

（4）用于热原试验的家兔，如试验结果符合规定，至少休息 2d 方可供第二次试验用。其中，升温达 0.6℃ 的家兔，再用时，应作未经挑选的家兔论；如试验结果不符合要求，至少在两星期内不得供第二次试验用。每一兔用于一般试验的使用次数不应超过 10 次，两次使用的间隔时间如超过三星期时，应作未经测温挑选的家兔论。

4）试验前的准备

（1）在进行热原检查前 1～2d，供试验用兔应尽可能处于同一温度环境中，实验室和饲养室的温度也应尽可能相同。在试验过程中，应注意温度变化不得太大，应避免兔躁动并停止给食 2h 以上。

（2）选用肛温计测量直肠内温度，肛温计插入深度各兔相同（一般约为 6cm 左右），或用其他同样精确的测量装置亦可。每隔 30～60min 测量一次，一般测量 2～3 次，两次体温之差不得超过 0.2℃。以此两次体温的平均值作为该兔的正常体温，当日使用的兔，正常体温应在 38.3～39.6℃ 的范围内，各兔间正常体温之差不得超过 1℃。

5）试验方法

（1）一种浸提液选用 3 只符合要求的家兔。

（2）测定其正常体温后 15min 内，自耳静脉缓慢注入试验材料浸提液，剂量为 10mL/kg，液体温度为 37℃。

（3）注射后，每隔 1h 测量兔体温 1 次，共测 3 次，以 3 次体温中最高的一次减去正常体温，即为该兔的升高度数。

6）结果判断

（1）在初试的 3 只家兔中，体温升高均在 0.6℃ 以下，并且 3 只家兔的体温升高总度数在 1.4℃ 以下；或在复试的 5 只家兔中，体温升高 0.6℃ 或 0.6℃ 以上的总数仅有 1 只，并且初复试的 8 只家兔的体温升高总数不超过 3.5℃ 时，均应认为试验材料浸提液符合热原检查要求。

（2）如初试 3 只家兔中仅有 1 只体温升高 0.6℃ 或 0.6℃ 以上，或 3 只家兔体温升高均低于 0.6℃，但升高总数在 1.4℃ 或 1.4℃ 以上时，应另取 5 只家兔复试，检查方法同前。

（3）如初试的 3 只家兔中，体温升高 0.6℃ 或 0.6℃ 以上的兔超过 1 只时；或在复试的 5 只家兔中，体温升高 0.6℃ 或 0.6℃ 以上的兔数超过 1 只时；或初复试的 8 只兔的体温升高超过 3.5℃，均应认为试验材料浸提液不符合热原检查的要求。

（4）将所有温度下降的反应都计为无温度上升。

7）试验报告

（1）所用材料名称、产品批号、生产厂家。

（2）试验动物的名称、品系、数量、体重、性别、年龄。

（3）试验主要步骤。

（4）试验结果。

（5）结果评价。

2. 细菌内毒素检查法

1）范围

本法是采用鲎试剂与细菌内毒素产生凝集反应的机理，以判断生物材料和医疗器械中细菌内毒素的限量是否符合规定的一种方法，内毒素的量以内毒素单位（EU）表示。

2) 样品制备

3) 试验前的准备

试验前所用器皿需经处理，除去可能存在的外源性内毒素。常用的方法是 250℃ 干烤至少 30min 或 180℃ 干烤至少 2h，也可以用其他适宜的方法。试验操作过程中应防止微生物的污染。

4) 鲎试剂灵敏度复核

根据鲎试剂灵敏度的指示值（λ），将细菌内毒素国家标准品或工作标准品用细菌内毒素检查用水（指与使用批号鲎试剂 24h 不产生凝结反应的灭菌注射用水）溶解，在漩涡混合器上混合 15min，然后制备成 4 个浓度的标准内毒素溶液，即 2λ、λ、0.5λ 和 0.25λ 备用。每稀释一步均应在漩涡混合器上混合 30s，按下述检查方法进行试验，每一浓度平行做 4 管，同时做 4 管阴性对照。例如，最大浓度 4 管均为阳性，最低浓度 4 管均为阴性，按下式计算反应终点浓度的几何平均值，即为鲎试剂灵敏度测定值（λ$_c$）。

$$\lambda_c = \lg^{-1}\left(\sum X/4\right)$$

式中，X 为反应终点浓度的对数值（lg）。反应终点浓度是系列浓度递减的内毒素溶液中最后一个呈阳性结果的浓度。

当 λ$_c$ 在 0.5λ～2.0λ（包括 0.5λ 和 2.0λ）时，方可用于细菌内毒素检查，并以 λ$_c$ 为该批鲎试剂的灵敏度。每批新的鲎试剂在用于试验前都要进行灵敏度的复核。鲎试剂的灵敏度定义为在该试验条件下产生坚实凝胶的最低内毒素浓度，单位用 EU/mL 和 EU/mg 表示。

5) 样品干扰试验

按照"鲎试剂灵敏度复核"进行试验，用未检出内毒素的样品溶液或不超过最大有效稀释倍数（MVD）的稀释液和细菌内毒素检查用水同时将细菌内毒素国家标准品或工作标准品制成至少四个浓度的内毒素溶液，即 2λ、λ、0.5λ 和 0.25λ 备用。含内毒素的样品溶液每一内毒素浓度平行做 4 管，不含内毒素的样品溶液平行做 4 管作为阴性对照；用细菌内毒素检查用水制备的含相同浓度的每一内毒素标准液和阴性对照平行做 4 管。样品的最大有效稀释倍数（MVD）按下式计算：

$$MVD = L/\lambda$$

式中，L 为样品的细菌内毒素限值，可用 EU/mL 和 EU/mg 表示。

按下式计算用样品溶液稀释内毒素标准品所得内毒素溶液的反应终点浓度的几何平均值（E_t）和用细菌内毒素检查用水稀释内毒素标准品所得内毒素标准液的反应终点浓度的几何平均值（E_s）。

$$E_t = \lg^{-1}\left(\sum X_t/4\right)$$

$$E_s = \lg^{-1}\left(\sum X_s/4\right)$$

式中，X_t 为用样品溶液稀释内毒素标准品所得内毒素溶液的反应终点浓度的对数值（lg）；X_s 为用细菌内毒素检查用水稀释内毒素标准品所得内毒素标准液的反应终点浓度的对数值（lg）。

当 E_t 在 $0.5E_s\sim2.0\ E_s$（包括 $0.5E_s$ 和 $2.0E_s$）时，则认为样品在该浓度下不干扰试验，否则需进行适当处理后重复本试验。使用更灵敏的鲎试剂，对样品进行更大倍数稀释，是排除干扰因素的简单有效的方法。要求至少对三个批号的样品进行干扰试验。

6）检查方法

取装有 0.1mL 鲎试剂溶液的 10mm×75mm 试管（或复溶后的 0.1mL/支规格的鲎试剂安瓿）8 支，其中，2 支加入按最大有效稀释倍数稀释的样品溶液 0.1mL 作为样品管，2 支加入 2λ 内毒素工作标准品溶液 0.1mL 作为阳性对照管，2 支加入细菌内毒素检查用水 0.1mL 作为阴性对照管。样品阳性对照溶液为用按最大有效稀释倍数稀释的样品溶液将细菌内毒素工作标准品制成 2λ 浓度的内毒素溶液。将试管中溶液轻轻混匀后，封闭管口，垂直放入（37±1）℃的水浴中，保温（60±2）min。保温和拿取试管过程中应避免受到振动，以免造成假阴性结果。

7）结果判断

将试管从水浴中轻轻拿出，缓缓转到 180℃时，管内凝胶不变形、不从管壁滑脱者为阳性，记录为（＋）；凝胶不能保持完整并从管壁滑脱者为阴性，记录为（－）。样品两管均为（－），认为符合规定；如两管均为（＋），认为不符合规定；如两管中一管为（＋），一管为（－），则按上述方法另取 4 支样品复试，4 管中一管为（＋），即为不符合规定。阳性对照、样品阳性对照为（－）或阴性对照为（＋），则试验无效。

8）试验报告

（1）所用样品名称、批号、生产厂家。

（2）浸提液制备方法。

（3）主要试验步骤。

（4）试验结果。

（5）结果评价。

六、遗传毒性、致癌性及生殖毒性试验

1. 范围

根据 ISO 有关医疗器械生物学评价的要求，医疗器械长期接触人体或植入体内组织、血液，应进行潜在的遗传毒性、致癌性和生殖毒性等方面的生物学评

价试验，按下述要求进行评价试验。

（1）医疗器械作下列用途时应做遗传毒性试验：用于黏膜、损伤皮肤表面接触时间超过 30d；用于间接接触血液超过 30d；用于导入体内与组织、骨、血液接触超过 24h；用于植入体内与组织、骨、血液接触超过 24h。

（2）医疗器械作下列用途时应做致癌性试验：用于导入体内与组织、骨、血液接触超过 30d；用于植入体内与组织、骨、血液接触超过 30d。

2. 试验项目参考（推荐）

依据 ISO 及我国新药审批办法推荐的试验方法有下列内容可供选择：

（1）体外遗传毒性试验：沙门氏鼠伤寒杆菌回复突变试验（Ames test）、大肠杆菌回复突变试验、体外哺乳动物细胞遗传试验、体外哺乳动物细胞基因突变试验、哺乳动物培养细胞染色体畸变试验、哺乳类细胞体外姊妹染色单体交换试验、体外哺乳动物细胞 DNA 损伤、修复或程序外 DNA 合成试验。

（2）体内遗传毒性试验：微核试验、体内哺乳类骨髓遗传毒性试验、啮齿类动物显性致死试验、哺乳类动物生殖细胞遗传试验。

（3）致癌性试验：啮齿类动物致癌试验、慢性毒性与致癌联合试验。

（4）生殖毒性试验：一般生殖毒性试验有致畸胎试验、围产期毒性试验。

3. 试验目的和要求

很多化学物质有诱变性和潜在的致癌性，医疗器械一般认为无诱变性，但医疗器械在生产、聚合过程中加入各种化学添加剂，这些小分子物质或裂解产物在体内将有诱发细胞内染色体和 DNA 损伤作用，长期接触组织，对细胞将有致癌的潜在性。

（1）遗传毒性试验目的：这些试验是应用哺乳动物或非哺乳动物细胞培养技术测定医疗器械或浸提液是否能引起细胞的基因突变、染色体结构的改变或 DNA 和基因的改变。

（2）致癌性试验目的：致癌试验是将医疗器械或浸提液用其中单一的或复合的接触试验动物整个的生命周期，以检测其潜在的致癌作用。

（3）生殖毒性试验目的：通过试验评价医疗器械或浸提液对试验动物生殖功能、胚胎生长发育（致畸性）和出生前、出生初期生长发育等的潜在影响。

（4）植入剂量：植入试验动物内的最大材料数量应能耐受而不产生不良的机械或生理影响，一般可设高、中、低三个不同剂量组进行试验。

4. 遗传毒性试验

（1）总则：当进行医疗器械的遗传毒性试验评价时，由于试样的化学结构、理化性质及对遗传物质作用终点（基因突变和染色体畸变）的不同，试验组最少应做三项试验，这些试验的结果应从对 DNA 影响、基因突变和染色体畸变等三个方面反映出对遗传毒性的影响。

（2）样品制备的要求：任何医疗器械均应用最终产品送检，浸提液应采用适合的溶液、生理盐水或能溶解材料的适合溶剂（DMSO）的任一种浸提液进行试验。受试的浸提液至少应包括最大材料表面积等高、中、低三个剂量组。为了保证试验结果的可靠性，DMSO 溶液浸提液的浸提温度可采用 37℃，浸提时间最少 24h。

（3）试验方法：① 体外遗传毒性试验，主要可参照中国新药审批办法中推荐的进行微生物回复突变试验、哺乳动物培养细胞染色体畸变试验。② 体内遗传毒性试验，参照中国新药审批办法推荐的选做啮齿类动物微核试验，但对用于生殖系统的医疗器械应进行显性致死试验。

5. 致癌试验

（1）总则：致癌试验是将材料与制品以一定的形式处理动物，在大部分和整个动物生命期间及死亡后检查肿瘤的出现数量、类型、发生部位及发生时间，与对照动物比较以评价材料及其降解产物有无致癌性。因此，可降解医疗器械、医疗器械在遗传毒性试验中显示阳性结果、长期植入体内或超过 30d 以上的医疗器械均应做致癌试验。

（2）样品的准备和要求：试验应选择固体状态的材料，因材料的形状、大小与局部肿瘤的发生有密切关系，一般可将样品制成圆形膜片，厚度≤0.5 mm，直径为 10mm，两面光滑，置生理盐水中煮沸灭菌 30min，24h 内备用。不耐热材料可采用适合的化学或其他物理方式灭菌。样品的大小亦可根据材料性质另定。

（3）试验要求：试验动物可采用大鼠，试验组和对照组雌雄各 50 只以上（试验终了时各组动物至少应有 16 只），体重选择在 60～80g，植入部位选背部两侧皮下，植入时间一般为两年。肉眼观察到试验组和对照组局部有肿瘤病变或可疑肿瘤病变时，应对全身主要器官进行病理组织学检查。

6. 生殖毒性试验

（1）总则：药物和环境化学物可以作用于女性或男性生殖系统，引起不育、流产、死胎、畸形等。生物材料和制品亦不能排除这种可能性。因此，宫内避孕装置以及其他在体内直接接触生殖系统组织或接触胚胎与胎儿的长期植入装置、缓释装置，可吸收、可降解材料和装置应做生殖毒性试验。

（2）样品的准备和要求：缓释装置的样品应将计划用于人的多倍的剂量植入

动物体内进行试验。宫内避孕装置和可吸收、降解材料与装置进行试验的样品应选择最终的产品或将材料制成适合体内植入用的形状进行试验，植入前应灭菌。

（3）试验方法与要求：材料或器械的生殖毒性试验方法参照我国新药审批办法中规定，可选用一般生殖毒性试验、致畸胎试验和围产期毒性试验。动物常用小鼠或大鼠，每组应在 20 只以上，试验设 2～3 种剂量组，最高剂量应有轻度毒性反应，最低剂量应为拟议中的人应用剂量的若干倍量。植入部位，原则上与临床应用部位相同；植入时间为雄性动物交配前 60d 以上，雌性动物交配前 14d。

思　考　题

1. 为什么对医疗器械进行生物学评价？什么样的器械需要评价？
2. 生物学评价有哪些主要指标？
3. 简述溶血试验的方法。
4. 试验样品应如何制备？
5. 简述急性全身毒性的试验方法。

第二章 医用输液、输血、注射器具的检测

§2-1 概 述

输液、输血、注射器具通常被称为一次性使用无菌医疗器械，该类医疗器械与人体血液直接接触，应无菌、无热原、无致癌、无致敏等不良生物学反应，其上的环氧乙烷残留量和重金属含量以及不溶微粒的含量均应具有一定的限量，由于这一类医疗器械常具有定量的作用，因此还应符合计量方面的要求，同时，为了保证使用中的安全，还应具有连接强度等物理性能要求。本章根据国家最新输液、输血、注射器具的检测标准，叙述了医用输液、输血、注射器具中典型器具的检测方法。

§2-2 一次性使用重力输液式输液器

GB8368—2005 规定了一次性使用（重力输液式）输液器的要求，以保证与输液容器和静脉器具相适应。该标准为输液器所用材料的性能及其质量规范提供了指南，并给出了输液器的标记。

一次性使用输液器属于一次性使用无菌医疗器械。一次性使用无菌医疗器械是指无菌、无热源，经检验合格，在有效期内一次性直接使用的医疗器械。

根据结构不同，输液器分为进气式输液器和非进气式输液器。进气式输液器如图 2-2-1 所示，由瓶塞穿刺器保护套、瓶塞穿刺器、带空气过滤器和塞子的进气口、液体通道、滴管、漏斗、药液过滤器、软管、流量调节器、注射件、外圆锥接头、外圆锥接头保护套等组成。也可以不带塞子，不装注射件。药液过滤器可以放在其他位置，常位于病人端，药液过滤器滤膜孔径大小一般为 $15\mu m$，适用于硬质输液容器。图 2-2-2 所示的输液器为非进气式输液器，适用于塑料折式输液容器，由瓶塞穿刺器保护套、瓶塞穿刺器、液体通道、滴管、滴斗、药液过滤器、软管、流量调节器、注射件、外圆锥接头、外圆锥接头保护套等组成。非进气式输液器使用的分离式进气器件如图 2-2-3 所示。

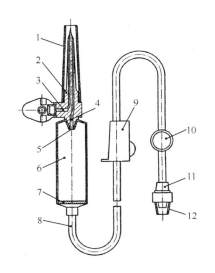

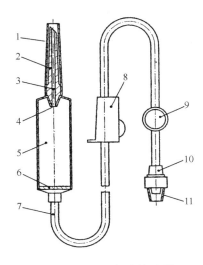

图 2-2-1　进气式输液器

1. 瓶塞穿刺器保护套；2. 瓶塞穿刺器；3. 带空气过滤器和塞子的进气口；4. 液体通道；5. 滴管；6. 漏斗；7. 药液过滤器；8. 软管；9. 流量调节器；10. 注射件；11. 外圆锥接头；12. 外圆锥接头保护套

图 2-2-2　非进气式输液器

1. 瓶塞穿刺器保护套；2. 瓶塞穿刺器；3. 液体通道；4. 滴管；5. 滴斗；6. 药液过滤器；7. 软管；8. 流量调节器；9. 注射件；10. 外圆锥接头；11. 外圆锥接头保护套

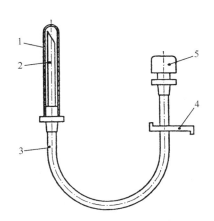

图 2-2-3　输液器进气器件

1. 保护套；2. 瓶塞穿刺器或穿刺针；3. 软管；4. 夹具；5. 带空气过滤器的进气口

　　输液器应有保护套，使输液器内腔在使用前保持无菌。进气器件的瓶塞穿刺器或穿刺针也应有保护套。输液器的材料为聚氯乙烯（GB15593）。

一、输液器的标记示例

输液器的标记是以描述文字加标准编号、字母 IS，再加字母 G 表示，例如：
　　　输液器　GB8368—IS—G
进气器件以描述文字加标准编号再加字母 AD 表示，例如：
　　　进气器件　GB8368—AD

二、物理性能要求与检测

1. 微粒污染

企业应在最小微粒污染条件下制造输液器，液体通路表面应光滑并洁净。测试输液器内的微粒，是通过冲洗输液器内腔通道表面，用适当的方法对微粒进行计数。

（1）按光阻法或电阻法测定（详见第四章）：200mL 洗脱液中，$15 \sim 25\mu m$ 的微粒数不得超过 1 个/mL；大于 $25\mu m$ 的微粒数不得超过 0.5 个/mL。

（2）按显微计数法试验：通过冲洗输液器内腔通道表面，收集滤膜上的微粒，用显微镜进行计数。污染指数应小于 90，试验方法详见第四章。

2. 密封性

输液器一端封口，浸入 $20 \sim 30℃$ 的水中，内部施加高于大气压强 50kPa 的气压 15s，应无气体泄漏现象。

将除气泡的蒸馏水冲入输液器，接至一个真空装置，使其在 $(23\pm1)℃$ 和 $(40\pm1)℃$ 下承受 $-20kPa$ 的压力，不得有空气进入输液器（以大气压作为基准压）。

3. 连接强度

输液器液体通道与组件间的连接（不包括保护套）应能承受不小于 15N 的静拉力，持续 15s。

4. 瓶塞穿刺器

瓶塞穿刺器的尺寸应符合图 2-2-4 的要求（金属穿刺器不受图 2-2-4 的限制）。瓶塞穿刺器应能刺透未穿刺过的液体容器的瓶塞，在穿刺的过程中应不引起落屑。

5. 进气器件

进气器件应经过一个确认过的灭菌过程，在贮存期内应保持无菌，进气器件

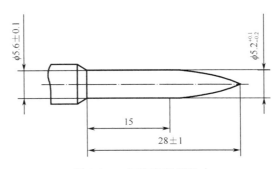

图 2-2-4　瓶塞穿刺器尺寸

应有一空气过滤器，以防止微生物进入它所插入的容器，进气器件的瓶塞穿刺器或穿刺针应有保护套。空气过滤器对空气中 0.5μm 以上的微粒的滤除率应不小于 90%。进气器件可以与输液器的瓶塞穿刺器为一体，也可以与之分离。当进气器件插入硬质容器时，进入容器的空气应不进入到流出液中。空气过滤器的安装应使所有进入硬质容器的空气都通过它。试验时，相对于从自由进气的容器中流出液的流量应不降低 20%。

6. 管路

由塑性材料制成的软管应塑化均匀，并透明或足够透明。当有气泡通过时，用正常或矫正视力可以发现水和空气的分界面。末端至滴斗的软管（包括注射件和外圆锥接头）的长度应不小于 1500mm。

7. 药液过滤器

输液器应有一药液过滤器，药液过滤器对乳胶粒子的滤除率应不小于 80%。

8. 滴斗与滴管

滴斗应可以连续观察滴液。液体应经过一插入滴斗的滴管进入滴斗。滴管端部至滴斗出口的距离应不小于 40mm，滴管和药液过滤器间的距离应不小于 20mm。滴斗内壁与滴管终端的距离应不小于 5mm。在 (23±2)℃、流速为 (50±10) 滴/min 的条件下，滴管滴下 20 滴或 60 滴蒸馏水应为 (1±0.1)mL，即(1±0.1)g。

9. 流量调节器

流量调节器应能调节液流从零至最大，对于重力输液系统，不能使用橘黄色流量调节器，流量调节器宜能在一次输液中持续使用而不损伤管路。流量调节器和软管接触在一起贮存时应不产生有害反应。

10. 输液流速

对于滴管为 20 滴/mL 的输液器，输液器在 1m 静压头下，10min 内输出氯化钠溶液 [质量浓度 $\rho(NaCl)=9g/L$] 应不少于 1000mL；对于滴管为 60 滴/mL 的输液器，输液器在 1m 静压头下，40min 内输出氯化钠溶液 [质量浓度 $\rho(NaCl)=9g/L$] 应不少于 1000mL。

11. 注射件

如有注射件，试验时，使注射件水平、不受力放置，向输液器中充入水，避免夹杂气泡，通入高于大气压强 50kPa 的压力，用符合 GB15811—2001、针管外径为 0.8mm 的注射针穿刺注射件的穿刺区域，插入 15s 后拔出注射针并迅速使穿刺处干燥，观察 1min 内有无泄漏，如有泄漏，则水的泄漏量应不超过 1 滴。注射件宜位于外圆锥接头附近。

12. 外圆锥接头

软管的末端应有一符合 GB/T 1962.1 或 GB/T 1962.2 的外圆锥接头，宜优先使用符合 GB/T 1962.2 的（鲁尔）锁定锥头。

13. 保护套

注射器终端的保护套应保持瓶塞穿刺器、外圆锥接头和输液器内表面无菌，保护套不应自然脱落并易于拆除。

三、化学要求与检测

1. 还原物质（易氧化物）

检测还原物质（易氧化物）的含量，首先要制备浸提液和空白对照液，将三套灭过菌的输液器和一个 300mL 的硅硼玻璃烧瓶连成封闭循环系统，烧瓶置于能使瓶中的液体温度保持在（37±1）℃加热器上，加入符合 GB/T 6686—1992 的一级水或二级水 250mL，以 1L/h 的速度使之循环 2h。如用一蠕动泵作用在一段尽可能短的硅胶管上。若输液器配有注射针，制备试验液时，需将静脉针的管路部分切成 1cm 长的段，将其浸入循环系统的玻璃烧瓶的循环液中，与串联的输液器一起制备检验液，收集全部浸提液并冷却。按制备浸提液的方法制备空白液（回路上不装输液器）。

将 10mL 浸提液加入 10mL 高锰酸钾溶液 [$c(KMnO_4)=0.002mol/L$] 中，

再加入 1mL 硫酸溶液 $[c(H_2SO_4)=1mol/L]$，振摇并让其在室温下反应 15min。

加入 0.1g 碘化钾后，用硫代硫酸钠标准溶液 $[c(Na_2S_2O_3)=0.005mol/L]$ 滴定至淡黄色，加入 5 滴淀粉溶液继续滴定至蓝色消失。同法进行空白溶液试验。以 mL 为单位计算两次滴定消耗 0.002mol/L 高锰酸钾溶液的体积之差，所用高锰酸钾溶液的总量应不超过 2.0mL。

2. 金属离子

当用原子吸收分光光度计法（AAS）或相当的方法进行测定时，检验液中钡、铬、铜、铅、锡的总含量应不超过 $1\mu g/mL$，镉的含量应不超过 $0.1\mu g/mL$。

取上述浸提液 10mL，按 GB/T 14233.1—1998 中方法一规定进行金属离子试验，观察颜色的深浅程度，浸提液呈现的颜色不应超过质量浓度 $\rho(Pb^{2+})=1\mu g/mL$ 的标准对照液。

3. 酸碱度滴定要求与试验

将 0.1mL Tashiro 指示剂加入内有 20mL 浸提液的滴定瓶中，如果溶液颜色呈紫色，则用氢氧化钠标准溶液 $[c(NaOH)=0.01mol/L]$ 滴定，如果呈绿色，则用盐酸标准溶液 $[c(HCl)=0.01mol/L]$ 滴定，直至呈现浅灰色，使指示剂颜色变灰色所需的任何一种标准溶液应不超过 1mL（报告所用的氢氧化钠溶液或盐酸溶液的体积以 mL 为单位）。

4. 蒸发残渣试验

将 50mL 浸提液移入已恒量的蒸发皿中，在略低于沸点的温度下蒸干，在 105℃下干燥至恒量；取 50mL 空白液，同法进行试验。报告浸提液和空白液残渣质量之差，以 mg 为单位。蒸发残渣的总量应不超过 5mg。

5. 紫外吸光度检验

将浸提液通过孔径为 $0.45\mu m$ 的滤膜进行过滤，以避免漫射光干扰。在制备后 5h 内，将该溶液放入 1cm 的石英池中，空白液放入参比池中，用扫描 UV 分光光度计记录在 250～320nm 波长范围内的光谱。以吸光度对应波长的记录图谱为报告结果。浸提液的吸光度应不大于 0.1。

6. 环氧乙烷残留量

按 GB/T 14233.1 试验时，每套输液器的环氧乙烷残留量应不大于 0.5mg。环氧乙烷残留量检测方法见第五章。

四、生物性能要求与检测

输液器应不释放出任何对患者产生副作用的物质。应用适宜的试验来评价输液器材料的毒性，试验结果应表明无毒性。GB/T 16886.1 给出了生物相容性试验指南。

1. 无菌

单包装内的输液器和/或进气器件应经过有效的灭菌过程使产品无菌。无菌试验方法应按 GB18278、GB18279、GB18280 对灭菌过程进行确认和控制，以保证产品上的细菌存活率小于 10^{-6}。

2. 热原

应用适当的试验来评价输液器和/或进气器件的无热原，结果应表明输液器无热原。按 GB/T 14233.2 中规定的无菌、热原试验方法进行。一般情况下，GB/T 14233.2 给出的热原试验用于评价输液器材料的致热性，在确认输液器无材料致热性的情况下，常规检验用 GB/T 14233.2 中给出的细菌内毒素试验来控制内毒素污染所导致的热原，每套输液器细菌内毒素含量宜不超过 20EU，常规检验中，超过该限量可以认为不符合热原要求。

3. 溶血

应评价输液器无溶血成分，试验结果应表明输液器无溶血反应。GB/T 14233.2 给出了检验溶血成分的试验方法，规定溶血率小于 5% 为符合要求。

4. 毒性

应用适宜的试验来评价输液器无毒性，试验结果应表明输液器无毒性。GB/T 16886.1 给出了毒性评价与试验指南（见第一章）。

五、输液器的标志

1. 单包装

单包装上应至少标有下列信息：
（1）文字说明内装物，包括"只能重力输液"字样。
（2）使用 YY0466 中给出的图形符号，标明输液器无菌。
（3）输液器无热原或无细菌内毒素。

（4）输液器仅供一次性使用，或同等说明；或使用符合 YY0466 中的图形符号。

（5）使用说明，包括警示，如关于保护套脱落。

（6）批号，以"批"字或"LOT"开头；或使用符合 YY0466 中的图形符号。

（7）失效年月，附以适当文字，或使用符合 YY0466 中的图形符号。

（8）制造商和/或经销商名称和地址。

（9）滴管滴出 20 滴或 60 滴蒸馏水相当于 （1±0.1） mL ［即(1±0.1)g］ 的说明。

（10）如配静脉针，应注明标称尺寸。

2．搁板包装或多单元包装

应至少有下列信息：
（1）文字说明内装物，包括"只能重力输液"字样。
（2）输液器数量。
（3）使用 YY0466 给出的图形符号，标明输液器无菌。
（4）批号，以"批"字或"LOT"开头；或使用符合 YY0466 中的图形符号。
（5）失效年月，附以适当文字，或使用符合 YY0466 中的图形符号。
（6）制造商和/或经销商名称和地址。
（7）推荐的贮存条件（如果有）。

六、输液器的包装

（1）输液器和/或进气器件应单件包装，以使其在贮存期内保持无菌。单包装打开后应留下打开过的迹象。

（2）输液器和/或进气器件的包装和灭菌应使其在备用时无扁瘪或弯折。

§2-3 一次性使用无菌注射器

GB15810—2001 标准规定了一次性使用无菌注射器（以下简称注射器）的分类与命名、要求、试验方法、检验规则、包装、标志等，该标准适用于供抽吸液体或在注入液体后立即注射用的手动注射器，不适用于胰岛素注射器、玻璃注射器、永久带针注射器、带有动力驱动注射泵的注射器、由制造厂预装药液的注射器以及与药液配套的注射器。

一、基本概念

公称容量：由制造厂标示的注射器容量。例如 1mL、5mL、50mL。

刻度容量：当活塞的基准线轴向移动一个或几个给定的刻度间隔时，从注射器中排出的温度为（20±5）℃的水的体积。

总刻度容量：从零刻度线到最远刻度线之间的注射器容量。总刻度容量可以等于或大于公称容量。

最大可用容量：当活塞拉开至其最远端的功能位置时注射器的容量。

基准线：活塞末端用以确定与注射器任何刻度读数相应容量的环形线。

二、分类与命名

注射器各部分的名称术语如图 2-3-1 所示，本示意图仅说明注射器的结构，并非为标准规定的唯一型式。

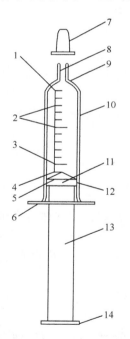

图 2-3-1　一次性使用无菌注射器

1. 零刻度线；2. 分度容量线；3. 公称容量刻度线；4. 总刻度容量线；5. 基准线；6. 外套卷边；7. 锥头帽；8. 锥头孔；9. 锥头；10. 外套；11. 活塞；12. 密封圈；13. 芯杆；14. 按手

注射器的型式为中头式、偏头式等，其结构为二件或三件。注射器的材料应符合生物学评价的要求，当新产品投产、材料和生产工艺有重大改变时，应按 GB/T 16886.1 对材料和最终产品进行生物学评价，基本评价试验为：①细胞毒性；②致敏；③刺激；④溶血；⑤急性全身毒性。注射器应选用符合医用要求的润滑剂。

三、要求

1. 外观

在 300～700xl 的照度下，注射器应清洁、无微粒和异物。注射器不得有毛边、毛刺、塑流、缺损等缺陷。注射器的外套应有足够的透明度，能清晰地看到基准线，内表面（包括橡胶活塞）不得有明显的润滑剂汇聚。

2. 注射器的标尺

注射器有一个标尺或一个以上相同的标尺，标尺应符合表 2-3-1 的规定。注射器允许在公称容量标尺外延长附加标尺，其延长的附加标尺与公称容量标尺应加以区别，其区别方法为：① 把公称容量的计量数字用圆圈圈起来；② 附加标尺的计量数字用更小的计量数字来表示；③ 附加标尺的分度容量线用更短的刻度线表示；④ 附加标尺长度的垂直线用虚线表示。

表 2-3-1　公称容量及对应要求

注射器的公称容量 V/mL	容量允差		最大残留容量 /mL	至公称容量标记处分度的最小全长 /mm	最大分度值 /mL	计量数字间的最大增量/mL	泄漏试验所用力	
	小于公称容量的一半	等于或大于公称容量的一半					侧向力 /kPa（±5%）	轴向压力（表压）/kPa（±5%）
V<2	±(V 的 1.5%＋排出体积的 2%)	排出体积的±5%	0.07	57	0.05	0.1	0.25	300
2≤V<5	±(V 的 1.5%＋排出体积的 2%)	排出体积的±5%	0.07	27	0.2	1	1.0	300
5≤V<10	±(V 的 1.5%＋排出体积的 1%)	排出体积的±4%	0.075	36	0.5	1	2.0	300
10≤V<20	±(V 的 1.5%＋排出体积的 1%)	排出体积的±4%	0.10	44	1.0	5	3.0	300
20≤V<30	±(V 的 1.5%＋排出体积的 1%)	排出体积的±4%	0.15	52	2.0	10	3.0	200
30≤V<50	±(V 的 1.5%＋排出体积的 1%)	排出体积的±4%	0.17	67	2.0	10	3.0	200
V≥50	±(V 的 1.5%＋排出体积的 1%)	排出体积的±4%	0.20	75	5.0	10	3.0	200

3. 标尺的刻度容量线

标尺应按图 2-3-2 规定的分度值表明刻度容量线。零位线的印刷位置应与外套封底的内边缘线相切，当芯杆完全推入外套封底端时，零位线应与活塞上的基准线重合，其误差必须在最小分度间隔的四分之一范围以内。刻度容量线应在零位线至总容量刻度容量线之间，沿外套长轴均匀分隔。当注射器保持垂直位置时，所有等长的刻度容量线的一端应在垂直方向上相互对齐。次刻度容量线长度约为主刻度容量线的二分之一。

4. 标尺上的计量数字

将注射器垂直握住，锥头向上，计量数字应成正立字形。标尺上的计量数字应与相应的刻度容量线末端的延长线相交，但不得接触。计量数字的排列顺序应从外套封底端的零位线开始，"零"字可以省略，各种规格的注射器计量数字标示的举例如图 2-3-2 所示。

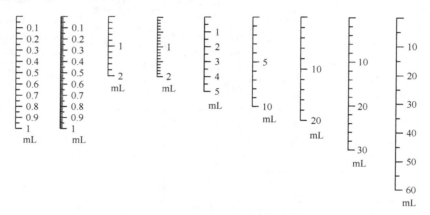

图 2-3-2　标尺刻度的举例

5. 标尺的印刷

偏头式注射器，其标尺应印在锥头的对面一侧。中头式注射器，其标尺应印在外套卷边短轴的任意一侧。标尺的分度容量线及计量数字印刷应完整，字迹清楚，线条清晰，粗细均匀。

6. 外套

注射器外套的最大可用容量的长度至少比公称容量长度长 10%。注射器外套的开口处应有卷边，以确保注射器任意放置在与水平成 10°夹角的平面上时不得转过 180°。

表 2-3-2　按手尺寸

公称容量 V/mL	间距 D/mm
$V<2$	8
$2 \leqslant V<5$	9
$\geqslant 5$	12.5

7. 按手间距

当芯杆完全推入到外套封底时，使活塞的基准线与零位线重合，从卷边内表面到按手外表面的优选最小长度应符合表 2-3-2 规定的间距，详见图 2-3-3。

图 2-3-3　按手尺寸示意图

8. 活塞

橡胶活塞应无胶丝、胶屑、外来杂质、喷霜，应符合 YY/T 0243 的规定，其他材料制成的活塞应符合相应标准的规定。活塞与外套配合，当注射器被注入水后，保持垂直时，芯杆不得因其自身质量而移动。

9. 锥头

锥头孔直径应不小于 1.2mm。注射器锥头的外圆锥接头应符合 GB/T 1962.1 或 GB/T 1962.2 的规定。中头式注射器，锥头应位于外套封底端的中央，与外套在同一轴线上。偏头式注射器，锥头在外套封底端偏离中心，应位于外套卷边短轴一侧的中心线上，且锥头轴线与外套内壁表面最近点之间距离不得大于 4.5mm。

10. 物理性能

(1) 滑动性能：注射器应有良好的滑动性能，其推、拉作用力应符合表 2-3-3 的规定。

表 2-3-3　注射器滑动性能

注射器的公称容量 V/mL	启始力 $F_{s_{max}}$/N	平均力 $\overline{F}_{max}$/N	回推最大力 F_{max}/N	回推最小力 F_{min}/N
$V<2$	10	5	≤(2.0×测量 $\overline{F}$) 或 (测量 $\overline{F}$+1.5N) 中较高者	≥(0.5×测量 $\overline{F}$) 或 (测量 $\overline{F}$−1.5N) 中较低者
$2\leqslant V<50$	25	10	≤(2.0×测量 $\overline{F}$) 或 (测量 $\overline{F}$+1.5N) 中较高者	≥(0.5×测量 $\overline{F}$) 或 (测量 $\overline{F}$−1.5N) 中较低者
$\geqslant 50$	30	15	≤(2.0×测量 $\overline{F}$) 或 (测量 $\overline{F}$+1.5N) 中较高者	≥(0.5×测量 $\overline{F}$) 或 (测量 $\overline{F}$−1.5N) 中较低者

(2) 器身密合性：将注射器吸入公称容量的水，用表 2-3-1 规定的轴向压力及侧向力，对芯杆作用 30s，外套与活塞接触的部位不得有漏液现象。在 88kPa 负压作用下保持(60±5)s，外套与活塞接触部位不得产生漏气现象，且活塞与芯

杆不得脱离。

（3）容量允差：小于二分之一公称容量和大于二分之一公称容量的最大允差应符合表 2-3-1 中的有关规定。

（4）残留容量：当芯杆完全推入到外套封底时，其残留在外套内的液体体积不得超过表 2-3-1 的规定。

11. 化学性能

（1）可萃取金属含量：注射器浸提液与同批空白对照液对照，铅、锌、锡、铁的总含量应＜5μg/mL，镉的含量应＜0.1μg/mL。

（2）酸碱度：注射器浸提液的 pH 与同批空白对照液对照，pH 之差不得超过 1.0。

（3）易氧化物：注射器浸提液与等体积的同批空白对照液相比，0.002mol/L 的高锰酸钾溶液消耗量之差应≤0.5mL。

（4）环氧乙烷残留量：环氧乙烷残留量应≤10μg/g。

12. 生物性能

注射器应无菌，无致热原，无溶血反应，无急性全身毒性。

四、试验方法

1. 外观

以目力观察，应符合上述各项要求。

2. 尺寸

以通用或专用量具测量，应符合上述相关规定。

3. 卷边

用一与水平成 10°夹角的斜面平板，将注射器平行放于斜面上，应符合上述卷边的规定。

4. 滑动性能

测量原理：图 2-3-4 所示的力学测试仪用于移动注射器的芯杆抽吸或排出水，同时记录施加的力和芯杆的运动。

（1）力学测试仪：可测量和连续记录力的大小，精度为全刻度的 1%，能固定被测注射器。

（2）水槽：与大气相通，其中与被测注射器连接的导管内径为（2.7±0.1）mm。

（3）水。

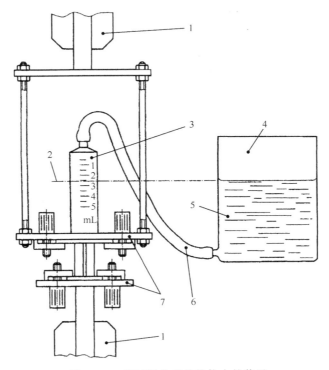

图 2-3-4　测试操作芯杆推拉力的装置

1. 夹具；2. 水平面约为注射器的中心点处；3. 被测注射器；4. 水槽；5. 水；
6. 连接用导管；7. 适合于不同公称容量注射器的调节装置

测量步骤：

（1）按图 2-3-4 将被测注射器固定在装置上，移动芯杆使得基准线与标称容量线齐平，然后回推芯杆使基准线到达零刻度线（对于两件套注射器，将基准线下移分度值 2 小格），只能拉推一次。

（2）将注射器的锥头与水槽管相连，水槽中加入（23±2）℃的水，同时排出管中空气，调节注射器和水槽的相对位置，使水槽的水平面约与注射器筒身的中点平面持平（如图 2-3-4 所示）。

（3）将记录器置零，并设置测试仪，使得仪器在推拉芯杆时不需要重新设置。

（4）启动测试仪，使其以（100±5）mm/min 的速率拉动注射器芯杆，将水从水槽中抽入注射器中，直至基准线达到公称刻度容量线（注射器锥头中的空气不会影响测试结果)。

(5) 当基准线达到公称刻度容量线处，停止芯杆移动，再次将记录器调零，等待 30s，测试仪反转，将芯杆回推到其初始位置，使得注射器中的水排入水槽中。

结果计算：根据芯杆移动和力的记录，测试装置开始拉动芯杆时的最大力 $F_{s_{max}}$，以 N 为单位，测试装置回推芯杆过程中的平均力 $\overline{F}_{max}$，以 N 为单位，回推芯杆过程中的最大力 F_{max}，以 N 为单位，回推芯杆过程中的最小力 F_{min}，以 N 为单位。结果应符合表 2-3-3 的规定。

5. 外圆锥接头试验

按 GB/T 1962.1 或 GB/T 1962.2 中的方法进行。

6. 注射器器身密合性

将注射器吸入公称容量的水，密封锥头孔后，对芯杆施加表 2-3-1 规定的力 30s+5s，观察漏液现象。将水调到不少于公称容量的 25% 处，使锥头向上，回抽芯杆，使基准线与公称容量线重合，从锥头孔处抽吸空气，达到 88kPa 负压时，维持 60s+5s，目力观察，应符合器身密合性的规定。

7. 容量允差试验

用精度为 0.1mg 的天平称取空玻璃杯质量，将注射器吸取(20±5)℃蒸馏水至刻度容量 (V_0，在大于和小于公称容量一半的区间内任选一点)，排出气泡并确保水的半月形水面与锥头腔末端齐平，同时，基准线上边缘与分度线下边缘相切，然后将水全部排入空玻璃杯中，再称重合，二者之差为实际容量 (V_1，水的密度为 1000kg/m³)。

$$容量允差 = \frac{V_0 - V_1}{V_1} \times 100\%$$

式中，V_0 为刻度容量；V_1 为实际容量。

亦可采用标准容量球检验方法，应符合上述容量允差的规定，称重法为仲裁方法。

8. 残留容量试验

用精度为 0.1mg 的天平称取空注射器质量，注射器内注 (20±5)℃蒸馏水至公称容量刻度线，仔细排出所有气泡并确保水的半月形水平面与锥头腔末端齐平，然后完全压下芯杆排出水，并擦干注射器的外表面，重新称量注射器。将排出水后的注射器质量减去空注射器的质量，得到以 g 为单位表示的留在注射器中的水的质量，即为残留量，并以 mL 为单位表示，水的密度取 1000kg/m³，应符合上述残留容量的规定。

9. 化学性能

（1）检验液的制备：按 GB/T 14233.1—1998 表 1 中序号 4 的方法进行。在本章第五节中将详细介绍。

（2）可萃取金属含量：用上述的方法，浸取 8h 后所得的供试液，按 GB/T 14233.1—1998 中重金属总含量测定方法进行，应符合本节化学性能测定的有关规定。

（3）酸碱度：用上述的方法，浸取 8h 后所得的供试液，按 GB/T 14233.1—1998 中酸碱度测定方法进行，应符合本节化学性能测定中的有关规定。

（4）易氧化物：用上述的方法，浸取 1h 后所得的供试液，按 GB/T 14233.1—1998 中还原物质（易氧化物）测定方法进行，应符合本节化学性能测定中的有关规定。

（5）环氧乙烷残留量：取注射器去包装后精确称量 m_0，在注射器内注入符合 GB6682—1992 中规定的 3 级水至公称容量 V，在（37±1）℃下恒温 1h，取一定量的浸取液，按 GB/T 14233.1—1998 中气相色谱法进行测试（详见第五章），从标准曲线上得到相应的样品浓度 c，按公式计算得到注射器的环氧乙烷含量 W，应符合本节中环氧乙烷残留量的规定。

$$W = \frac{c \times V}{m_0}$$

10. 生物性能

1）无菌试验

取 6 支注射器样品，在无菌室内注射器吸取 0.9％氯化钠注射液至总刻度容量，回拉芯杆，使活塞稍离液面振摇 5 次。按 GB/T 14233.2—1993 中无菌试验法进行试验，应符合生物性能试验的有关规定。

2）热原试验

（1）家兔试验法（仲裁法）。

取上述无菌试验中所制备的供试液，按 GB/T 14233.2—1993 中热原试验法进行。

（2）细菌内毒素试验。

取至少 3 支注射器，抽取无热原水或 0.9％氯化钠注射液至总刻度容量，将芯杆拉回到外套开口处，液体来回振荡两次，封闭在（37±2）℃（恒温箱中保持

2h)，取出后将注射器内的试液汇聚在无热原的玻璃器皿中，供试液贮存不得超过 2h，按 GB/T 14233.2 中有关方法进行，应符合生物性能试验的有关规定。

3）溶血试验

（1）原理：红细胞因药物或毒性物质作用可发生溶解，并释放出血红蛋白，本试验是通过注射器的供试液与血液稀释液直接接触，测定红细胞溶解后释放的血红蛋白量，来检验注射液的体外溶血程度。

（2）主要仪器：分光光度计、离心机、恒温水浴箱。

（3）试剂：蒸馏水、0.9％氯化钠注射液。

（4）试验方法：

① 全血稀释液的制备。

a. 2％的全血稀释液的制备：取新鲜人血或兔血 2mL，加 0.9％氯化钠注射液稀释至 100mL，轻轻混匀（无溶血、凝块）即得。

b. 1％的全血稀释液的制备：取部分 2％的全血稀释液，加入等容积的 0.9％氯化钠注射液即得。

② 操作步骤。

a. 取至少 3 支注射器，各加入 1％的全血稀释液 10mL 至全刻度容量，为供试液 A。

b. 取 3 支试管，各加入 1％的全血稀释液 10mL，为阴性对照液 B。

c. 取 3 支试管，各加入蒸馏水 5mL，2％的全血稀释液 5mL，为阳性对照液 C。

d. 把上述 A、B、C 三种试验液同时存放于(37±1)℃的恒温箱中，保持 60min＋5min，再将供试液 A 分别装入 3 支试管中，每管各 10mL，然后分别离心（1500r/min）5min 后，取上清液，用分光光度计于 545nm 波长处测定吸光度，取其 3 管的平均值，按以下公式计算溶血率：

$$溶血率 = \frac{A-B}{C-B} \times 100\%$$

式中，A 为供试液吸光度；B 为阴性对照液吸光度；C 为阳性对照液吸光度。

溶血试验可根据 GB/T 14233.2 生物性能试验的有关规定进行，溶血率 ＜5％，判定供试品合格。

4）急性全身毒性试验

按 GB/T 14233.2 中有关方法进行，应符合生物性能试验的有关规定。

五、包装

1. 单包装

每一注射器应封装在一个单包装中，包装的材料不得对内装物产生有害影响。此包装的材料和设计应确保：

（1）在干燥、清洁和充分通风的贮存条件下，能保证内装物无菌；

（2）在从包装中取出时，内装物受污染的风险最小；

（3）在正常的搬动、运输和贮存期间，对内装物有充分的保护；

（4）一旦打开，包装不能轻易地重新密封，而且应有明显的被撕开的痕迹。

2. 中包装

一件或更多件单包装应装入一件中包装中。在正常搬运、运输和贮存期间，中包装应能充分有效地保护内装物。一件或多件中包装可以装入大包装中。

六、标志

1. 单包装

单包装上至少应有以下标志：

（1）内装物的说明，包括公称容量；

（2）"无菌"、"无热原"字样；

（3）"一次性使用"或相当字样；

（4）如果需要，提供对溶剂不相容性的警告；

（5）批号以"批"字开头；

（6）制造厂或供应商的名称和地址；

（7）失效日期的年和月；

（8）若附注射针，应注明规格；

（9）在使用前检查每一单包装完整性的警示。

2. 中包装

中包装上应有以下标志：

（1）内装物的说明，包括公称容量和数量；

（2）"无菌"字样；

（3）"一次性使用"或相当字样；

（4）批号以"批"字开头；

（5）失效日期的年和月；

（6）制造厂或供应商的名称和地址；

（7）若附注射针，应注明规格。

3. 大包装

如果中包装装入了大包装，大包装上应有以下标志：

（1）按上述（1）规定的内装物的说明；

（2）批号以"批"字开头；

（3）"无菌"字样；

（4）失效日期的年和月；

（5）制造厂或供应商的名称和地址；

（6）搬运、贮存和运输的要求。

4. 运输包装材料

如果未使用大包装，但中包装物被包装起来运输，上述大包装所要求的内容应被标在运输包装材料上，或者应能透过包装材料看见上述大包装要求的内容。

5. 贮存

经灭菌的注射器应贮存在相对湿度不超过 80％、无腐蚀性气体和通风良好的室内，并对注射器有充分的保护。

七、检验规则

1. 周期检查（型式检验）

（1）在下列情况下，应进行型式检验：① 新产品投产、材料来源或配方改变时；② 连续生产中每年不少于二次；③ 停产整顿恢复生产时；④ 合同规定或管理部门要求时；⑤ 质量监督部门对产品质量进行监督抽查时。

（2）周期检查为全性能检验。

（3）周期检查应按 GB2829 的规定进行。

2. 逐批检查（出厂检验）

（1）按 GB2828 的规定逐批进行检验，合格后方可出厂。

（2）以同种规格注射器日产量组成的生产批。

（3）每一灭菌批的产品，其环氧乙烷残留量应符合标准的要求后方可出厂。

八、生物学评价

当新产品投产、材料和生产工艺有重大改变，应按 GB/T 16886.1 对材料和最终产品进行生物学评价，基本评价为细胞毒性、致敏、刺激、溶血、急性全身毒性。

九、材料的指南

用于制造注射器的材料应与其消毒过程相适应。用于制造注射器的材料在常规使用注射制剂过程中，不得产生物理或化学等有害的影响。

同样，用于皮下无菌注射器筒身的聚丙烯、聚苯乙烯和苯乙烯/丙烯腈共聚物也有特定的等级。用于活塞高质量的天然或合成橡胶合成物，活塞的表面由聚二甲基硅氧烷进行润滑。高密度聚乙烯用于与带有氨基滑动添加剂的聚丙烯外套相结合的二件套设计的密封装置，都应符合生物学评价要求。

用于构造注射器外套壁的材料应具有足够的透明度以确保可毫无困难地读取刻度值。

§2-4　一次性使用静脉注射针

GB15811—2001 规定了公称外径为 0.3～1.2mm 的一次性使用无菌注射针（以下简称注射针）的分类与命名、要求、试验方法、检验规则、包装和标志等。本标准适用于人体皮内、皮下、肌肉、静脉等注射或抽取药液时用的注射针。

一、分类与命名

（1）注射针的各部件名称和型式应符合图 2-4-1 的规定。

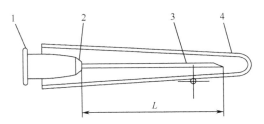

图 2-4-1　一次性使用无菌注射针和护套的示意图
1. 针座；2. 连接部；3. 针管；4. 护套

（2）针尖的几何图形及命名标示应符合图 2-4-2 的规定。

（3）产品标记：注射针产品的标记以针管的外径、长度、管壁类型和刃角角度表示，外径和长度单位以 mm 表示，管壁类型以 RW（正常壁）、TW（薄壁）或 ETW（超薄壁）表示，刃角角度以 LB（长斜面角）或 SB（短斜面角）表示。

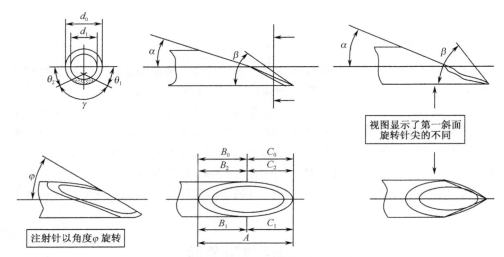

图 2-4-2 针尖的几何图形及命名标示

d_0. 针管外径；d_1. 针管内径；A. 针尖长度；B_0. 第一斜面公称长度；B_1. 右第一斜面长度；B_2. 左第一斜面长度；C_0. 第二斜面公称长度；C_1. 右第二斜面长度；C_2. 左第二斜面长度；α. 第一斜面角度；φ. 第二斜面角度；β. 针尖角度；θ_1. 右第二斜面旋转角；θ_2. 左第二斜面旋转角；γ. 联合第二斜面角

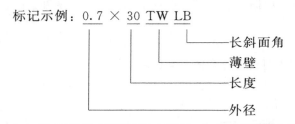

（4）注射针针管应采用 GB18457 中的材料制成。

（5）针尖的第一斜面角 α（如图 2-4-2 所示）通常采用 $(11\pm2)°$（LB）或 $(17\pm2)°$（SB）。

（6）注射针针座材料应采用符合 YY0242—1996 的聚丙烯或对人体无毒副作用的其他高分子材料。

二、要求

1. 外观

（1）注射针针管应清洁、无杂物，针管应平直。

（2）针座应无明显毛边、毛刺、塑流及气泡等注塑缺陷。

（3）针座的锥孔应无微粒和杂质。

（4）针尖必须无毛刺、弯钩等缺陷。

2. 尺寸

（1）注射针针管的外径应符合 GB18457—2001 中表 1 的规定。

（2）注射针针管的长度应符合表 2-4-1 的规定。

表 2-4-1　注射针针管的长度

针管标称长度 L	极限偏差
L<25	+1 −2
25≤L<40	+15 −2.5
L=40	0 −4
L>40	+1.5 −2.5

3. 注射针针管

（1）刚性：注射针应有良好的刚性，在 GB18457—2001 中表 2 规定的条件下试验，针管的最大挠度应符合 GB18457—2001 中表 2 的有关规定。

（2）韧性：注射针应有良好的韧性，按 GB18457—2001 中表 3 规定的跨距及附录 D 规定的周次，使针座在一个平面内按 GB18457—2001 中附录 D 规定的摆角做双向反复弯曲不得折断。

（3）耐腐蚀性：注射针应有良好的耐腐蚀性能。

（4）针管表面使用润滑剂时，目力观察针管表面应无微滴形成。

（5）针管内应清洁，流过针管内壁的混合液应无异物和赃物。

4. 注射针针座

（1）注射针针座的圆锥接头应符合 GB/T 1962.1 或 GB/T 1962.2 的规定。

表 2-4-2　针座针管连接牢固度

规格/mm	拉力/N
0.3	22
0.33	22
0.36	22
0.4	22
0.45	22
0.5	22
0.55	34
0.6	34
0.7	40
0.8	44
0.9	54
1.1	69
1.2	69

（2）注射针针座的颜色应符合 YY/T 0296 的规定。

（3）注射针针座与针管的连接应正直，不得有明显的歪斜。

（4）注射针针座与针管的连接应牢固，在表 2-4-2 规定的拉力下做拉拔试验，两者不得松动或分离。

（5）注射针针座与护套配合应良好，护套不得自然脱落，且两者分离力应不得大于 15N。

（6）注射针的针孔应畅通，用表 2-4-3 规定的通针可以自由通过或在不大于 100kPa 水压下，流量应不小于相同外径和长度及 GB18457—2001 中规定的最小内径的针管，在相同条件下流量的 80%。

表 2-4-3　通针直径 　　　　　　　　　　（单位：mm）

规格	通针的直径		
	正常壁	薄壁	超薄壁
0.3	0.11	0.13	—
0.33	0.11	0.15	—
0.36	0.11	0.15	—
0.4	0.15	0.19	—
0.45	0.18	0.23	—
0.5	0.18	0.23	—
0.55	0.22	0.27	—
0.6	0.25	0.29	0.30
0.7	0.30	0.35	0.37
0.8	0.40	0.42	0.44
0.9	0.48	0.49	0.50
1.1	0.58	0.60	0.68
1.2	0.70	0.73	0.83

5. 注射针针尖

注射针针尖应锋利，其最大刺穿力应符合表 2-4-4 的规定，穿刺力的测试方法见附录。

表 2-4-4　刺穿力

规格/mm	刺穿力/N	规格/mm	刺穿力/N
0.3~0.6	≤0.70	0.7~0.9	≤0.85
		1.1~1.2	≤1.15

6. 化学性能

（1）酸碱度：注射针的检验液与同批对照液作对照，pH 之差不得大于 1。

（2）可萃取金属含量：注射针的检验液中，可萃取的金属总含量不得超过 $5\mu g/mL$，镉的含量应小于 $0.1\mu g/mL$。

7. 生物性能

（1）注射针应无菌。

（2）注射针应无致热原。

（3）注射针应无溶血反应。

（4）注射针应无急性全身毒性。

三、试验方法

1. 外观

（1）以目力观察，应符合以上外观要求中的（1）、（2），注射针针管要求中的（4）、注射针针座要求中的（2）、（3）各项规定。

（2）用 3 倍放大镜观察，应符合外观要求中的（3）、（4）的规定。

2. 尺寸

以通用或专用量具测量，应符合以上对尺寸规定的要求。

3. 注射针针管

（1）刚性试验：按 GB18457—2001 附录 C 的方法进行，应符合以上注射针针管刚性要求的规定。

（2）韧性试验：按 GB18457—2001 附录 D 的方法进行，应符合上述注射针针管韧性要求的规定。

（3）耐腐蚀性试验：按 GB18457—2001 附录 E 的方法进行，应符合上述注射针针管耐腐蚀性要求的规定。

（4）针管内表面异物试验：将甘油和酒精 1∶1 混合均匀，然后用清洁的注射器将混合液 5mL 注射液通过注射针，用目力观察应符合注射针针管要求中的（5）的规定。

4. 注射针针座

（1）将注射针针座的圆锥接头按 GB/T 1962.1 或 GB/T 1962.2 中的方法进行，应符合上述注射针针座要求中（1）的规定。

（2）连接牢固度试验：将注射针针管固定在专用仪器上，以针座拔出方向做无冲击的拉拔，应符合上述注射针针座要求中（4）的规定。

（3）针座与护套配合试验：将注射针针座固定在专用仪器上，以护套拔出方向做无冲击拉拔，应符合上述注射针针座要求中（5）的规定。

（4）针孔畅通试验：按表 2-4-3 的规定，用相应规格的通针进行畅通试验，或在不大于 100kPa 水压下进行畅通试验，应符合上述注射针针座要求中（6）的规定（后者为仲裁法）。

5. 刺穿力试验

按附录的方法进行，应符合上述刺穿力（如表 2-4-4 所示）的规定。

6. 化学性能

（1）化学性能试验中检验液的制备方法：将 25 支拔去护套的注射针浸入 250mL 新制成的符合 GB6682—1992 中规定的 3 级水中，在 37_0^{+3}℃温度下恒温 1 h,取出注射针获得检验液；同时制备空白对照液。

（2）酸碱度：按 GB/T 14233.1—1998 中有关规定的方法进行，应符合上述化学性能中（1）的规定。

（3）可萃取金属含量：按 GB/T 14233.1—1998 中有关规定的方法进行，应符合上述化学性能中（2）的规定。

7. 生物性能试验

（1）生物试验检验液的制备方法：将 25 支注射针浸入 250mL 无菌、无热原的 0.9%氯化钠溶液中，在 37_0^{+3}℃温度下恒温 1 h，取出注射针获得检验液，供试液的贮存不得超过 2h。

（2）无菌试验：按 GB/T 14233.2—1993 中小型配件或实体类器具试验，将 10 支注射针直接投放到无菌培养基中，应符合上述生物性能要求（1）中的规定。

（3）无致热原：将上述制备的生物试验的检验液，按 GB/T 14233.2 中的有关方法进行，应符合注射针无致热原的规定。

（4）溶血试验：按 GB/T 14233.2 中的有关方法进行，应符合注射针无溶血反应的要求。

（5）急性全身毒性试验：按 GB/T 14233.2 中的有关方法进行，应符合注射针无急性全身毒性的要求。

附　　录

注射针刺穿力的测试方法

1. 原理

用一刺穿力试验装置使注射针以规定的速度，垂直通过模拟皮肤时所测得的最大峰值力来评估注射针的刺穿力。

2. 测试装置及材料

（1）测试装置。

如图 A.1 所示，亦可使用其他具有相同性能和精度的装置。

（2）测试装置组成：①带有压力测量元件的变送单元；②被检针；③模拟皮肤；④模拟皮肤夹具；

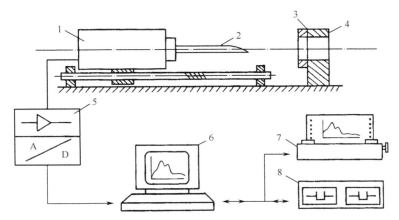

图 A.1 用于测量和记录刺穿力的典型测试装置

1. 带有压力测量元件的变送单元；2. 被检针；3. 模拟皮肤；4. 模拟皮肤夹具；

5. 测量放大器；6. 数据处理及显示单元；7. 打印机；8. 软盘

⑤测量放大器；⑥数据处理及显示单元；⑦打印机；⑧软盘。

（3）测试装置技术指标：①直线驱动速度：$50\sim250$mm/min，平均速度精度$\leqslant\pm5\%$（设置值）；②压力传感器测量范围：$0\sim50(0\sim5)$N，精度$\pm0.5\%$（满量程）。

（4）模拟皮肤材料：①材料：聚氨酯膜；②厚度：(0.35 ± 0.05) mm；③暴露面积（夹固后）：Φ10mm。

3. 测试程序

（1）将被检针和模拟皮肤在 $(22\pm2)℃$ 下放置至少 24h，并在相同温度下进行测试；

（2）按图 A.1 所示测量装置，将适当尺寸的模拟皮肤 3 夹在夹具上，不得有任何明显的拉伸或压缩力施加在模拟皮肤上；

（3）将被检针装在设备 2 上，其轴线垂直于模拟皮肤 3 的表面，针尖指向圆形穿刺区域的中心；

（4）将移动速度设定为 100mm/min；

（5）开动测试装置；

（6）在膜上穿刺过程中，同时测得最大峰值力或记录力/位移图。

注：不得使用圆形穿刺区域曾做过穿刺的膜。

4. 符合性评价

将所得的力/位移图中的最大峰值与要求规定值比较，当最大峰值小于等于规定值时，则判定为该被测针的刺穿力符合要求。

§2-5 医用输液、输血、注射器具化学检验方法

GB/T 14233.1—1998 标准规定了医用输液、输血、注射器具化学分析方法，该标准适用于医用高分子材料制成的医用输液、输血、注射及配套器具的化学分析，其他医用高分子制品的化学分析亦可参照采用。

标准的所有分析都以两个平行试验组进行，其结果应在允许相对偏差范围

内，以算术平均值为测定结果，如一份合格，另一份不合格，不得平均计算，应重新测定。

　　本标准中所用试剂若无特殊规定，均为分析纯。试验用水若无特殊规定，均应符合 GB6682 中二级水的要求。所用术语"精确称重"指称重精确到 0.1mg。质量法恒重系指供试品连续两次炽灼或干燥后的质量之差不得超过 0.3mg。所用玻璃容器若无特殊规定均为硅硼酸盐玻璃容器。

一、溶出物分析方法

1. 检验液的制备

　　（1）制备检验液应尽量模拟产品使用过程中所经受的条件（如产品的应用面积、时间、温度等）。当产品的使用时间较长时（超过 24h），应考虑采用高温加速条件制备检验液，但需对其可行性和合理性进行论证。

　　（2）制备检验液所用的方法应尽量使样品所有被测表面都被萃取到。常用检验液制备方法如表 2-5-1 所示。

表 2-5-1　检验液制备方法

序号	检验液制备方法	适用产品举例
1	取三套样品和玻璃烧瓶连成一循环系统，加入 250 mL 水并保持在 (37±1)℃，通过一蠕动泵作用于一段尽可能短的医用硅橡胶管上，使水以 1L/h 的流量循环 2h，收集全部液体冷至室温作为检验液。取同体积水置于玻璃烧瓶中，不装样品同法制备空白对照液。	使用时间较长（不超过 24h）的体外管路制品，如输液器、输血器等。
2	取样品切成 1cm 长的段，加入玻璃容器中，按样品内外总表面积 (cm²) 与水 (mL) 的比为 2∶1 的比例加水，加盖后，在 (37±1)℃ 下放置 24h，将样品与液体分离，冷至室温作为检验液。取同体积水置于玻璃容器中，同法制备空白对照液。	使用时间较长（不超过 24h）的体内导管。
3	取样品的厚度均匀部分，切成 1cm² 的碎片，用水洗净后晾干，然后加入玻璃容器中，按样品内外总表面积 (cm²) 与水 (mL) 的比为 5∶1（或 2∶1）的比例加水，加盖后置于压力蒸汽灭菌器中，在 (121±1)℃ 加热 30min，加热结束后将样品与液体分离，冷至室温作为检验液。取同体积水置于玻璃容器中，同法制备空白对照液。	使用时间很长的产品（超过 24h），如血袋等。
4	样品中加水至公称容量，在 (37±1)℃ 下恒温 8h（或 1h），将样品与液体分离，冷至室温作为检验液。取同体积水置于玻璃容器中，同法制备空白对照液。	使用时间很短的容器类产品，如注射器等。

序号	检验液制备方法	适用产品举例
5	样品中加水至公称容量，在（37±1）℃下恒温 4h，将样品与液体分离，冷至室温作为检验液。 取同体积水置于玻璃容器中，同法制备空白对照液。	使用时间较长（不超过 24h）的容器类产品，如营养输液袋等。
6	取样品，按每个样品加 10mL（或按样品适当质量加 1mL）的比例加水，在（37±1）℃下恒温 24h（或 8h 或 1h），将样品与液体分离，冷至室温作为检验液。 取同体积水置于玻璃容器中，同法制备空白对照液。	使用时间较长（不超过 24h）的小型不规则产品，如药液过滤器等。

注：若使用括号中的样品制备条件，应在产品标准中注明。

2. 检验项目及分析方法

1）浊度和色泽的测定

按中华人民共和国药典 1995 年版澄明度检查法测定浊度，用正常视力或矫正视力检测试验液的色泽。

2）还原物质（易氧化物）

方法一：直接滴定法。

（1）原理：高锰酸钾是强氧化剂，在酸性介质中，高锰酸钾与还原物质作用，MnO_4^- 被还原成 Mn^{2+}，如下：

$$MnO_4^- + 8H^+ + 5e \Longrightarrow Mn^{2+} + 4H_2O$$

（2）溶液的配制。

① 稀硫酸（20%）：量取 128mL 硫酸，缓缓注入 500mL 水中，冷却后稀释至 1000mL。

② $c(Na_2C_2O_4)=0.05mol/L$ 草酸钠溶液：称取草酸钠 6.700g，加水溶液并稀释至 1000mL。

③ $c(Na_2C_2O_4)=0.005mol/L$ 草酸钠溶液：用前取 0.05mol/L 草酸钠溶液加水稀释 10 倍。

④ $c(KMnO_4)=0.02mol/L$ 高锰酸钾标准溶液：取 3.3g 高锰酸钾，加水 1050mL，煮沸 15min，加水至 1000mL，密塞后静置 2d 以上，用微孔玻璃漏斗过滤、摇匀，标定其浓度。

⑤ $c(KMnO_4)=0.002mol/L$ 高锰酸钾标准溶液：临用前取 0.02mol/L 高锰酸钾标准溶液加水稀释 10 倍。必要时煮沸、放冷、过滤、再标定其浓度。

（3）0.02mol/L 高锰酸钾标准溶液的标定。

取 105℃下干燥至恒重的基准草酸钠约 0.2g，精确称重，加入 100mL 硫酸溶液（92+8），搅拌使之溶解。自滴定管中迅速将 25mL 待标定的高锰酸钾标准

溶液加入到本液中，待褪色后，加热至 65℃，继续滴定至溶液呈微红色并保持
30s 不退。当滴定终了时，溶液温度应不低于 55℃，同时做空白试验。

注：每 6.7mL 草酸钠相当于 0.02mol/L 高锰酸钾标准溶液 1mL。

（4）试验步骤。

取按表 2-5-1 制备的检验液 20mL，置于锥形瓶中，精确加入产品标准中规
定浓度的高锰酸钾标准溶液 3mL，稀硫酸 5mL。加热至沸并保持微沸 10min，
稍冷后精确加入对应浓度的草酸钠溶液 5mL，置于水浴上加热至 75～80℃，用
规定浓度的高锰酸钾标准溶液滴定至显微红色，并保持 30s 不褪色为终点，同时
与同批空白对照液相比较。

（5）结果计算。

还原物质（易氧化物）含量以消耗高锰酸钾标准溶液的量表示，按下式
计算：

$$V = \frac{(V_S - V_0)C_S}{C_0} \qquad (2\text{-}5\text{-}1)$$

式中，V 为消耗高锰酸钾标准溶液的体积，mL；V_S 为检验液消耗滴定液高锰
钾标准溶液的体积，mL；V_0 为空白液消耗滴定液高锰酸钾标准溶液的体积，
mL；C_S 为滴定液高锰酸钾标准溶液的实际浓度，mol/L；C_0 为标准中规定的高
锰酸钾标准溶液的浓度，mol/L。

方法二：间接滴定法。

（1）原理：水浸液中含有的还原物质在酸性条件下加热时，被高锰酸钾氧
化，过量的高锰酸钾将碘化钾氧化成碘，而碘被硫代硫酸钠还原。

（2）溶液的配制。

① 稀硫酸（20%）：量取 128mL 硫酸，缓缓注入 500mL 水中，冷却后稀释
至 1000mL。

② $c(KMnO_4)＝0.02mol/L$ 高锰酸钾标准溶液：同方法一。

③ $c(KMnO_4)＝0.002mol/L$ 高锰酸钾标准溶液：同方法一。

④ 淀粉指示液：取 0.5g 淀粉溶于 100mL 水中，加热煮沸后冷却备用。

⑤ $c(Na_2S_2O_3)＝0.1mol/L$ 硫代硫酸钠标准溶液：称取 26g 硫代硫酸钠
（$Na_2S_2O_3 \cdot 5H_2O$）或 16g 无水硫代硫酸钠，溶于 1000mL 水中，缓缓煮沸
10min，冷却，加水至 1000mL。置两周后过滤，标定其浓度。

⑥ $c(Na_2S_2O_3)＝0.01mol/L$ 硫代硫酸钠标准溶液：临用前取 0.1mol/L 硫
代硫酸钠标准溶液用新煮沸并冷却的水稀释 10 倍。

（3）$c(Na_2S_2O_3)＝0.1mol/L$ 硫代硫酸钠溶液的标定。

称取 0.15g 于 120℃烘干恒重的基准重铬酸钾，精确称重，置于碘量瓶中，
溶于25mL 水，加 2g 碘化钾及 20mL 稀硫酸（20%），摇匀，于暗处放置 10min，

加水 150mL。用配制好的硫代硫酸钠溶液 $[c(Na_2S_2O_3)=0.1mol/L]$ 滴定，近终点时加 3mL 淀粉指示液（5g/L），继续滴定至溶液由蓝色变为亮绿色。同时作空白试验。

（4）试验步骤。

取按表 2-5-1 制备的检验液 10mL（也可同时用 20mL），加入 250mL 碘量瓶中，加 1mL（检验液用 20mL 时，稀硫酸加 2mL）稀硫酸和 10mL（也可同时用 20mL）产品标准中规定浓度的高锰酸钾标准溶液，煮沸 3min，迅速冷却，加 0.1g（检验液用 20mL 时，碘化钾加 1.0g）碘化钾，密塞，摇匀，立即用相同浓度的硫代硫酸钠标准溶液滴定至淡黄色，再加 0.25mL 淀粉指示液，继续用硫代硫酸钠标准溶液滴定至无色。

用同样的方法滴定空白对照液。

（5）结果计算。

还原物质（易氧化物）的含量以消耗高锰酸钾溶液的量表示，计算公式为

$$V = \frac{V_0 - V_S}{C_0}C_S \qquad\qquad (2\text{-}5\text{-}2)$$

式中，V 为消耗高锰酸钾溶液的体积，mL；V_S 为检验液消耗滴定液硫代硫酸钠溶液的体积，mL；V_0 为空白液消耗滴定液硫代硫酸钠溶液的体积，mL；C_S 为滴定液硫代硫酸钠溶液的实际浓度，mol/L；C_0 为标准中规定的高锰酸钾 $[c(1/5KMnO_4)]$ 溶液浓度，mol/L。

3）氯化物

（1）原理。

氯离子在酸性条件下与硝酸银反应生成氯化银沉淀。

（2）溶液的配制。

① 氯化钠标准贮备液：称取 110℃ 干燥恒重的氯化钠 0.165g 置于容量瓶中加水适量，使溶解并稀释至 1000mL，摇匀，即得 100μg/mL 氯化钠的标准贮备液。

② 氯化钠标准溶液：临用前精确量取氯化钠标准贮备液稀释至所需浓度。

③ 硝酸银试液：取硝酸银 1.75g，加水适量溶解并稀释至 100mL，摇匀。

④ 稀硝酸：取 105mL 硝酸，用水稀释至 1000mL。

（3）试验步骤。

取按表 2-5-1 制备的检验液 10mL，加入 50mL 纳氏比色管中，加 10mL 稀硝酸（溶液若不澄清，过滤，滤液置于 50mL 纳氏比色管中），加水使成约 40mL，即得供试液。

取 10mL 氯化钠标准溶液置另一 50mL 纳氏比色管中，加 10mL 稀硝酸，加水使成约 40mL，摇匀，即得标准对照液。

在以上两试管中分别加入硝酸银试液 1mL，用水稀释至 50mL，在暗处放置 5min，置黑色背景上从比色管上方观察。供试液与标准对照液比浊。

供试液如带颜色，除另有规定外，可取供试溶液两份，分置 50mL 纳氏比色管中，一份中加，硝酸银试液 1.0mL，摇匀，放置 10min，如显浑浊，可反复过滤，至滤液完全澄清，再加规定量的标准氯化钠溶液与水适量使成 50mL，摇匀，在暗处放置 5min，作为对照液，另一份中加硝酸银试液 1.0mL 与水适量使成 50mL，摇匀在暗处放置 5min，按上述方法与对照溶液比较，即得。

（4）酸碱度。

方法一：

取按表 2-5-1 制备的检验液和空白对照液，用酸度计分别测定其 pH，以两者之差作为检验结果。

方法二：

① 溶液的配制。

a. $c(NaOH)=0.1mol/L$ 氢氧化钠标准溶液：按 GB601—88 中 4.1 的规定配制及标定。

b. $c(NaOH)=0.01mol/L$ 氢氧化钠标准溶液：临用前取 0.1mol/L 氢氧化钠标准溶液加水稀释 10 倍。

c. $c(HCl)=0.1mol/L$ 盐酸标准溶液：按 GB601—88 中 4.2 的规定配制及标定。

d. $c(HCl)=0.01mol/L$ 盐酸标准溶液：临用前取 0.1mol/L 盐酸标准溶液加水稀释 10 倍。

e. Tashiro 指示剂：溶解 0.2g 甲基红和 0.1g 亚甲基蓝于 100mL 乙醇中 [95%(V/V)]。

② 试验步骤。

将 0.1mL Tashiro 指示剂加入内有 20mL 检验液的烧瓶中，如果溶液颜色呈紫色，则用 $c(NaOH)=0.01mol/L$ 的氢氧化钠标准溶液滴定；如果呈绿色，则用 $c(HCl)=0.01mol/L$ 的盐酸标准溶液滴定，直至显灰色。以消耗 0.01mol/L 氢氧化钠标准溶液或盐酸标准溶液的体积（以 mL 为单位）作为检验结果。

（5）蒸发残渣。

① 试验步骤。

蒸发皿预先在 105℃ 干燥恒重，精确称重。取按表 2-5-1 制备的检验液 50mL 加入蒸发皿中，在水浴上蒸干并在 105℃ 恒温箱中干燥至恒重。同法测定空白对照液。

② 结果计算。

按下式计算蒸发残渣：

$$W = \left[(W_{12} - W_{11}) - (W_{02} - W_{01}) \right] \times 1000 \qquad (2\text{-}5\text{-}3)$$

式中，W 为蒸发残渣的质量，mg；W_{11} 为未加入检验液的蒸发皿质量，g；W_{12} 为加入检验液的蒸发皿质量，g；W_{01} 为未加入空白液的蒸发皿质量，g；W_{02} 为加入空白液的蒸发皿质量，g。

（6）重金属总含量。

方法一：

① 原理：在弱酸性溶液中，铅、铬、铜、锌等重金属能与硫代乙酰胺作用生成不溶性有色硫化物。以铅为代表制备标准溶液进行比色，测定重金属的总含量。

② 试剂及溶液的配制。

a. 酚酞指示液：取 1g 酚酞，加乙醇 100mL。

b. 乙酸盐缓冲液（pH3.5）：取乙酸按 25g 加水 25mL 溶解后，加盐酸液（7mol/L）38mL，用盐酸液（2mol/L）或氨溶液（5mol/L）准确调节 pH3.5（电位法指示），用水稀释至 100mL，即得。

c. 硫代乙酰胺试液：取硫代乙酰胺 4g，加水使溶解成 100mL，置冰箱中保存。临用前取混合液 [由氢氧化钠（1mol/L）15mL、水 5.0mL 及甘油 20mL 组成] 5.0mL，加上述硫代乙酰胺溶液 1.0mL，置水浴上加热 20s，冷却，立即使用。

d. 铅标准贮备液：称取 110℃ 干燥恒重的硝酸铅 0.1598g 置 1000mL 容量瓶中，加硝酸 5mL 与水 50mL，溶解后用水稀释至刻度，摇匀，作为标准贮备液，铅的浓度为 100μg/mL。

e. 铅标准溶液：临用前，精确量取铅标准贮备液稀释至所需浓度。

③ 试验步骤。

取按表 2-5-1 制备的检验液 50mL 于 50mL 纳氏比色管中，另取一 50mL 纳氏比色管，加入铅标准液 1mL，加水稀释至 50mL，于上述两只比色管中分别加入乙酸盐缓冲液（pH3.5）各 2mL，再分别加入硫代乙酰胺试液各 2mL，摇匀，放置 2min。置白色背景下从上方观察，比较颜色深浅。

方法二：

① 原理：在碱性溶液中，铅、铬、铜、锌等重金属能与硫化钠作用生成不溶性有色硫化物。以铅为代表制备标准溶液进行比色，测定重金属的总含量。

② 溶液配制。

a. 氢氧化钠试液：取氢氧化钠 4.3g，加水使溶解成 100mL，即得。

b. 硫化钠试液：取硫化钠 1g，加水使溶解成 10mL，即得。

c. 铅标准贮备液：称取 110℃ 干燥恒重的硝酸铅 0.1598g 置 1000mL 容量瓶中，加硝酸 5mL 与水 50mL，溶解后用水稀释至刻度，摇匀，作为标准贮备液，

铅的浓度为 $100\mu g/mL$。

d. 铅标准溶液：临用前，精确量取铅标准贮备液稀释至所需浓度。

③ 试验步骤。

取按表 2-5-1 制备的检验液 50mL 于 50mL 纳氏比色管中，另取一 50mL 纳氏比色管，加入铅标准液 1mL，加水稀释至 50mL，于上述两只比色管中分别加入氢氧化钠试液 5mL，再分别加入硫化钠试液 5 滴，摇匀，置白色背景下从上方观察，比较颜色深浅。

（7）紫外吸光度。

按表 2-5-1 制备的检验液用 $0.45\mu m$ 的微孔滤膜过滤，在 5h 内用 1cm 检验池以空白对照液为参比在规定的波长范围内测定吸光度。

（8）铵。

① 原理：铵离子在碱性溶液中能与纳氏试剂反应生成黄色物质，通过与标准对照液比色，知其含量多少。

② 溶液配制。

a. $c(NaOH)=3mol/L$ 氢氧化钠溶液：称取 12.0g 氢氧化钠，用水溶解并稀释至 100mL。

b. 纳氏试剂（碱性碘化汞钾试液）：取碘化钾 10.0g，加水 10mL 溶解后，缓缓加入二氯化汞的饱和水溶液，随加随搅拌，至生成的红色沉淀不再溶解，加氢氧化钾 80g 溶解后，再加二氯化汞的饱和水溶液 1mL 或 1mL 以上，并用适量的水稀释使成 200mL，静置，使沉淀，即得。用时倾取上清液使用。

c. 氯化铵标准贮备液：精确称取 0.300g 氯化铵，用水溶解并稀释至 100mL，即得含 NH_4^+ 1.0g/L 的标准贮备液。

d. 氯化铵标准溶液：临用前，精确量取氯化铵标准贮备液稀释至所需浓度。

③ 试验步骤。

取按表 2-5-1 制备的检验液 10mL 置于一具塞比色管中，另取 10mL 氯化铵标准溶液置于另一比色管中，于上述两管中各加入 1mL 氢氧化钠溶液和 1mL 纳氏试剂，混合均匀，5min 后，比较上述两支比色管中溶液颜色的深浅。

（9）部分重金属元素。

① 原子吸收分光光度法。

按表 2-5-1 制成的检验液，用原子吸收分光光度计测定各元素含量。

仪器：原子吸收分光光度计，使用时应按仪器使用说明书操作。

分析方法（标准曲线法）：在仪器推荐的浓度范围内，制备至少 3 个含待测元素且浓度依次递增的标准溶液，以配制标准溶液用的溶剂将吸光度调零。然后依次测定各标准溶液的吸光度，相对于浓度做标准曲线。

测定按表 2-5-1 制备的检验液和空白对照液，根据吸光度在标准曲线上查出相应浓度，计算元素的含量。

　　注：用原子吸收光谱法测定重金属的含量时，可通过蒸发试验液使其浓缩来提高检测范围。对每种金属的测定，都向 250mL 的试验液中加入 2.5mL 质量浓度为 $\rho(HCL)=10g/L$ 的盐酸溶液。

　　② 比色分析法。

　　a. 锌。

　　原理：锌与锌试剂反应显色在 620nm 处测定吸光度。

　　溶液的配制：

　　0.1mol/L 氯化钾溶液：称取 7.455g 氯化钾，加水稀释至 1000mL。

　　0.1mol/L 氢氧化钠溶液：称取 4.000g 氢氧化钠，加水稀释至 1000mL。

　　硼酸氯化钾缓冲液（pH＝9.0）：称取硼酸 3.090g，加 0.1mol/L 氯化钾溶液 500mL 使溶解，再加 0.1mol/L 氢氧化钠溶液 210mL，即得。

　　氢氧化钠试液：称取 4.00g 氢氧化钠，用水溶解，稀释至 100mL。

　　稀盐酸：取 25mL 盐酸，用水稀释至 100mL。

　　锌试剂溶液：取 0.130g 锌，加 2mL 氢氧化钠试液溶解，加水稀释至 100mL。

　　锌标准贮备液：称取在 120℃ 干燥恒重的氧化锌 0.1246g，加稀盐酸使之溶解，用氢氧化钠试液调 pH 至 7。用水稀释至 1000mL，摇匀，即得锌的标准贮备液。锌的浓度为 100μg/mL。

　　锌标准溶液：临用前精确量取锌标准贮备液稀释至所需浓度。

　　试验步骤：

　　取按表 2-5-1 制备的检验液 5mL 置 10mL 量瓶中，加 2mL 硼酸氯化钾缓冲液与 0.6mL 锌试剂溶液，用水稀释至刻度。

　　取 5mL 锌标准溶液，同法制成标准对照液，摇匀，放置 1h，置 1cm 吸收池中，在 620nm 波长处测定吸光度。以空白液调零点。

　　计算结果：根据测得吸光度值，按下式计算检验液相应重金属含量：

$$C_s = \frac{A_s}{A_r} C_r \qquad (2\text{-}5\text{-}4)$$

式中，C_s 为检验液相应重金属的浓度，μg/mL；C_r 为标准对照液相应重金属的浓度，μg/mL；A_s 为检验液吸光度；A_r 为标准对照液吸光度。

　　b. 铅。

　　原理：铅离子在弱碱性（pH8.6～11）条件下与双硫腙三氯甲烷溶液生成红色络合物。

　　试剂及溶液的配制：

　　0.1% 双硫腙三氯甲烷贮备液：称取 0.10g 双硫腙溶解于三氯甲烷中，稀释至 100mL，贮存于棕色瓶中，置冰箱内保存。

如双硫腙不纯，可用下述方法纯化：称取 0.20g 双硫腙，溶于 100mL 三氯甲烷，经脱脂棉过滤于 250mL 漏斗中，每次用 20mL 3%（V/V）氨水反复萃取数次，直至三氯甲烷相几乎无绿色为止。合并水相至另一分液漏斗中，每次用 10mL 三氯甲烷洗涤水相两次。弃去三氯甲烷相，水相用 10%（V/V）硫酸酸化至双硫腙析出，再每次用 100mL 三氯甲烷萃取两次，合并三氯甲烷相，倒入棕色瓶中。

吸光度 0.15（透光率 70%）的双硫腙三氯甲烷溶液：临用前取适量双硫腙三氯甲烷贮备液，用三氯甲烷稀释至吸光度为 0.15（波长 510nm，1cm 比色皿）。

酚红指示液：称取 0.1g 酚红，溶于 100mL 乙醇中，即得。

50% 柠檬酸铵溶液：取 50g 柠檬酸铵溶于 100mL 水中，以酚红为指示剂，用氨水碱化 pH8.5～9，用双硫腙贮备液提取，每次 20mL，至双硫腙绿色不变为止。弃去三氯甲烷层，水层再用三氯甲烷分次洗涤，每次 25mL，至三氯甲烷层无色为上，弃去三氯甲烷层，取水层。

10% 氰化钾溶液：称取 10g 氰化钾溶于水中，并稀释至 100mL。若试剂不纯，应先将 10g 氰化钾溶于 20mL 水中，按 50% 柠檬酸铵溶液纯化的方法进行纯化后稀释至 100mL。

10% 盐酸羟胺溶液：取 10g 盐酸羟胺溶于水中，稀释至 100mL，如试剂不纯，按 50% 柠檬酸铵溶液纯化的方法进行纯化。

铅标准贮备液：称取 0.1598g 经 110℃ 干燥恒重的硝酸铅，溶于 5mL 硝酸和 50mL 水中，溶解后用水稀释至 1000mL，摇匀，作为铅标准贮备液，铅的浓度为 100μg/mL。

铅标准溶液：临用前精确量取铅标准贮备液稀释至所需浓度。

试验步骤：

取按表 2-5-1 制备的检验液 50mL，加入 250mL 分液漏斗中，另取 1mL 铅标准溶液加入另一支 250mL 分液漏斗中，加空白对照液稀释至 50mL。向两支分液漏斗中各加 0.2mL 盐酸、3 滴酚红指示液、2 滴盐酸羟胺溶液、2mL 柠檬酸铵溶液，混匀。用氨水调节 pH 至 8.5～9（溶液由黄色变成红色），加入 1mL 氰化钾溶液、10mL 双硫腙三氯甲烷溶液，振摇 2min，静置分层。放出双硫腙三氯甲烷液于比色管中，在 20～60min 内用分光光度计在 510nm 处测定吸光度。以空白液调零点。

结果计算：根据测得吸光度值，按式（2-5-4）计算检验液相应重金属含量。

（10）硫酸盐。

① 溶液配制。

a. 标准硫酸盐贮备液（SO_4^{2-} 含量：100mg/L）：按 GB602—88 中 4.28 方法

配制。

b. 标准硫酸盐溶液（SO_4^{2-} 含量：10mg/L）：临用前，将 10.0mL 标准硫酸盐贮备液（a）用水稀释至 100mL。

c. 氯化钡溶液（61g/L）：称取氯化钡 6.1g，用水溶解并稀释至 100mL。

d. 乙酸溶液（300g/L）：量取 30mL 冰乙酸，加水 100mL，摇匀。

② 试验步骤。

吸取 0.75mL 95％的乙醇溶液于具塞比色管中，加入 0.5mL 氯化钡溶液和 0.25mL 的乙酸溶液，在持续振摇条件下，加入 1.5mL 的标准硫酸盐溶液，混合后振摇 30s，取试验液 15mL，加入 0.3mL 乙酸溶液酸化，将此酸化后的溶液加入上述混合液中。

用 15mL 质量浓度为 $\rho(SO_4^{2-})=10mg/L$ 的标准硫酸溶液，同法制备对照悬浮液。5min 后进行检查，悬浮液不得比对照液混浊。

二、材料分析方法

1. 重金属含量分析方法

（1）原理：在弱酸性溶液中，铅、镉、铜、锌等重金属能与硫代乙酰胺作用生成不溶性有色硫化物。用铅标准溶液做标准进行比色，可测定它们的总含量。

（2）试剂及溶液的配制：按重金属含量溶液及试剂配制方法进行。

（3）检验液制备。

取样品 2g 切成 5mm×5mm 碎片，放入瓷坩埚内，缓缓加热使之炭化，冷却后加入 2mL 硝酸及 5 滴硫酸，加热至白烟消失为止。再在 500～550℃灼烧使之灰化，冷却后加入 2mL 盐酸置水浴上蒸干，加 3 滴盐酸湿润残留物，再加 10mL 水，加热 2min，加酚酞试液一滴，再滴入氨试液至上述溶液变成微红色为止。加乙酸盐缓冲液（pH3.5）2mL（如浑浊，过滤，再用 10mL 水洗涤沉淀），将溶液转移至 50mL 容量瓶中，加水使成 50mL 检验液。

将加入 2mL 硝酸、5 滴硫酸及 2mL 盐酸的另一瓷坩埚置于水浴上使之蒸干，再用 3 滴盐酸湿润残留物。以下操作和检验液的制备方法相同，使之成为空白对照液。

（4）试验步骤。

取 50mL 检验液加入 50mL 纳氏比色管中，另取 1mL 铅标准溶液加入另一 50mL 纳氏比色管中，加空白对照液至 50mL。在两只比色管中各加入 2mL 硫代乙酰胺试液，摇匀，放置 2min。在白色背景下从上方观察，比较颜色深浅。

2. 部分重金属元素含量分析方法

1) 原子吸收分光光度计法

（1）方法提要：按上述方法制成检验液，用原子吸收分光光度计测定各元素含量。

（2）仪器：原子吸收分光光度计，使用时应按仪器说明书操作。

（3）分析方法（标准曲线法）：在仪器推荐的浓度范围内，制备至少 3 个含待测元素且浓度依次递增的标准溶液，以配制标准溶液用的溶剂将吸光度调零。然后依次测定各标准溶液的吸光度，相对于浓度做标准曲线。测定按上述方法制备的检验液和空白对照液，根据吸光度在标准曲线上查出相应浓度，计算元素的含量。

2) 比色分析方法

（1）锌：按上述方法制备检验液和空白对照液，按上一节比色分析方法中规定的锌的测定方法进行。

（2）铅：按本节中上述方法制备检验液和空白对照液，按上一节比色分析方法中规定的铅的测定方法进行。

3. 炽灼残渣

（1）试验步骤：取样品 2～5g，切成 5mm×5mm 的块，置于已灼烧恒重的坩埚中，称重，精确到 0.1mg。在通风橱中缓缓灼烧至完全炭化，放冷。加 0.5～1mL 硫酸使其湿化，低温加热至硫酸蒸气除尽，在 500～600℃灼烧至完全灰化。置于干燥器内放至室温，称重。再在 500～600℃灼烧至恒重。

（2）结果计算：按下式计算炽灼残渣：

$$A = \frac{W_2 - W_0}{W_1 - W_0} \times 100\% \qquad (2\text{-}5\text{-}5)$$

式中，A 为炽灼残渣，%；W_0 为样品加入前坩埚的质量，g；W_1 为样品加入后坩埚的质量，g；W_2 为样品灼烧后坩埚的质量，g。

三、环氧乙烷残留量分析方法

1. 气相色谱法（仲裁法）

1) 原理

在一定温度下，用萃取剂——水萃取样品中所含环氧乙烷（EO），用顶空气相色谱法测定环氧乙烷含量。

2）气相色谱仪条件

（1）氢焰鉴定器：灵敏度不小于 2×10^{-11}g/s［苯，二硫化碳（CS_2）］。

（2）色谱柱：所用色谱柱应能使试样中杂质和环氧乙烷完全分开，并有一定的耐水性。色谱柱可选用表 2-5-2 推荐的条件。

表 2-5-2　可选用的色谱柱推荐条件

柱长/m	内径/mm	担体/目	柱温/℃
1～2	2～3	GDX-407 80～100	约 130
		Porapak q-s 80～100	约 120

（3）仪器各部位温度：气化室 200℃，检测室 250℃。

（4）气 流 量：① N_2：15 ～ 30mL/min；② H_2：30mL/min；③ 空气：300mL/min。

3）环氧乙烷标准贮备液的配制

取外部干燥的 50mL 容量瓶，加入约 30mL 水，加瓶塞，称重，精确到 0.1mg。用注射器注入约 0.6mL 环氧乙烷，不加瓶塞，轻轻摇匀，盖好瓶塞，称重，前后两次称重之差即为溶液中所含环氧乙烷质量。加水至刻度再将此溶液稀释成 1×10^{-2}g/L 作为标准贮备液。

4）试样制备

（1）试验样品制备应在取样后立即进行，否则将供试样品封于由聚四氟乙烯密封的金属容器中保存。

（2）将样品截为 5mm 长碎块，取 2.0g 放入萃取容器中。加 10mL 水，顶端空间 40mL，容器内压力为常压，在恒温水浴（60±1）℃中放置 20min。

5）试验步骤

（1）用贮备液配制 1×10^{-3}～1×10^{-2}g/L 六个系列浓度的标准溶液，各取 10mL 按上述样品制备中的（2）方法处理。

用玻璃注射器依次从平衡后的标准样和试样中迅速取 1mL 上部气体，注入进样器，记录环氧乙烷的峰高（或面积）。

注意：① 在一个分析中尽量一人操作，并使用同一只 1mL 玻璃注射器；② 注射器预先恒温到样品相同温度；③ 每次注意环氧乙烷保留时间的变化，以防进样汽化垫漏气；④ 每个样品（包括标准）在尽可能短的时间内分析三次，三次分析中必须有两次结果相差不大于 5%，否则，此样品应重新进行分析。

（2）用标准样所测数据，绘出标准曲线（X：环氧乙烷浓度 g/L；Y：峰高或面积）。

（3）从标准曲线上找出样品相应的浓度。如果所测样品结果不在标准曲线范围内，应改变标准溶液的浓度重新作标准曲线。

6）结果计算

环氧乙烷残留量用绝对含量或相对含量表示。

（1）按下式计算样品中环氧乙烷绝对含量：

$$W_{EO} = 5c_1 m \tag{2-5-6}$$

式中，W_{EO}为单位产品中环氧乙烷绝对含量，mg；c_1为标准曲线上找出的试液相应的浓度，g/L；m为单位产品的质量，g。

（2）按下式计算样品中环氧乙烷相对含量：

$$c_{EO} = 5c_1 \tag{2-5-7}$$

式中，c_{EO}为产品中环氧乙烷相对含量，mg/kg；c_1为标准曲线上找出的试液相应的浓度，g/L。

医疗器械环氧乙烷残留量检测方法详见第五章。

2. 比色分析法

1）原理

环氧乙烷在酸性条件下水解成乙二醇，乙二醇经高碘酸氧化生成甲醛，甲醛与品红-亚硫酸试液反应产生紫红色化合物，通过比色分析可求得环氧乙烷含量。

2）溶液配制

（1）0.1mol/L 盐酸：取 9mL 盐酸稀释至 1000mL。

（2）0.5％高碘酸溶液：称取高碘酸 0.5g，稀释至 100mL。

（3）硫代硫酸钠溶液：称取硫代硫酸钠 1g，稀释至 100mL。

（4）10％亚硫酸钠溶液：称取 10.0g 无水亚硫酸钠，溶解后稀释至 100mL。

（5）品红-亚硫酸试液：称取 0.1 克品红，加入 120mL 热水溶解，冷却后加入 10％亚硫酸钠溶液 20mL，盐酸 2mL 置于暗处，试液应无色，若发现有微红色，应重新配制。

（6）乙二醇标准贮备液：取一外部干燥、清洁的 50mL 容量瓶，加水约 30mL，精确称重。移取 0.5mL 乙二醇，迅速加入瓶中，摇匀，精确称重。两次称重之差即为溶液中所含的质量，加水至刻度，混匀，按下式计算其浓度：

$$c = \frac{W}{50} \times 100 \tag{2-5-8}$$

式中，c为乙二醇标准贮备液浓度，g/L；W为溶液中乙二醇质量，g。

乙二醇标准溶液（浓度 $c_1 = c \times 10^{-3}$）：精确移取标准贮备液 1.0mL，用水稀释至 1000mL。

3）试液制备

（1）试液制备应在取样后立即进行，否则应将试样密封于容器中保存备用。

（2）将试样截为 5mm 长碎块，称取 2.0g 置于容器中，加 0.1mol/L 盐酸

10mL，室温放置 1h。

4）试验步骤

（1）取五支纳氏比色管，分别精确加入 0.1mol/L 盐酸 2mL，再精确加入 0.5mL、1.0mL、1.5mL、2.0mL、2.5mL 乙二醇标准溶液。另取一支纳氏比色管，精确加入 0.1mol/L 盐酸 2mL 作为空白对照。

（2）于上述各管中分别加入 0.5％高碘酸溶液 0.4mL，放置 1h。然后，分别滴加硫代硫酸钠溶液至出现的黄色恰好消失。再分别加入品红-亚硫酸试液 0.2mL，用蒸馏水稀释至 10mL，室温放置 1h，于 560nm 波长处以空白液作参比，测定吸光度。绘制吸光度-体积标准曲线。

（3）精确移取试液 2.0mL 于纳氏比色管中，按上述（2）的步骤操作，以测得的吸光度从标准曲线上查得试液相应的体积。

5）结果计算

环氧乙烷残留量用绝对含量或相对含量表示。

（1）按下式计算样品中环氧乙烷绝对含量：

$$W_{EO} = 1.775 V_1 c_1 m \qquad (2-5-9)$$

式中，W_{EO} 为一单位产品中环氧乙烷绝对含量，mg；V_1 为标准曲线上找出的试液相应的体积，mL；c_1 为乙二醇标准溶液浓度，g/L；m 为单位产品的质量，g。

（2）按下式计算样品中环氧乙烷相对含量：

$$W_{EO} = 1.775 V_1 c_1 \qquad (2-5-10)$$

式中，W_{EO} 为单位产品中环氧乙烷相对含量，mg/kg；V_1 为标准曲线上找出的试液相应的体积，mL；c_1 为乙二醇标准溶液浓度，g/L。

§2-6　医用输液、输血、注射器具生物学试验方法

标准 GB/T 14233.2—2005 规定了医用输液、输血、注射器具的生物性能试验方法，该标准适用于医用高分子材料制成的医用输液、输血、注射及其配套器具生物性能试验，其他医用高分子制品亦可参照采用。

一、无菌试验

无菌试验系将医疗器械或其浸提液接种于培养基内，以检验供试品是否有细菌和真菌污染。

主要设备：超净工作台、光学显微镜、恒温培养箱、压力蒸汽灭菌器、恒温水浴箱、电热干燥箱。

试剂：质量浓度为 9g/L 的无菌氯化钠溶液，其他符合《中国药典》要求的稀释液和冲洗液。

试验前准备：

（1）器具灭菌：与供试液接触的所有器具应采用可靠方法灭菌，置压力蒸汽灭菌器内 121℃ 30min，或置电热干燥箱内 160℃ 2h。

（2）无菌室要求。

无菌室操作台或超净工作台局部应符合洁净度 100 级单向流空气区域要求。无菌室在消毒处理完毕后，应检查空气中的菌落数，方法如下：取直径约 90mm 培养皿，无菌操作注入融化的营养琼脂培养基约 20mL，在 30～35℃培养 48h 证明无菌后，取 3 只培养皿在无菌室操作台或超净工作台平均位置打开上盖，暴露 30min 后盖好置 30～35℃培养 48h 后取出检查。3 只培养皿上生长的菌落数平均应不超过 1 个。

无菌试验过程中应检查空气中的菌落数，方法同上。在试验开始时打开培养皿盖，至试验结束后盖好照上法培养，应符合上述要求。

（3）培养基：用于培养需（厌）气菌和真菌的培养基的制备、培养基灵敏度检查及其他各项要求应符合《中国药典（二部）》附录中"无菌检查法"的规定。

（4）供试品抑菌性验证试验：对未知或可疑的供试品，在进行无菌试验前，应按照《中国药典（二部）》附录中"无菌检查法"的规定进行方法验证试验，以确认供试品在该试验条件下无抑菌活性或其抑菌活性可以忽略不计。

试验方法：

（1）供试品数量：同一批号 3～11 个单位供试品，其他类型医疗器械可根据具体情况参照采用。

（2）浸提介质：质量浓度为 9g/L 的无菌氯化钠溶液或其他符合《中国药典》要求的稀释液和冲洗液。

（3）供试液制备。

优先采用将供试品或其有代表性的各部分直接投放入培养基内培养。如供试品不适宜直接投放，可按下列方法制备供试液，应使浸提介质充分洗提供试品的浸提表面。供试液制备应按无菌操作法进行，在制备后 2h 内使用。根据供试品具体特性，选择下列适用方法：

① 管类器具：按管内表面积每 10cm，流过管内腔 1mL 浸提介质，流量约为 10mL/min。

② 容器类器具：容器内已装有液体的可直接抽取容器内液体为供试液；空容器按容器内表面积每 $10cm^2$ 加入浸提介质 1mL，振摇数次。

③ 实体类器具：实体类器具按表面积每 $10cm^2$ 加入浸提介质 1mL 振摇数次。

（4）接种、培养和观察：根据供试品具体特性选择《中国药典（二部）》附录中"无菌检查法"规定的适宜接种方式，以无菌操作法进行。供试品的培养和观察按《中国药典（二部）》附录中"无菌检查法"的规定。

（5）结果判定：按《中国药典（二部）》附录中"无菌检查法"的规定。

（6）试验报告。

试验报告中宜给出如下信息：① 供试品名称；② 生产批号和（或）灭菌批号；③ 供试液制备方法；④ 接种方式；⑤ 每日观察结果；⑥ 结果判定。

二、细菌内毒素试验

本试验为《中国药典（二部）》附录"细菌内毒素检查法"中规定的"凝胶法"，系利用鲎试剂与细菌内毒素产生凝集反应的机理，以判定供试品中细菌内毒素的限量是否符合规定。

如经检验证实供试品对细菌内毒素试验有不能排除的干扰作用，则不适宜采用本试验。

1. 试剂

细菌内毒素国家标准品、细菌内毒素工作标准品、鲎试剂、细菌内毒素检查用水。

细菌内毒素检查用水系指符合《中国药典（二部）》附录中"细菌内毒素检查法"规定的灭菌注射用水。

2. 主要设备

超净工作台、恒温培养箱、恒温水浴箱、电热干燥箱、漩涡混合器。

3. 试验前准备

（1）器具处理。

试验所用器皿需经处理除去可能存在的外源性内毒素。玻璃器皿置电热干燥箱内 180℃ 干烤至少 2h，或 250℃ 干烤至少 30min。塑料器皿置 30% 双氧水中浸泡 4h，再用细菌内毒素检查用水充分冲洗后，置 60℃ 烘干备用。

（2）鲎试剂灵敏度复核试验。

当使用新批号的鲎试剂或试验条件发生了任何可能影响检验结果的改变时，应进行鲎试剂灵敏度复核试验。试验步骤按《中国药典（二部）》附录中"细菌内毒素检查法"规定进行。

（3）供试品干扰试验。

对未知或可疑的供试品初次进行细菌内毒素试验之前应先进行干扰试验，以检验供试品对细菌内毒素试验是否有抑制或增强作用，以及其他影响细菌内毒素试验准确性和敏感性的干扰作用。当鲎试剂、供试品来源、供试品配方或生产工艺有变化或其他任何可能影响细菌内毒素试验结果的试验条件改变时，应重新进行干扰试验。

　　每种医疗器械产品应取 3 批，并分别使用不少于两个制造商生产的鲎试剂进行干扰试验。试验步骤按《中国药典（二部）》附录"细菌内毒素检查法"中"凝胶法"规定进行。供试品如对细菌内毒素试验有干扰作用，可选用下列适宜方法排除干扰：①使用更灵敏的鲎试剂对供试液进行更大倍数稀释；②采用无热原氨基甲烷缓冲液稀释供试液；③采用无热原氢氧化钠或盐酸溶液调节供试液 pH 在 6.0～8.0 范围内；④采用阳离子缓冲液（$MgSO_4$ 或 $MgCl_2$）稀释供试液以调节离子浓度。

　　4. 试验方法

　　（1）供试品数量：同一批号至少 3 个单位供试品。

　　（2）浸提介质：细菌内毒素检查用水。

　　（3）供试液制备。

　　根据产品标准规定的细菌内毒素限值确定浸提介质体积，选用下列适宜方法制备供试液：

　　① 管类和容器类器具用细菌内毒素检查用水浸泡器具内腔，在（37±1）℃恒温箱中浸提不少于 1h；

　　② 小型配件或实体类器具置无热原玻璃器皿内，加入细菌内毒素检查用水振摇数次，在（37±1）℃恒温箱中浸泡不少于 1h。

　　供试液贮存应不超过 2h。浸提介质体积计算公式如下：

$$V = L/A$$

式中，V 为浸提介质体积，mL；L 为产品细菌内毒素限值，EU/件；A 为所用鲎试剂灵敏度标示值，EU/mL。

　　输液、输血、注射器具细菌内毒素限值在产品标准中规定，宜尽可能低。推荐输液、输血、注射器具细菌内毒素限量每件不超过 20EU，与脑脊液接触和胸内使用医疗器械每件不超过 2.15EU。

　　（4）试验步骤和结果判定：按《中国药典（二部）》附录"细菌内毒素检查法"中"凝胶法"规定进行。

　　（5）试验报告。

　　试验报告中宜给出下列信息：① 供试品名称；② 生产批号；③ 供试液制备方法；④ 细菌内毒素限量；⑤ 结果判定。

三、热原试验

本试验系将医疗器械浸提液注入家兔静脉，在规定的时间内观察家兔体温升高的情况，以判定供试品是否具有潜在的材料致热作用。

1. 试剂

质量浓度为 9g/L 的无菌无热原氯化钠注射液。

2. 主要设备

超净工作台、电热干燥箱、电热恒温水浴箱、压力蒸汽灭菌器、热原测试仪。

3. 试验前准备

（1）器具除热原：与供试液接触的所有玻璃器皿置电热干燥箱内 180℃ 干烤至少 2h，或 250℃ 干烤至少 30min，也可采用其他适宜的方法除热原。

（2）测温器具：家兔体温测试应使用精密度为 ±0.1℃ 的热原测温仪或肛门体温计。

（3）实验室环境：在试验前 1～2d，供试用家兔应处于同一温度环境中，实验室和饲养室的温度相差不得大于 5℃，实验室温度应为 17～28℃。在试验全过程中，室温变化不大于 3℃，避免噪音干扰。

（4）试验用家兔：按《中国药典（二部）》附录"热原检查法"中规定挑选试验用兔，每一家兔的使用次数应不超过 10 次。

4. 试验方法

（1）供试液制备：按 GB/T 16886.12 规定选择适宜的浸提条件。

（2）试验步骤：按《中国药典（二部）》附录"热原检查法"中规定进行，家兔注射剂量为 10mL/kg。

（3）结果判定：供试品经初试或复试后符合《中国药典（二部）》附录"热原检查法"中规定时，均判定无致热源。

（4）试验报告。

试验报告中宜给出下列信息：① 供试品名称；② 生产批号；③ 供试液制备方法；④ 注射剂量；⑤ 家兔体温记录；⑥ 结果判定。

四、急性全身毒性试验

本试验系将医疗器械浸提液注入小白鼠静脉和腹腔内，在规定时间内观察小白鼠有无毒性反应和死亡情况，以判定供试品是否具有潜在的急性全身毒性作用。

1. 试剂

质量浓度为 9g/L 的氯化钠注射液、新鲜精制植物油。

本部分各试验中所用新鲜精制植物油推荐采用符合《美国药典》24 版规定的棉籽油或芝麻油，也可使用其他经验证实无生物学毒性反应的植物油。

2. 主要设备和器具

压力蒸汽灭菌器、动物天平、皮下注射器。

3. 试验前准备

（1）器具灭菌：与供试液接触的所有器具置压力蒸汽灭菌器内 121℃ 30min。

（2）试验动物准备。

试验采用健康、初成年小白鼠，同一品系并同一来源，雌鼠无孕，体质量 17~23g，在试验前使小白鼠适应实验室环境。做过本试验的小白鼠不得重复使用。

每种浸提液用小白鼠 10 只，随机分为供试品和浸提介质对照两组，每组 5 只。复试时每组取 18~19g 的小白鼠 10 只。

4. 试验方法

（1）供试液制备。

按 GB/T 16886.12 规定选择适宜的浸提条件，每种供试品制备质量浓度为 9g/L 的氯化钠注射液和植物油两种浸提液。同条件制备浸提介质对照液。

（2）供试液注射。

自尾静脉分别注入氯化钠注射液浸提液和介质对照液，以不超过 0.1mL/s 的恒定速度注射，注射剂量为 50mL/kg。

由腹腔分别注入植物油浸提液和介质对照液，注射剂量为 50mL/kg。

（3）注射后动物反应观察。

注射完毕后，观察小白鼠即时反应，并于 4h、24h、48h 和 72h 观察和记录试验组和对照组动物的一般状态、毒性表现和死亡动物数，在 72h 时称量动物体质量。动物反应观察判定按表 2-6-1 规定。

表 2-6-1　毒性反应观察

反应程度	症状
正常，无症状	注射后无毒性症状
轻微	注射后有轻微症状，但无运动减少、呼吸困难或腹部刺激症
中度	注射后出现明显的腹部刺激症状、呼吸困难、运动减少、眼睑下垂或腹泻（体质量下降至 15～17g 之间）
重度	注射后出现虚脱、发绀、震颤或严重腹部刺激症状、腹泻、眼睑下垂或呼吸困难（体质量急剧下降，一般低于 15g）
死亡	注射后死亡

（4）结果判定。

在 72h 观察期内，试验组动物的反应不大于对照组动物，则判定供试品无急性全身毒性反应。

如试验组动物有 2 只或 2 只以上出现中度毒性症状或死亡，则判定供试品有急性全身毒性反应。

如试验组动物出现轻微毒性症状，或不超过 1 只动物出现中度毒性症状或死亡，或虽无毒性症状但组内动物体质量普遍下降，则另取小白鼠 10 只为 1 组进行复试，复试结果若在 72h 观察期内，试验组动物的反应不大于对照组动物，则判定供试品无急性全身毒性反应。

（5）试验报告。

试验报告中宜给出下列信息：① 供试品名称；② 生产批号；③ 供试液制备方法；④ 注射剂量；⑤ 动物反应情况；⑥ 结果判定。

五、溶血试验

本试验系将医疗器械与血液直接接触，通过测定红细胞释放的血红蛋白量以判定供试品的体外溶血程度。本试验不适用于评价带药剂的器械。

1. 试剂

草酸钾、质量浓度为 9g/L 的氯化钠注射液、新鲜抗凝兔血。也可用采集时间不超过 24h 的新鲜枸橼酸钠抗凝人体全血，如经验证确认适用时可替代兔血用于本试验。

2. 主要设备

电热恒温水浴箱、分光光度计、离心机。

3. 供试品制备

（1）由器械各组成部件称取 15g。管类器具切成约 0.5cm 长小段；其他类型器具切成约 0.5cm×2cm 条状或相应大小块状。

（2）器械如为低密度材料或其他不适宜采用上述（1）所规定的样品质量的情况下，可按 GB/T 16886.12 规定的浸提比例制备供试品，切成上述（1）所规定的尺寸。

4. 新鲜稀释抗凝兔血制备

根据试验用血量由健康家兔心脏采血。如采血 10mL，加质量浓度 20g/L 草酸钾溶液 0.5mL，制备成新鲜抗凝兔血。取新鲜抗凝兔血 8mL，加质量浓度 9g/L 的氯化钠注射液 10mL 稀释。

5. 试验方法

供试品组每管加入供试品 5g，或是在上述供试品制备（2）的情况下按 GB/T 16886.12 规定的浸提比例加入供试品，再加入氯化钠注射液 10mL；阴性对照组每管加入氯化钠注射液 10mL；阳性对照组每管加入蒸馏水 10mL。每组平行操作 3 管。

全部试管放入恒温水浴中（37±1）℃保温 30min 后，每支试管加入 0.2mL 稀释兔血，轻轻混匀，置（37±1）℃水浴中继续保温 60min。倒出管内液体以 800g 离心 5min。吸取上清液移入比色皿内，用分光光度计在 545nm 波长处测定吸光度。

6. 结果计算

供试品组和对照组吸光度均取 3 管的平均值。阴性对照管的吸光度应不大于 0.03，阳性对照管的吸光度应为 0.8±0.3，否则应重新试验。

供试品溶血率按下式计算：

$$溶血率 = \frac{A - B}{C - B} \times 100\% \qquad (2\text{-}6\text{-}1)$$

式中，A 为供试品组吸光度；B 为阴性对照组吸光度；C 为阳性对照组吸光度。

7. 结果判定

根据医疗器械预期临床用途和器械材料特性确定适宜的合格判定指标（按本试验检验医疗器械时，合格判定指标一般规定为溶血率应小于 5%）。

8. 试验报告

试验报告中宜给出下列信息：① 供试品名称；② 生产批号；③ 试验方法；④ 各组吸光度；⑤ 供试品溶血率；⑥ 结果分析和判定。

六、细胞毒性试验

本试验系将医疗器械浸提液接触培养细胞，通过对细胞形态、增殖和抑制影响的观察，评价供试品对体外细胞的毒性作用。

1. 试剂

氯化钠、氯化钾、氯化钙、硫酸镁、磷酸氢二钠、磷酸二氢钾、氢氧化钠、葡萄糖、酚红、台盼蓝、乙二胺四乙酸二钠（EDTA）、胰蛋白酶、Eagle 培养基、RPMI 1640 培养基、胎（小）牛血清、青霉素 G（钠盐）、硫酸链霉素、乙醇、苯酚、二甲基亚砜（DMSO）。

2. 主要设备和用具

超净工作台、CO_2 培养箱、恒温水浴箱、电冰箱、倒置显微镜、光学显微镜、压力蒸汽灭菌器、抽滤瓶、磁力搅拌器、培养板（皿）。

3. 试验前准备

（1）器具灭菌：与供试液接触的所有器具应采用可靠方法灭菌，置压力蒸汽灭菌器内 121℃ 30min，或置电热干燥箱内 160℃ 2h。

（2）细胞培养液、细胞消化液、平衡盐溶液制备：按附录中细胞培养常用溶液和培养液制备的方法或其他经确认适宜的方法制备。

4. 试验方法

（1）细胞株。

试验用细胞株可采用 ATCC CCL ［NCTC clone 929（小鼠成纤维细胞）］或其他适宜细胞。试验采用传代 48～72h 生长旺盛的细胞。

（2）浸提介质。

含血清或无血清细胞培养液、质量浓度为 9g/L 的氯化钠注射液。

（3）对照样品。

阴性对照样品可采用经确认过的不产生细胞毒性反应的材料，例如高密度聚乙烯。阳性对照样品可采用经确认过的可重现细胞毒性反应的材料，例如用有机锡作稳定剂的聚氯乙烯、质量浓度为 5g/L 的苯酚溶液或体积分数为 5% 的二甲基亚砜（DMSO）溶液。

（4）供试液制备。

无菌供试品直接取样制备供试液。未灭菌供试品宜采用与成品相同的灭菌过程或其他适宜方法灭菌。供试液制备方法按 GB/T 16886.5 的规定。

（5）细胞悬液制备。

将已培养 48～72h 生长旺盛的细胞用消化液消化后加入细胞培养液，吸管吹打混匀后用血球计数板在显微镜下计数，按下式计算细胞密度：

$$C = \frac{n}{4} \times 10^4 \qquad (2\text{-}6\text{-}2)$$

式中，C 为细胞密度，个/mL；n 为计数板四角四大格内细胞总数，个。

根据实测细胞密度，加入适量细胞培养液配制成试验要求密度的细胞悬液备用（也可采用浊度仪测定细胞密度）。

（6）试验步骤。

可选择下列之一方法进行试验：

① 四唑盐（MTT）比色法。

将配制好的 1×10^4/mL 细胞悬液接种于 96 孔培养板，设空白对照、阴性对照、阳性对照和供试品组，每组各设至少 6 孔，每孔接种 100μL 细胞悬液。置 CO_2 培养箱（含体积分数 5%二氧化碳气体）37℃培养 24h 后，弃去原培养液。空白对照组加入新鲜细胞培养液，阴性对照组加入阴性对照品浸提液，阳性对照组加入阳性对照溶液或阳性对照品浸提液，供试品组加入试验样品浸提液，每孔 100μL，置 CO_2 培养箱继续培养 72h。

于更换培养液后的 72h，置显微镜下观察细胞形态。每孔加入 20μL 质量浓度为 5g/L 的 MTT 溶液，继续培养 4h 后弃去孔内液体，加入 150μL DMSO，置振荡器上振荡 10min，在酶标仪 570nm 和 630nm 波长下测定吸光度，按下式计算相对增殖率（RGR）：

$$RGR = \frac{A}{A_0} \times 100\% \qquad (2\text{-}6\text{-}3)$$

表 2-6-2　细胞毒性反应分级（Ⅰ）

级别	相对增殖率/（%）
0	≥100
1	80～99
2	50～79
3	30～49
4	0～29

式中，RGR 为相对增殖率,%；A 为供试品组（阴性、阳性组）吸光度；A_0 为空白对照组吸光度。

根据 RGR 按表 2-6-2 分级标准判定。阴性对照组的反应应不大于 1 级，阳性对照组至少为 3 级反应。如阴性对照组和阳性对照组反应不成立时，应重新试验。

② 显微镜观察法。

将配制好的 $1×10^5/mL$ 细胞悬液接种于直径 35mm 培养皿内，每皿 2mL。置 CO_2 培养箱（含体积分数 5％二氧化碳气体）37℃培养至近汇合单层细胞形成。

弃去原培养液。阴性对照组加入阴性对照品浸提液，阳性对照组加入阳性对照液或阳性对照品浸提液，供试品组加入试验样品浸提液，每皿各加 2mL。每组平行操作 3 皿，置 CO_2 培养箱继续培养 72h。

置显微镜下观察，按表 2-6-3 分级标准判定。阴性对照组应为 0 级反应，阳性对照组至少为 3 级反应。如阴性对照组和阳性对照组反应不成立时应重新试验。

表 2-6-3　细胞毒性反应分级（Ⅱ）

级别	反应程度	反应观察
0	无	细胞形态正常，贴壁生长良好，胞浆内有离散颗粒；无细胞溶解
1	极轻	至多 20％的细胞呈圆形，疏松贴壁，无胞浆内颗粒；偶见细胞溶解
2	轻微	至多 50％的细胞呈圆形，无胞浆内颗粒；明显可见细胞溶解和细胞间空区
3	中度	至多 70％的细胞呈圆形或溶解
4	重度	细胞层几乎完全破坏

注：其他适宜的方法见 GB/T 16886.5。

5. 结果判定

在阴性对照和阳性对照产生预期反应的情况下，分析判定供试品细胞毒性反应程度。

本试验推荐的供试液检验浓度为 100％，适用于医用输液、输血和注射器具。其他类型医疗器械亦可根据临床应用情况调整供试液检验浓度，如 100％、75％、50％、25％等。按本试验检验医疗器械时，一般认为可接受的细胞毒性反应为不大于 2 级。

6. 试验报告

试验报告宜给出下列信息：① 供试品名称；② 生产批号；③ 供试液制备方法；④ 试验用培养基、细胞株和阴性、阳性及其他对照品；⑤ 试验方法；⑥ 细胞反应；⑦ 观察结果；⑧ 结果判定。

七、致敏试验（最大剂量法）

本试验系采用医疗器械浸提液与豚鼠皮肤接触，以评价供试品在试验条件下引发迟发型致敏反应的潜在性。

1. 试剂

质量浓度为 9g/L 的氯化钠注射液、新鲜精制植物油、二硝基氯苯（DNCB）、十二烷基硫酸钠、弗氏完全佐剂。

2. 主要设备和器具

压力蒸汽灭菌器、电剃刀、皮下注射器、玻璃研钵。

3. 试验前准备

(1) 灭菌器具：与供试液接触的所有器具置压力蒸汽灭菌器内 121℃ 30min。
(2) 试验动物准备：按 GB/T 16886.10 的规定。
(3) 弗氏完全佐剂制备。

无水羊毛脂与液体石蜡的体积比为 4：6（冬季使用比例为 3：5）。将无水羊毛脂加热溶解后取 40mL 置研钵中，稍冷却后边研磨边加液体石蜡，直至 60mL 液体石蜡加完。置压力蒸汽灭菌器内 121℃ 30min，即制备成弗氏不完全佐剂，4℃ 保存备用。

在弗氏不完全佐剂中按 4～5mg/mL 加入死的或减毒的分枝杆菌（如卡介苗或结核杆菌），即得弗氏完全佐剂。

4. 试验方法

(1) 浸提介质：质量浓度为 9g/L 的氯化钠注射液、新鲜精制植物油。
(2) 阳性对照液：质量浓度为 1g/L 的二硝基氯苯溶液或其他能产生相应阳性反应的液体。
(3) 供试液制备：按 GB/T 16886.10 规定选择适宜的浸提条件，每种供试品制备质量浓度为 9g/L 的氯化钠注射液和/或植物油浸提液。
(4) 试验步骤和结果判定：按 GB/T 16886.10 规定的"最大剂量致敏试验"进行操作。

5. 试验报告

试验报告中宜给出下列信息：① 供试品名称；② 生产批号；③ 供试液制备方法；④ 试验剂量；⑤ 试验部位观察记录；⑥ 结果判定。

八、皮内反应试验

本试验系将医疗器械浸提液注入家兔皮内，以评价供试品在试验条件下对接触组织的潜在刺激性。

1. 试剂

质量浓度为 9g/L 的氯化钠注射液、新鲜精制植物油。

2. 主要设备和器具

压力蒸汽灭菌器、皮下注射器。

3. 试验前准备

（1）器具灭菌：与供试液接触的所有器具置压力蒸汽灭菌器内 121℃ 30min。
（2）试验动物准备：按 GB/T 16886.10 的规定。

4. 试验方法

（1）浸提介质：质量浓度为 9g/L 的氯化钠注射液、新鲜精制植物油。
（2）供试液制备：按 GB/T 16886.10 规定选择适宜的浸提条件，每种供试品制备质量浓度为 9g/L 的氯化钠注射液和植物油两种浸提液。
（3）试验步骤和结果判定：按 GB/T 16886.10 规定的"皮内反应试验"进行操作。

5. 试验报告

试验报告中宜给出下列信息：① 供试品名称；② 生产批号；③ 供试液制备方法；④ 试验部位观察记分；⑤ 结果判定。

九、植入试验

本试验系将医疗器械材料植入动物肌肉或皮下组织内，通过观察植入后试样周围组织反应程度，以评价供试品的生物相容性。本试验适用于预期与人体内组织接触的、采用非降解聚合物材料制造的医疗器械生物学安全性评价。本试验还可设计为同时对供试品的亚急性（亚慢性）毒性作用进行评价。

1. 试剂

戊巴比妥钠、硫喷妥钠、2％碘酊、75％乙醇溶液、质量浓度为 9g/L 的氯化钠注射液。

2. 主要设备和用具

压力蒸汽灭菌器、电热干燥箱、常规外科手术器械、穿刺针。

3. 试验前准备

（1）器具灭菌：与供试品接触的所有器具置压力蒸汽灭菌器内 121℃ 30min 或电热干燥箱内 160℃ 2h。

（2）试验动物准备：按 GB/T 16886.6 的规定选择适宜的试验动物。

（3）供试品和对照样品制备：按 GB/T 16886.6 的规定制备相应尺寸的皮下或肌肉植入样品。将植入样品清洗干净后沥干，浸入 75％乙醇溶液内浸泡 20min 或采用其他适宜方法灭菌，植入前用质量浓度为 9g/L 的氯化钠注射液浸洗。

4. 试验方法

（1）动物麻醉和消毒。

动物麻醉可采用质量浓度 30g/L 戊巴比妥钠或质量浓度 20g/L 硫喷妥钠，亦可采用其他适宜麻醉剂。按外科常规手术要求以 2％碘酊和 75％乙醇溶液消毒试验区域。

推荐的动物麻醉方法：家兔用质量浓度 30g/L 戊巴比妥钠静脉注射 1.0mL/kg，或质量浓度 20g/L 硫喷妥钠静脉注射 1.3～2.5mL/kg；大白鼠、小鼠和家兔用质量浓度 20g/L 戊巴比妥钠腹腔注射 2.3mL/kg；大白鼠用质量浓度 10g/L 硫喷妥钠静脉或腹腔注射 5.0～10.0mL/kg。

（2）试验步骤。

根据供试品具体特性选择下列适用方法：

① 皮下组织植入试验。按本书第七章方法进行，常用动物背部植入，可用手术刀片切开植入点皮肤，用止血钳分离皮下组织，制备约 1～2cm 的皮下囊植入试样，用医用缝合线缝合皮肤切口。亦可用穿刺针与皮肤成 30°角刺入皮下，取一探条插入针头内将试样推入皮下组织内。

② 肌肉植入试验。按本书第七章方法并参照上述①方法进行。优先采用套针植入法，可用手术刀片切一很小的切口，亦可直接用穿刺针刺入皮肤内，用探条将试样推入深度约 1～2cm 的肌肉内。采用手术植入法时，切开植入点皮肤后分离皮下组织和筋膜，用止血钳分离肌肉，将试样推入肌肉内。用医用缝合线缝合肌筋膜和皮肤切口。植入时如有过量出血，应选择另一位置植入。

5. 结果观察

（1）临床观察。

植入后于 1d、3d 和 5d 分别观察植入点皮肤反应，有无出血、红肿和试样排出等异常现象。

（2）解剖观察。

根据供试品评价需求确定适宜的植入周期。植入后一般可于1周、4周、12周、26周或更长周期时分别无痛处死试验动物，解剖后肉眼观察植入部位组织有无异常病变。切取包裹试样周围约0.5～1.0cm的组织，置质量分数为10%的甲醛溶液中固定。甲醛溶液用质量浓度为9g/L的氯化钠溶液进行10倍稀释。

（3）组织病理学检查。

将固定组织石蜡包埋后切片，进行HE和VG两种染色，在光学显微镜下观察，比较供试品与对照品周围组织反应，如炎症细胞和其他细胞存在情况、试样周围纤维囊腔形成和试样与组织界面处的其他异常情况等。

（4）组织反应分级。

推荐的炎性反应分级见表2-6-4。推荐的纤维囊腔形成分级见表2-6-5。

表2-6-4　炎性反应分级

级别	炎性反应
0	试样周围未见炎性细胞
I	试样周围仅见极少量淋巴细胞
II	试样周围可见少量嗜中性粒细胞和淋巴细胞，偶见多核异物巨细胞
III	试样周围可见以嗜中性粒细胞浸润为主的炎性反应，并可见组织细胞、吞噬细胞、毛细血管和小血管

表2-6-5　纤维囊腔形成分级

级别	纤维囊腔形成
0	囊壁较薄，由少量胶原纤维和1～2层纤维细胞组成
I	囊壁有变薄而致密趋势，由少量胶原纤维细胞组成，偶见纤维母细胞
II	试样周围形成囊腔结构，主要由纤维母细胞、胶原纤维和少量纤维细胞组成
III	试样周围形成疏松的囊壁，可见毛细血管和纤维母细胞

如试验设计为同时对供试品的亚急性（亚慢性）全身毒性作用进行评价，应按照GB/T 16886.11中相关方法和本节附录的规定增加相应项目的检查。

6. 结果判定

分析比较供试品与阴性对照品之间组织反应的差异，综合评价供试品与活体组织间的生物相容性。

本试验合格判定指标的确定可在验证的基础上（比如与同类型已经临床认可的器械进行比较）规定医疗器械炎性反应和囊腔形成等级。

7. 试验报告

试验报告中宜给出下列信息：① 供试品名称；② 生产批号；③ 试验方法；④ 临床观察情况；⑤ 解剖观察情况；⑥ 组织病理学观察结果；⑦ 结果分析和判定。

附　录

一、亚急性（亚慢性）全身毒性试验方法

本试验系将医疗器械植入动物体内或将医疗器械浸提液注入动物静脉、腹腔或皮下，在大于24h但不超过试验动物寿命的10%的时间（如大鼠为90d）内，测定器械或其浸提液一次或多次作用或接触对试验动物的影响，以判定供试品是否具有潜在的亚急性（亚慢性）全身毒性作用。

本试验可设计成与植入试验结合进行。

亚慢性毒性试验延长接触周期可评价慢性全身毒性作用。慢性全身毒性试验试验周期不少于试验动物寿命的10%的时间（如大鼠是90d以上）。

1. 试剂

质量浓度为9g/L的氯化钠注射液、新鲜精制植物油。

2. 主要设备和器具

压力蒸汽灭菌器、动物天平、皮下注射器。

3. 试验前准备

（1）器具灭菌：与供试液接触的所有器具置压力蒸汽灭菌器内121℃ 30min。

（2）试验途径选择。

试验接触途径应尽可能与器械的临床应用相关、可选择下列适用途径进行试验：① 体内植入适用于植入器械；② 静脉注射适用于直接或间接与血液接触的器械；③ 腹腔注射适用于液路器械或与腹腔接触器械；④ 皮下注射适用于皮下接触方式，有利于评价器械毒性作用时间。

（3）试验动物选择。

体内植入首选家兔。静脉、腹腔或皮下接触首选大白鼠。试验应采用健康、初成年动物，同一品系并同一来源，雌性动物未产并无孕。家兔体质量在2.0～3.0kg范围内；啮齿动物最好在离乳后6周龄内，不大于8周龄；犬最好4～6月龄，不大于9月龄。试验开始时，所用动物体质量差异应不超过平均体质量的±20%。应在试验前使试验动物适应实验室环境。每一试验剂量组需要的动物数量根据试验目的来确定，推荐的动物种属和每剂量组最少动物数量见表A.1。

表A.1　动物种属和数量

试验类型	啮齿动物（如小白鼠、大白鼠）	非啮齿类动物（如家兔、犬）
亚急性毒性	10只（雌、雄各5只）	4只（雌、雄各2只）
亚慢性毒性	20只（雌、雄各10只）	8只（雌、雄各4只）
亦可根据器械具体应用情况使用单一性别动物，但应说明理由。		

（4）试验组设定。

每一种供试品应设立供试品组和对照组。

静脉、腹腔或皮下接触途径的供试品组一般应设高、中、低3个剂量水平组。如根据器械材料成分和

结构方面的相关数据预期不会出现毒性反应时，可考虑设定为单剂量组（不低于中剂量组浓度），即限定性试验。

推荐的剂量水平设定 1：高剂量组——可使动物产生毒性反应但无死亡；

中剂量组——能产生可观察到的微弱毒性反应；

低剂量组——不产生任何毒性症状。

推荐的剂量水平设定 2：高剂量组——中剂量组的 2 倍浓度；

中剂量组——根据 GB/T 16886.12 的要求制备的浓度；

低剂量组——中剂量组的 2 倍稀释浓度。

对照组分为阴性对照组或试剂对照组，可设定为单剂量组。

4. 试验方法

（1）供试品（液）制备。

采用体内植入方式时按 GB/T 16886.6 和本节植入试验部分的规定制备适宜的供试样品。

采用静脉注射途径时按 GB/T 16886.12 规定选择适宜的浸提条件，用质量浓度为 9g/L 的氯化钠注射液制备器械浸提液。同条件制备浸提介质对照液。

采用腹腔和皮下注射途径时按 GB/T 16886.12 规定选择适宜的浸提条件，根据试验评价目的可用质量浓度为 9g/L 的氯化钠注射液和/或植物油制备器械浸提液。同条件制备浸提介质对照液。

（2）试验操作。

体内植入时按 GB/T 16886.6 和本节植入试验部分的规定进行。对照组可植入阴性对照样品，或仅进行与供试品组相同的手术步骤而不植入阴性对照样品。

静脉途径接触时，供试品组和介质对照组分别自动物的静脉注入氯化钠注射液浸提液或介质对照液；腹腔或皮下途径接触时，供试品组和介质对照组分别自动物的腹腔或皮下注入氯化钠注射液浸提液或植物油浸提液和介质对照液。单次静脉快速注射时一般在 1min 内注射完毕，亦可根据供试液具体情况采用慢速注射，大白鼠静脉注射速度通常不超过 2mL/min。根据评价需求和供试液具体情况确定注射剂量体积，各动物种属最大注射剂量体积见表 A.2。

表 A.2　最大注射剂量体积

动物种属	静脉注射体积/（mL/kg）	腹腔注射体积/（mL/kg）	皮下注射体积/（mL/kg）
小白鼠	50	50	50
大白鼠	40	20	20
兔	10	20	10
犬	10	20	2

（3）试验接触周期。

静脉、腹腔和皮下接触时一般每周 7d 进行试验操作，也可根据供试品具体情况每周操作 5d。

亚急性全身毒性试验接触周期为 14～28d，静脉注射接触时小于 14d。亚慢性全身毒性试验接触周期通常为 90d，但不超过动物寿命期的 10%，静脉注射接触时为 14～28d。慢性全身毒性试验接触周期一般为 6～12 个月。

（4）动物体质量和饲料、水消耗。

试验期间至少每周测量一次动物体质量。试验接触周期超过 2 周时还需每周测量一次动物饲料和水的消耗量。

（5）临床观察。

每日观察和记录供试品组和对照组动物的一般状态，如皮肤、被毛、眼和黏膜改变，以及呼吸、循环、自主和中枢神经系统和行为表现等状况。

记录死亡的动物数并及时进行尸检，垂死动物及时隔离并处死。

（6）临床病理学检查。

应根据供试品预期毒性作用选择下列适宜检查项目：

① 试验前和试验接触终结时，用检眼镜对高剂量组和对照组动物进行眼科检查，如发现有眼部改变迹象时应检查全部试验动物；

② 试验接触周期内和/或接触终结时进行血液学方面的检查，包括：凝血（PT、APTT）、血红蛋白浓度、血细胞比容、血小板计数、红细胞计数、白细胞计数和白细胞分类计数等；

③ 试验接触周期内和/或接触终结时进行临床血液生化方面的检查，包括：电解质平衡、碳水化合物代谢和肝、肾功能。某些供试品由于其特定的作用模式，可能还需测定：白蛋白、ALP、ALT、AST、钙、氯化物、胆固醇、肌酸酐、GGT、葡萄糖、无机磷、钾、钠、总胆红素、总蛋白、甘油三酯、尿氮、各种酶类等，评价免疫毒性时可考虑测定总免疫球蛋白水平。

可根据试验接触周期确定适宜的检查次数，若试验周期为 26 周，在试验进行到 13 周时安排检查一次。

尿液检验不作为常规检验，仅在预期或观察到有这方面的毒性反应的情况下才考虑进行。检验时，在试验接触的最后一周内定时采集（如 16～24h）尿液，推荐进行以下项目检验：外观、胆红素、尿糖、酮体、隐血、蛋白、沉渣、比重或渗量、尿量等。

（7）大体病理学检查。

试验接触终结时，将全部试验动物无痛处死后进行大体尸检，包括体表及体表开孔、头部、胸（腹）腔及内脏等。

将试验动物的肝、肾、肾上腺取下后尽快称量其湿质量。根据供试品预期作用途径选择需进一步进行组织病理学检查的器官或组织，取下后置于适宜的固定液中。这些器官和组织包括：肝、肾、肾上腺、脾、心脏、肺以及供试品作用靶器官、显示有大体损害迹象或尺寸改变的器官和组织及供试品植入部位组织。

（8）组织病理学检查。

对从高剂量组和对照组试验动物体上取下的器官和组织进行详尽的检查，如高剂量组动物显示毒性损害应对全部动物进行检查。对全部显示有大体损害迹象或尺寸改变的器官和组织进行检查。检查中，低剂量组动物肺脏是否有炎症迹象可提供动物健康状况信息，必要时考虑对动物的肝、肾进行检查。

（9）结果评价。

① 列表给出各种试验数据，并采用适宜的统计学方法对数据进行分析评价。

② 分析评价试验接触剂量与毒性反应产生的相关性、异常反应的发生率和严重程度，包括行为和临床性异常、大体损害、显微镜下改变、靶器官的鉴别、死亡率以及任何其他有意义的一般性和特异性反应。

5. 试验报告

试验报告中宜给出下列信息：①供试品名称；②生产批号；③试验动物；④供试品（液）制备方法；⑤试验接触方法；⑥动物观察数据；⑦结果评价。

二、与血液（器械）相互作用试验

下列试验从血栓形成、凝血、血小板和补体系统 4 个方面对与血液接触器械进行血液（器械）相互作用评价。可根据器械预期临床用途并按照 GB/T 16886.4 的相关要求选择适宜的试验，合格与否的判定也应遵循 GB/T 16886.4 中确定的基本原则。

试验所用阴性对照品应是经临床应用认可的或经确认过的器械或材料。

1. 体内静脉血栓形成试验

本试验系将医疗器械植入动物静脉内，以评价供试品在试验条件下血栓形成的潜在性。

（1）试剂。

硫喷妥钠、质量浓度为 9 g/L 氯化钠注射液、75%乙醇溶液、肝素。

（2）主要设备和器具。

压力蒸汽灭菌器、静脉切开手术包。

（3）试验前准备。

供试品和手术器械采用适宜方法灭菌。试验动物采用成年健康犬或羊至少两只。

（4）供试品和对照品制备。

供试品和阴性对照样品切成约 15cm 长的段。导管类供试品至少在试验前 24h 将其两端用硫化硅橡胶封堵。

如供试品不适宜直接植入，可将器械材料涂层于直径 1mm、长 15mm 的手术缝合线表面，制成试材线。同批号缝合线作为对照样品。试验前用 75%乙醇溶液浸泡试材线和对照线 10min 后，用质量浓度为 9g/L 的氯化钠注射液冲洗沥干备用。

（5）试验方法。

动物麻醉可静脉注射硫喷妥钠，注射剂量为 20mg/kg，亦可采用其他适宜的麻醉方法。

动物麻醉后除去动物两侧颈静脉处毛发，将动物颈静脉试验区域清洁消毒。用手术刀片切开皮肤和静脉，将供试品和阴性对照样品分别插入两侧颈静脉，沿静脉朝心脏方向插入约 12cm。缝合封闭插口处并用缝合线环绕样品将其体外部分缝合固定在动物皮肤组织上。

如为试材线样品，则用 18 号注射针分别穿刺上述 2 条静脉，将试材线和对照线经注射针送入两侧静脉约 12cm。拔出注射针，使样品线漂浮在静脉内，用粘贴胶带将样品体外部分固定在动物皮肤上。

根据器械预期临床用途选择 4h 或 6h 静脉内留置时间。4h 或 6h 后静脉注射肝素，注射剂量为 50 U/kg。动物全身肝素化后 5～15min，静脉注射麻醉剂使动物深度麻醉，经腋窝动脉放血处死动物，切下植入样品的两侧静脉。

（6）结果判定。

将植入样品的静脉纵向剖开，肉眼观察植入样品表面和血管内膜表面血栓形成情况。按表 A.3 规定确定器械和对照样品的血栓形成分级，根据两者间的差异分析判定供试品的抗血栓形成性能。

本试验合格判定指标的确定可在验证的基础上（比如与同类型已经临床认可的器械进行比较）规定医疗器械的血栓形成等级。

表 A.3　血栓形成反应分级

血栓形成等级	血栓形成观察
0	无血栓形成（样品插入口处可能会有小血凝块）
1	极轻微血栓形成，如在一处有血凝块或非常薄的血凝块
2	轻微血栓形成，如多处有极小的血凝块
3	中度血栓形成，如血凝块覆盖植入样品长度小于 1/2
4	重度血栓形成，如血凝块覆盖植入样品长度大于 1/2
5	血管闭塞

（7）试验报告。

试验报告中宜给出下列信息：①供试品名称；②生产批号；③供试品制备方法；④试验方法；⑤结果观察；⑥结果分析与评价。

2. 全血凝固时间试验

本试验系将器械与动物静脉血液接触，通过观察供试品对凝血时间的影响，以评价供试品是否为内源凝血系统激活物。

（1）主要设备和器具。

电热恒温水浴箱、电热恒温干燥箱、硅化注射器、聚丙烯试管。

（2）试验方法。

根据供试品特性选择下列之一方法进行试验：

① 试管法（Lee-White 法）。

设供试品组和对照组（空白对照组和/或阴性对照组），每组 3 支内径为 8mm 的聚丙烯试管。供试品组每支试管内放置切割下的 1cm 长的供试品（指圆柱形样品，如为其他形状，参照 GB/T 16886.12 规定的浸提比例，应使供试品完全浸泡于 1mL 血液中）；空白对照组只加入 1mL 血液；阴性对照组同供试品组操作，加入与试验器械同类型的已经临床认可的上市医疗器械试样。全部试管置（37±1）℃水浴箱中。

从兔静脉采血，用两个硅化注射器抽取，少量血液进入第 1 个注射器后废弃，即刻更换第 2 个注射器，当血液进入第 2 个注射器时，即刻开动秒表计时，取血后弃去针头，沿试管壁注入血液 1mL。将全部试管置（37±1）℃水浴箱内。

血液离体 3min 后，每隔 30s 将第 1 支试管轻轻倾斜至约 30°，直至血液不再流动为止。再以同样方式依次观察各组第 2、3 管，以第 3 管血液凝固时间为凝血时间。记录各组试管凝血时间。

② 导管法。

供试品制成内径约 3～4mm、外径约 4～5mm 的导管，相同尺寸的医用硅橡胶管作为阴性对照管。将各 50cm 长的供试品管和对照管清洗后沥干备用。

参照本节植入试验中给出的麻醉方法麻醉试验家兔，将连接试验导管的静脉针刺入兔颈静脉内，使兔静脉血液依次充盈 50cm 长的供试品和对照导管，用止血钳夹住导管两端并开始计时。

试验导管置室温（20～25℃）下，分别在开始计时后每隔 5min 剪取约 5cm 长的一段导管，放入一个已装有 15mL 低渗溶液（用 6mL 质量浓度 9g/L 氯化钠溶液加 9mL 蒸馏水配成）的烧杯中，将管内血液全部挤出，观察有无血凝块和血栓条，至出现肉眼可察血凝块为试验终点。出现肉眼可察血凝块即是试验样品的凝血时间。

（3）结果判定。

比较供试品凝血时间与对照品的差异，根据两者间的差异分析判定供试品的抗凝血性能。

本试验合格判定指标的确定可在验证的基础上（比如与同类型已经临床认可的器械进行比较）规定医疗器械的凝血时间。

（4）试验报告。

试验报告中宜给出下列信息：①供试品名称；②供试品和对照品制备方法；③试验方法；④观察记录；⑤供试品和对照品凝血时间；⑥结果分析与评价。

3. 部分凝血激酶时间（PTT）试验

本试验系通过测定与医疗器械接触后的贫血小板血浆的凝血时间，以评价供试品是否为内源凝血系统激活物。

（1）试剂。

氯化钙、兔脑浸液、新鲜枸橼酸钠抗凝人体全血或新鲜抗凝兔血、质量浓度 9g/L 氯化钠注射液。

（0.1mol/L 草酸钠溶液或 0.13mol/L 枸橼酸钠溶液与人体全血或兔血比例为 1∶9）。

（2）主要设备和器具。

电热恒温摇式水浴箱、离心机、血凝仪、聚丙烯试管。

（3）供试品和对照品制备。

将供试品和对照品切成试验所需长度清洗沥干备用。阳性对照品可采用天然橡胶或其他适宜材料。阴性对照品选择与试验器械同类型的上市器械。试验中所用血浆作为空白对照。

（4）试验方法。

用于试验的新鲜枸橼酸钠抗凝人体全血或新鲜抗凝兔血采集时间应小于 4h。将人体全血或兔血以 2000g 离心 10min 分离出贫血小板血浆（PPP），将 PPP 分装于聚丙烯试管中，封盖贮存在 2～8℃或冰浴中。

将供试品和对照品分别插入聚丙烯管中，完全浸泡于同等体积的 PPP 中，置（37±1）℃摇式水浴箱中以 60r/min 与 PPP 接触 15min。每管各平行操作 3 管。不加试验样品的空白对照管同法操作。

从管中取出试验样品，将 PPP 置于冰浴中。每管 PPP 中分别加入等量的兔脑磷脂混悬液（用质量浓度 9 g/L 氯化钠注射液 1∶100 稀释）和 0.025mol/L 氯化钙溶液。用血凝仪分别测定各管凝血时间（s），并计算各组平均凝血时间，按下式计算各组平均凝血时间占空白对照百分数：

$$BC = \frac{t}{t_0} \times 100\%$$

式中，BC 为各组平均凝血时间占空白对照百分数，%；t 为供试品（阴性对照、阳性对照）平均凝血时间；t_0 为空白对照平均凝血时间。

（5）结果判定。

比较供试品平均凝血时间和占空白对照百分数与各对照品之间的差异，分析判定供试品的抗凝血性能。

本试验合格判定指标的确定可在验证的基础上（比如与同类型已经临床认可的器械进行比较）规定医疗器械平均凝血时间占空白对照的百分数。

（6）试验报告。

试验报告中宜给出下列信息：①供试品名称；②生产批号；③试验方法；④各组试管凝血时间记录；⑤各组平均凝血时间和占空白对照的百分数；⑥结果分析与评价。

4. 体外自发性血小板聚集试验

本试验通过测定与医疗器械接触后的富血小板血浆中的血小板在不加聚集诱导剂条件下产生的聚集，以评价供试品对血小板功能的潜在影响。

（1）试剂：新鲜枸橼酸钠抗凝人体全血或新鲜抗凝兔血。

（2）主要设备和器具：血小板聚集仪、离心机、聚丙烯试管。

（3）试验方法。

用于试验的新鲜枸橼酸钠抗凝人体全血或新鲜抗凝兔血采集时间应小于 4h。将全血以 200g 离心 10min，取出上层富血小板血浆（PRP）；将吸出 PRP 后余下的血液以 2 000g 离心 10min，取出上层贫血小板血浆（PPP）。

设供试品组和对照组（空白对照组和/或阴性对照组）每组 3 支内径为 8mm 的聚丙烯试管。供试品组每支试管加入 1mL PRP 并放置切割下的 0.1g 供试品；阴性对照组同供试品组操作，加入与供试品同类型的已经临床认可的上市医疗器械试样；空白对照组只加入 1mL PRP。全部试管封盖置于 20～25℃室温下与 PRP 接触 1 h。

分别取一定量的 PRP 和 PPP 加入到比浊管中，在血小板聚集仪中分别将 PRP 及 PPP 的透光度调节为 90 和 10。将 PRP 在聚集仪中搅拌 10s，测定各组聚集反应。

（4）结果计算。

按式下式计算各组血小板最大聚集率（MAR）：

$$\text{MAR} = \frac{h_1}{h_2} \times 100\%$$

式中，MAR 为血小板最大聚集率，%；h_1 为距 PRP 基线的高度；h_0 为 PRP 基线与 PPP 基线之间的高度。

（5）结果判定。

比较供试品和对照品之间血小板聚集率差异，分析评价供试品对血小板功能的潜在影响。聚集率大于 20% 可确定自发性聚集，提示血小板激活异常现象。本试验合格判定指标的确定可在验证的基础上（比如与同类型已经临床认可的器械进行比较）规定医疗器械血小板聚集率。

（6）试验报告。

试验报告中宜给出下列信息：①供试品名称；②生产批号；③试验方法；④供试品和对照品血小板聚集率；⑤结果分析与判定。

5. 血小板黏附试验

本试验通过测定血小板黏附于医疗器械材料表面的状况，评价供试品对血小板性能的影响，判断试验材料的抗凝血性能。

（1）试验血源。

新鲜枸橼酸钠抗凝人体全血或动物血（羊、兔等）。

（2）供试品和对照品制备。

取 1g 直径 0.5mm 的玻璃珠，填入一根直径 3mm、长 120mm 的聚四氟乙烯管中。两端分别用直径 3mm、长 20mm 硅橡胶管嵌接。在嵌接处用直径 2mm、长 2mm 的聚四氟乙烯管与一层尼龙网（160 目）于聚、硅两管之间，以防玻璃珠漏出。制备 3 个玻璃珠柱为空白对照组。

将玻璃珠涂以 2% 甲基硅油，按供试品和对照品制备方法制备 3 个涂硅玻璃珠柱，为阴性对照组。

将供试品制成微球，称取与对照组面积相同的量，按供试品和对照品制备方法制备 3 个柱，为供试品组。

对于不能制备成微球的医疗器械，按照一定比例制备溶液注入上述玻璃珠柱内，充满后驱出多余溶液，2～3min 后通入氮气 20min。除去残留溶液，反复 2 次。经干燥后制备 3 个柱，为供试品组。

（3）试验方法。

用硅化注射器取人或动物静脉血，首先取血液 0.5mL 各 3 次，接着将血液以 0.5mL/15s 的速率通过各柱，将通过各柱的血液 0.5mL，注入含乙二胺四乙酸二钠（EDTA）1mg 的硅化试管中混匀。

分别对未通过及已通过玻璃珠柱的血液做血小板计数。必要时用扫描电镜观察血小板粘附状况。

（4）结果计算。

供试品组和对照组血小板数均取 3 管的平均值，按下式计算各组血小板粘附率：

$$\text{PA} = \frac{A - B}{A} \times 100\%$$

式中，PA 为血小板粘附率，%；A 为粘附前血小板数；B 为粘附后血小板数。

（5）结果判定。

比较供试品组和对照品之间血小板粘附率的差异，分析评价供试品对血小板功能的潜在影响。

本试验合格判定指标的确定可在验证的基础上（比如与同类型已经临床认可的器械进行比较）规定医疗器械血小板粘附率。

（6）试验报告。

试验报告中宜给出下列信息：①供试品名称；②生产批号；③试验方法；④各组血小板数和血小板粘附率；⑤结果分析与判定。

6. 补体激活试验

本试验系将医疗器械与标准人血清接触，使用酶免疫测定技术检验补体系统活化期间形成的 C3a 片段，以判定供试品对人血清补体激活作用的程度。

（1）试剂。

标准人血清（NHS）、眼镜蛇毒因子（CVF）、C3a 酶免疫测定试剂盒。

（2）主要设备。

电热恒温水浴箱、酶标仪。

（3）供试品制备。

由器械各组成部件切取试样，不同材料的组件分别测定。与血清接触比例按 GB/T 16886.12 规定并应根据器械材料特性确定适宜比例（例如 $3cm^2$：0.5mL 或 0.1g：0.5mL），应使供试品与血清充分接触。

每一试管血清体积一般设置为 0.5mL，亦可根据试验需要加大血清体积。

（4）对照品设置。

阳性生物材料对照品：可采用橡胶检查手套，乳胶是一种高度激活 C3a 的材料，与血清接触比例为 $3.0cm^2$：0.5mL。

低激活性生物材料对照品：可采用低密度聚乙烯，这是一种低度激活 C3a 的生物材料，与血清接触比例按 GB/T 16886.12 规定。

阳性对照用眼镜蛇毒因子（CVF）：是一种补体系统强激活物，用于确定最大补体活化作用，与血清比例为 $40\mu L$：0.5mL。

低浓度 C3a 对照品（C3a 含量小于 200ng/mL）：为 C3a 酶免疫测定试剂盒中配置，用作对照测定。

标准人血清（NHS）：用作激活 C3a 的基线对照。

（5）试验方法。

将各组样品分别置于聚丙烯管中，加入适当体积的 NHS。阳性对照（CVF/NHS）和 NHS 对照也置于聚丙烯管中。每组各平行操作 3 管。

全部试管放在（37±1）℃水浴中孵育 60min，在孵育期间至少振摇 1 次以保证血清与样品充分接触。孵育 60min 后，将试管置冰浴中以阻止补体的进一步活化。将各组血清移至另外的聚丙烯管中。必要时用样品缓冲液稀释供试品和对照品血清：橡胶检查手套接触血清稀释至 1：5000 和 1：7500；低密度聚乙烯接触血清稀释至 1：2000。全部血清样品和稀释样品保持在冰浴中以阻止补体的进一步活化。

将各组血清移至酶标板上，每组加两孔。在酶标仪上按 C3a 酶免疫测定试剂盒使用说明书操作，在 450nm 波长处测定各孔吸光度。

（6）结果计算。

根据试剂盒配带的标准品系列稀释液的吸收值绘制出标准曲线。计算出各组平行操作的两孔吸光度平均值（相对标准偏差±20%），根据该值计算出每一供试品和对照品的 C3a 最终浓度。各组样品的 C3a 浓度以 ng/mL 表示。

在实验室多次验证的基础上确定 CVF（最高激活物）、NHS 对照品和低浓度 C3a 对照品的适宜 C3a 浓度，每次试验上述对照品 C3a 浓度均应在此范围内，否则应查找原因重新进行试验。

试验对照品参考 C3a 浓度范围：CVF（最高激活物）产生的 C3a 浓度应大于 50000ng/mL；NHS 对照品 C3a 浓度应小于 15000ng/mL；低浓度 C3a 对照品应小于 200ng/mL。

供试品检验结果表述为 C3a 绝对浓度和 C3a 百分数，按下式计算供试品 C3a 浓度占阳性生物材料对照品 C3a 浓度的百分数：

$$PC = \frac{c_1 - c_0}{c_2 - c_0} \times 100\%$$

式中，PC 为供试品 C3a 浓度占阳性生物材料对照品 C3a 浓度的百分数，%；c_1 为供试品 C3a 浓度；c_2 为阳性生物材料对照 C3a 浓度；c_0 为 NHS 对照品 C3a 浓度。

（7）结果判定。

比较供试品 C3a 浓度与各对照品之间的差异，分析评价供试品对人血清补体激活作用的程度。

本试验合格判定指标的确定，可在经临床验证的基础上规定医疗器械 C3a 浓度值和 C3a 百分数。

（8）试验报告。

试验报告中宜给出下列信息：①供试品名称；②生产批号；③试验方法；④各组吸光度；⑤各组 C3a 浓度；⑥供试品 C3a 浓度值和（或）百分数；⑦结果分析和评价。

三、细胞培养常用溶液和培养液制备

1. 平衡盐溶液（BSS）

按表 A.4 配方准确称量各种试剂。

表 A.4 常用 BSS 配方

试剂	PBS	Earle	Hanks	D-Hanks
NaCl	8.00	6.80	8.00	8.00
KCl	0.20	0.40	0.40	0.40
$CaCl_2$	—	0.20	0.14	—
$MgSO_4 \cdot 7H_2O$	—	0.20	0.20	—
$Na_2HPO_4 \cdot H_2O$	1.56	—	0.06	0.06
$NaH_2PO_4 \cdot 2H_2O$	—	0.14	—	—
KH_2PO_4	0.20	—	0.06	0.06
$NaHCO_3$	—	2.20	0.35	0.35
葡萄糖	—	1.00	1.00	—
酚红	—	0.02	0.02	0.02

配制方法：

配制 BSS 时应注意避免钙、镁离子的沉淀，下面以 Hanks 液为例说明 BSS 配制步骤。

（1）按表 A.4 配方精确称量试剂，如含水分子与配方不同，应换算后称量。

（2）先将氯化钙溶解在 100 mL 水中，其他试剂依次溶解在 750mL 水中。

（3）用数滴质量浓度为 56g/L 的碳酸氢钠溶液溶解酚红。

（4）将氯化钙溶液缓缓倒入上述 750mL 试剂溶液中，并不时搅动，防止出现沉淀，随即加入酚红溶液后，移入 1000mL 容量瓶内，加水至刻度。

（5）分装后置压力蒸汽灭菌器内 115℃ 灭菌 30min，4℃ 保存。

细胞培养用溶液所用的水均指使用玻璃蒸馏器新鲜制备的三次蒸馏水。

2. 消化液

胰蛋白酶溶液（质量浓度为 2.5g/L）：

    胰蛋白酶粉   2.5g

    D-Hanks 液   1000mL

充分搅拌溶解后过滤除菌，分装入瓶，置冷冻箱内保存。使用前置 37℃ 水浴箱内溶解，用质量浓度为 56g/L 的碳酸氢钠溶液调节 pH 至 7.2 左右。

乙二胺四乙酸二钠（EDTA）溶液：

氯化钠	8.0g
氯化钾	0.2g
磷酸氢二钠	1.15g
磷酸二氢钾	0.2g
EDTA	0.2g
水	1000mL

将前四种试剂溶解后加入 EDTA，搅拌溶解，过滤除菌或置压力蒸汽灭菌器内 115℃灭菌 30min，分装入瓶，4℃保存。

四唑盐（MTT）染色液：

MTT	0.5g
PBS 液	100mL

搅拌溶解，置压力蒸汽灭菌器内 115℃ 30min，4℃保存。

RPMI 1640 细胞培养液：

RPMI1640 干粉培养基	规定剂量
碳酸氢钠	规定剂量
L-谷氨酰胺（根据包装袋上说明添加）	规定剂量
水	1 000 mL

将培养基干粉溶于总量 1/3 的水中，搅拌溶解后补加水至 1 000mL。根据包装袋上说明添加碳酸氢钠和 L-谷氨酰胺，搅拌溶解。加入抗生素，最终浓度为青霉素 100U/mL，链霉素 100U/mL。过滤除菌，分装后 4℃保存。使用前加入胎牛血清（或小牛血清）100ml/L，pH 调至 7.2～7.4。

思　考　题

1. 一次性输液、输血、注射器具的主要检测内容有哪些？

2. 一次性输液、输血、注射器具的生物学试验方法有哪些？

3. 何谓注射器的公称容量、刻度容量、基准线？

4. 一次性输液、输血、注射器具中的重金属含量的限量是多少？

5. 一次性输液、输血、注射器具生物学评价有哪些指标？

第三章 血压计、血压表的检测

§3-1 概 述

血压是指心脏泵血输出的压力，我们通常所称血压是指动脉血管中的血液对其血管壁所产生的侧向垂直于血管壁的压力。因为心脏每一次搏动中包括收缩、舒张两个连续的周期动作，所以，泵血输出的压力又可分为收缩压（也称高压）和舒张压（也称低压）。目前，通常测量血压的手段有两种，即人工测量和自动测量。由于测量血压的方式不同，可分为有创血压和无创血压。有创血压为在手术中或对重症病人的抢救中，通过刺入血管等有创伤的方式直接测得的血流压力。有创测量是连续的、准确的，但因有创伤，应用范围不大，只在手术中应用。而平时内、外科检查诊断时，大部分测量的血压为无创血压，也称经皮血压，实际上，这是经过皮肤反映出来的血流对血管壁的压力。对同一个人来说，其有创血压与无创血压呈正相关关系，而且通常是前者高于后者。因为无创血压的可接受性强，所以通常所说的血压，多指无创血压。

血压计无创测量血压常用的原理分为柯氏音法和示波法。将袖带包扎在左上肢肱动脉处，通过给袖带充气挤压血管，然后慢慢放气，用听诊器放置在肱动脉处听肱动脉的跳动声来测得收缩压和舒张压，即为柯氏音法。示波法同样先给袖带囊自动充气，使袖带气囊挤压血管，血液流动完全堵断，经缓慢放气，随气压的下降，血液开始流通，血液通过血管产生一定的振荡波，振荡波通过管路传至机器内的压力传感器，压力传感器能识别从手臂传到袖带气囊中的小脉冲波，经过对小脉冲波拾取和多重处理后，形成一条能够体现脉冲峰值变化的包络线，采取适当的判别技术和校正方法，从而得出血压值。

常用的血压计就是经皮肤表面测量的无创血压计，有水银柱式血压计、指针式血压表和电子血压计等（如图3-1-1所示）。

水银柱式血压计是由测压计、气球、橡胶袋和盒子组成。测压计包括水银壶、玻璃管和标尺。水银壶与玻璃管连接在一起，其连接处用软木垫或橡胶垫压紧，以免漏气和水银外溢。玻璃管顶端盖金属帽，帽内装有软木垫、橡胶垫和金属网，可以使空气自由出入，水银却不能外溢。血压计的气球有两个气孔，前气孔装有一个金属的三通活塞。后气孔装有一个塑料或金属的气阀。打气时，后气阀闭塞，空气从前气孔通过三通活塞进入橡胶袋，气球复原时，三通活塞小橡胶闭塞，以防进入橡胶袋的空气返回，同时，后气阀打开，空气进入使气球复原；

水银柱式血压计　　　　　　　　　　　电子血压计

图 3-1-1　常用血压计

放气时，将三通活塞侧面的放气螺母拧松即可。

水银使用过久或不纯时，容易氧化而产生一种银灰色粉末附着于玻璃管的内壁，影响血压计的准确性，因此必须将水银过滤。其方法是将血压计向水银壶方向侧倾 45°角，提起"扳手"，取下玻璃管，将水银倒入有多层纱布的蒸发皿内，然后提起纱布的四角，用手拧挤纱布，这样，干净的水银即从纱布孔中流出。如果水银过滤后很短时间内又氧化，可用质量分数为 8％的硝酸液洗净。其方法是将水银和适量的硝酸液倒在一个玻璃容器内搅拌，然后用纱布过滤，过滤后再将水银与适量的蒸馏水倒在一起进行搅拌，洗净硝酸液并将蒸馏水除去，最后再将水银过滤一次，即可使用。对有水银粉末附着的玻璃管内壁要用试管刷刷净，必要时可蘸少量盐酸擦拭，但擦完后须将盐酸除净。

福建省妇幼保健院的林芝兰探讨了台式水银柱血压计（简称台式）和电子血压计（简称电子）测量血压的效果，对 100 例孕妇同时用两种血压计测量血压，并将结果进行了比较，结论如下：

台式血压计是以手动加压与放气，并用听诊器听到柯氏音来判定血压值，舒张压以动脉音的变弱或消失来判定，因此，可造成判断标准的不一致性，并且充气与放气过快或过慢都将影响血压值的准确性。电子血压计是以压力泵自动加压，自动快速测压、排气，以半导体静电电容式压力传感器示波测量，直接以数字式显示压力值与脉搏数，省略了听诊法中听筒和手动加压与放气系统，排除了听觉不灵敏、视听不协调、噪声等因素的干扰，测量结果更客观。试验结果显示，两种血压计检测的血压值无显著性差异（$P > 0105$）。

来红等人则对 3 种不同的血压计做了对比测量试验。其测量对象为 15 位临界高血压者，其中，男 11 人，女 4 人，年龄在 52～64 岁（均为观察期，未服药）。测量方法如下：用规范方法测量血压，即检测前被测者先在安静环境下休息 5～10min。检测时全身放松，上臂裸露，衣袖不卡臂，手臂伸直，手心向上，上臂与右心房平行，袖带气囊对准肱动脉，并置于上臂的中部，下缘应距肘横纹线上方 2～3cm。此外，水银柱式血压计和气压表式血压计还应将听诊器放在肘窝肱动脉处，然后快速向袖带气囊冲气，待肱动脉搏动消失后，水银柱再升高 4 kPa（30mmHg），再缓慢、均速放气。分别用 3 种血压计为每人各测 3 次，为避免测量误差，由同一人测量，采取轮流操作的方法，即用正确方法采用水银柱血压计、电子血压计、气压表式血压计为每人测量 1 次，连续 3 次，测量间隔时间为 15～20min。所选的测量工具为台式水银柱式血压计（选用上海医械专机厂 GB3053—93 型）、臂式全自动电子血压计（北京松下电工有限公司生产）和气压表式血压计（江苏鱼跃医疗设备有限公司生产的 GB4272—84 型）。各种血压计连接完好，听诊器传导性能优良，并经计量部门鉴定合格。测量结果如表 3-1-1 所示。

表 3-1-1　三种血压计规范化检测对比　　　　　（单位：kPa）

血压计类型	人次	收缩压	舒张压
水银柱式	45	19.3 ±0.41	11.3 ±0.41
臂式电子	45	19. ±0.43	11.3 ±0.41
气压表式	45	19.3 ±0.40	11.2 ±0.43

从表 3-1-1 可以看出，用 3 种血压计规范操作测量临界高血压者，经两两比较，3 种血压计所测收缩压和舒张压均无统计学差异。

综上所述，3 种血压计各有优缺点。水银柱式血压计的缺点是体积大，分量重，不易携带，且要借助于听诊器来测量血压，优点是稳定性好。电子血压计的优点是轻巧，携带方便，操作简单，又不需要太多的保养，缺点是限制条件较多，如周围噪声、袖带移动、摩擦等均有可能影响到测量结果。气压表式血压计虽然体积分量小于水银柱式血压计，但它同样要借助于听诊器来测量血压，有诸多不便。

由于血压是重要的病理、生理指标，所以血压计也就成为各种规模的医疗机构使用最频繁的常用检查、诊断仪器之一。随着人民生活水平的提高、保健意识的增强，血压计进入家庭的步伐也日益加快。血压计应用量大面广，目前已被国家列入强检器具范围。

§3-2　水银式血压计和血压表的检测方法

标准 JJG270—95 规定了血压计和血压表的检定规程，本规程适用于新制造、使用中和修理后的测量范围为 0～40kPa 和 0～300mmHg 医用汞柱式（台式和立式）血压计和弹性敏感测量元件式血压表的检定。

一、技术要求

1. 外观

（1）血压计、血压表的外壳应坚固，并能保护内部零件不受损伤和不沾染污秽。

（2）新制造的血压计、血压表外壳上的涂层、镀层应均匀光泽，并无明显剥脱现象。

（3）血压计、血压表上应有产品名称、制造厂名或商标、血压计量单位、产品编号、生产年月，并清晰可辨。

（4）血压计、血压表上应具有以 kPa 和 mmHg 为单位的双刻度标度，其分度值分别为 0.5kPa 和 2mmHg，标度应正确、清晰。

（5）血压计的水银玻璃管和血压表的表面玻璃应无色透明，其上不允许有明显妨碍读数的缺陷。

（6）台式血压计外壳上盖和底座应扣合可靠、开启灵活。上盖开足后，水银玻璃管应处于垂直位置。

（7）立式血压计在地面放置时应稳固，计身门开启应灵活，受振时应无自行开启现象。

（8）血压表的指针指示端应伸入外圈短刻线的 1/3～2/3 处，指针指示端宽度应不大于分度间隔的 1/3，指针与刻度盘平面间的距离为 1～2mm。

2. 零位误差

（1）血压计的贮汞瓶与大气相通后，汞柱凸面顶端应处于与零位刻度线相切的位置，允许误差为±0.2kPa（±1.5mmHg）。

（2）血压表的弹性敏感测量元件内腔与大气相通后，指针应在零位标志。

3. 血压计的灵敏度

汞柱在快速降压时，波动幅度不得小于 0.3 kPa（2.25mmHg）。

4. 气密性

（1）橡皮球上的气阀旋钮旋紧时应不漏气，旋松时应不会脱落；回气阀应有止气作用。

（2）血压计、血压表的气密性应在 1min 内压力下降量不得超过 0.5kPa（3.75mmHg），血压计的贮汞瓶不得漏汞。

5. 允许误差

血压计、血压表的示值允许误差均为±0.5kPa（±3.75mmHg）。

6. 指针偏转平稳性

血压表指针偏转时应平稳，不得有跳针和停滞现象。

二、检定条件

1. 检定温度

（1）血压计的检定温度为（20±10)℃；
（2）血压表的检定温度为（20±5)℃。

2. 检定设备

1）标准器
（1）标准器可从如下仪器中选取：① 水银压力计；② 具有弹性敏感测量元件的压力表；③ 活塞式压力计；④ 数字压力计。
（2）标准器的允许误差：标准器的允许误差绝对值应不大于血压计、血压表允许误差绝对值的 1/3。
2）其他设备
（1）压力发生器；
（2）医用橡胶管；
（3）三通管；
（4）温度计：0～50℃，分度值为 1℃；
（5）秒表：分度值为 1/5s 或 1/10s。

3. 环境条件

（1）血压计、血压表应在检定温度环境中静置至少 2h，方可进行检定。
（2）血压计、血压表检定时的大气压力为 86～106kPa。

三、检定项目和检定方法

1. 外观检查

用目力观察，血压计、血压表的外观应符合本规程的外观要求。

2. 零位误差检查

（1）在无臂带的条件下，使血压计与大气相通，用目力观察，汞柱零位误差应符合本章技术要求中零位误差第（1）款要求。

（2）在无臂带的条件下，使血压表与大气相通，用目力观察，指针零位误差应符合本章技术要求中零位误差第（2）款要求。

3. 血压计灵敏度检查

在无臂带的条件下，用压力发生器造压，使血压计升压到38kPa（285 mm-Hg），然后旋松气阀旋钮，使压力降到32～26kPa（240～196mmHg）范围内任一位置，快速关闭气阀旋钮，用目力观察，汞柱的波动幅度不小于 0.3kPa（2.25mmHg）。

4. 气密性检查

（1）橡皮球上的气阀旋钮和回气阀应符合本章技术要求中气密性第（1）款要求。

（2）在臂带圈扎的条件下，用压力发生器造压，使血压计或血压表升压到38kPa（285mmHg），切断压力源停留2min，从第3min开始计算，1min内压力值下降量不得超过0.5 kPa（3.75mmHg）；血压计的贮汞瓶不得漏汞。

5. 基本误差检定

1）检定装置

用医用橡胶管和三通管把被检血压计或血压表与标准器、压力发生器连通起来组成检定装置，如图3-2-1所示。

2）检定点数和次数

血压计和血压表的检定点不得少于5个（不含零点），共进行两次降压检定。血压表以40kPa（300mmHg）为起始点，每隔8kPa（60mmHg）作一个检定点进行降压检定，血压计允许以38kPa（285mmHg）为起始点进行降压检定。

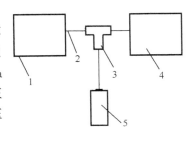

图3-2-1　检定装置示意图
1. 标准器；2. 橡皮管；3. 三通管；
4. 血压计或血压表；5. 压力发生器

3）检定步序

（1）第一次降压检定。

用压力发生器造压，使血压计或血压表和标准器的压力升到最高检定点，然后降压逐点检定。对每个检定点，先从标准器上读取标准压力值，再从血压计或血压表上读取对应的压力值，两者读数之差均应小于±0.5kPa（±3.75mmHg）。

（2）第二次降压检定。

① 血压计检定步序与上述第（1）项内容相同。

② 血压表检定步序：用压力发生器造压，使血压表和标准器的压力升到最高检定点，切断压力源停留1min，然后再以最高检定点为起点，进行降压检定。同样，对每个检定点，先从标准器上读取标准压力值，再从血压表上读取对应的压力值，两者读数之差均应小于±0.5kPa（±3.75mmHg）。

（3）基本误差计算公式。

$$\Delta = P - P_0$$

式中，Δ 为血压计或血压表的基本误差，kPa（mmHg）；P 为血压计或压力表的压力值，kPa（mmHg）；P_0 为标准器的压力值，kPa（mmHg）。

（4）零位误差复检。

血压计或血压表检定后使其通大气，零位误差仍应符合本规程技术要求中的零位误差要求。

6. 指针偏转平稳性检查

血压表在基本误差检定过程中，指针偏转应平稳，无跳针和停滞现象。

四、检定结果处理和检定周期

（1）经检定合格的血压计、血压表，发给检定证书或合格证，经检定不合格的血压计、血压表，发给检定结果通知书。

（2）血压计的检定周期最长为1年；血压表的检定周期最长为半年。

§3-3　数字式电子血压计（静态）的检测方法

标准 JJG692—1999 规定了数字式电子血压计（静态）的检定规程，本规程适用于测量范围上限不大于 40kPa（300mmHg）非侵入式方法测量血压的血压计的首次检定、周期检定和使用中的检验。

此类血压计的工作原理是运用压力传感器技术，通过接收袖带内动脉血压信号，经过电脑处理后而测量人体的收缩压和舒张压。

按测量血压原理分有柯氏音法原理血压计和示波法原理血压计；按加压方法分有手动加压血压计和自动加压血压计。

采用手动加压和自动降压方法测量血压的血压计由气源、本体、袖带、橡胶管组成；采用自动加压和自动降压方法测量血压的血压计由本体、袖带、橡胶管组成。

一、计量性能要求

1. 自动放气阀放气速率

（1）柯氏音法原理血压计：0.8～0.3kPa/s（6～2mmHg/s）之间。
（2）示波法原理血压计：无指标要求。

2. 压力示值允许误差

首次检定的血压计：±0.4kPa（±3mmHg）。
后续检定（周期检定和修理后检定）的血压计：±0.5kPa（±4mmHg）。
使用中检验的血压计：±0.5kPa（±4mmHg）。

二、通用技术要求

1. 外观

（1）血压计的本体应坚固，表面应光洁。
（2）血压计上应标有：产品名称、型号、制造单位或商标、产品编号、 (MC)
标志等。
（3）血压计本体上的按键应工作可靠，不得有松动和失灵现象。
（4）数字显示屏上不应有影响读数的划痕、气泡等疵病。
（5）对应血压值和脉搏显示处，应标有收缩压、舒张压、脉搏、计量单位。
（6）血压计本体上全部文字及符号应完整清晰。
（7）袖带、橡胶管、接插件应无损坏现象。

2. 显示

（1）无压力时，应指示在零位。
（2）在显示过程中，不应有缺笔画现象。

3. 袖带气密性

袖带在1min内压力下降值不大于0.5kPa（4 mmHg）。

三、检测

1. 首次检定、后续检定（周期检定及修理后检定）和使用中检验

首次检定、后续检定和使用中检验的血压计，计量性能和技术要求应符合前

述计量性能要求和通用技术要求。

2. 检定条件

1）检定设备

（1）标准仪器。

选用的标准仪器，其允许误差的绝对值应不大于血压计允许误差绝对值的 1/4。

标准仪器可从以下类型仪器中选取：a. 水银压力计；b. 具有弹性敏感元件的精密压力表；c. 活塞式压力计；d. 数字压力计；e. 压力校验器；f. 其他符合标准仪器误差要求的仪器。

（2）其他设备：a. 压力发生器；b. 医用橡胶管；c. 三通接头；d. 秒表：分度值为 1/5s 或 1/10s；e. 金属薄壁圆筒：直径 90mm，长度 180mm；f. 压力表（计）：0～40kPa。

2）检定环境条件

（1）环境温度：（20±5）℃。

（2）环境相对湿度：30%～85%。

（3）环境压力：大气压力。

3. 检定项目和检定方法

1）外观

用目力观察，应符合上述通用技术要求中的外观要求。

2）显示

（1）给血压计本体装入电池（或接入外接电源），按下电源键，显示屏显示自校符号后应指示在零位。

（2）血压计本体与压力发生器连接，将自动放气阀气路切断，缓慢加压到测量上限，然后缓慢减压到零位，用目力观察加压、减压过程，显示屏显示的数字应无缺笔画现象。

注：能自行加压或手动加压至测量上限的血压计，可不用压力发生器。

3）袖带气密性

给袖带加压到血压计测量上限压力 90%～100%之间的任意值，切断压力源稳压 2min，从第 3min 开始观察，1min 内压力下降量不得超过±0.5kPa（±3.75mmHg）。

4）放气速率

对柯氏音法原理血压计，将血压计的袖带卷扎在金属薄壁圆筒上，加压到 24kPa（180mmHg）处，然后自动放气，用秒表记录压力从 20kPa（150mmHg）

下降到 12kPa（90mmHg）的时间 t，按下列公式计算出放气速率：$v = 8/t$ kPa/s 或 $v = 60/t$ mmHg/s，应符合上述计量性能要求中自动放气阀放气速率第（1）条。

　　5）压力示值检定方法

　　同水银柱式血压计。

　　4. 检定结果的处理

　　按检定项目和检定方法检定的血压计，全部符合要求为合格，出具"检定证书"；若其中有一个项目不符合要求为不合格，出具"检定不合格通知书"，并在其上注明不合格项目及内容。

　　修理过的血压计应重新检定，合格后方可使用。

　　5. 检定周期

　　血压计的检定周期建议最长不超过 1 年。

思　考　题

1. 常用的血压计有哪些类型？各有何特点？
2. 画出血压计检测原理图。
3. 血压计检测过程中，标准压力计的作用是什么？
4. 电子血压计与水银柱式血压计的设计原理有何不同？
5. 血压计检定的基本误差如何计算？
6. 什么情况下要对血压计进行周期检查？

第四章 医疗器械中不溶微粒的检测

§4-1 概　述

　　微粒检测广泛应用于医学、化工、国防、航空制造业等多个领域。早在 20 世纪 60 年代末、70 年代初，采用仪器检测微粒的研究在我国国防制造业中已获得应用，对航空汽油中微粒进行检测以控制汽油中微粒污染情况。此后，该项技术在粉末冶金、水泥等工业中得到了应用。人们广泛认识到微粒检测这门学科在工业上应用意义深远，细颗粒的大小在许多方面影响粉末的性质。例如，它决定水泥的凝结时间，决定颜料着色的能力，以及化学催化剂的活性，此外，粉末颗粒的大小对食品的味道、药物的效力和冶金粉末的烧结收缩等均有很大的影响。

　　20 世纪 70 年代至 80 年代，微粒检测在医药工业中的血细胞计数等方面得到了广泛应用，90 年代应用于大输液中不溶性微粒的检测。随着我国医疗事业的发展，注射器、输液器、输血袋等一次性使用无菌医疗器械的微粒污染情况越来越受到人们的广泛关注。

　　医疗器械中的微粒多为不溶性物质，不溶于水，不能被代谢，一旦进入人体可终身存留。如果将含有热源的微粒随输液输入人体，不溶性微粒通过静脉进入人体后可引起血管栓塞、肉芽肿、静脉炎、过敏反应、热源反应等不良后果，会使人体出现发冷、寒颤、体温升高、头痛、出汗、恶心呕吐等症状，严重者还会出现昏迷、虚脱，甚至有生命危险。因此，控制这些医疗器械中不溶粒子的含量尤为重要。

　　目前，检测微粒的方法主要有显微计数法、电阻法、光阻法及光散射法四种。显微计数法借助于显微镜目测计数，人为误差较大；光散射法只适宜于小颗粒低浓度的微粒检测，大粒子（25μm）必须使用标准粒子单独标定，测量结果受入射光波长、微粒折光系数（如形状、粗糙度）影响，重现性差，用标准粒子标定后，结果会有偏差，当采用激光光源时，光源寿命短。因此，电阻法和光阻法是目前测量微粒的主要方法。

§4-2 微粒含量测定方法总则

一、原理

　　这一方法是通过冲洗一次性医疗器械内腔液体通道表面，收集通道表面洗脱液中的粒子，并对其计数来评价污染。

二、试验装置

（1）电阻式粒子计数器：有搅拌系统，一次取样量为 100mL、500mL，可同时对 15～25μm、大于 25μm 以及 25～50μm、51～100μm、大于 100μm 的微粒计数。

（2）过滤装置：内装直径 135mm、孔径 0.45μm 的微孔滤膜。

（3）冲洗液：氯化钠注射液。

（4）聚氯乙烯软管：软管长 1m、外径 3.5～4mm。

（5）三通转换开关。

（6）洗瓶（500mL）。

三、步骤

1. GB8368—1998 的操作要求

如图 4-2-1 所示。该试验应在 N5 级净化台或净化间进行，操作如下：

（1）过滤装置通过瓶塞穿刺器与装有氯化钠注射液的输液瓶连接，过滤装置下端接三通开关，下接软管至微粒计数器取样杯。

（2）用 100mL 冲洗液冲洗过滤器、三通开关和软管（初次试验冲洗液应不少于 2L）。

（3）在约 1m 静压头下，使冲洗液通过软管 200mL，流出液流入计数器的取样杯中即得本底液，测定 100mL 本底液中的微粒数（试验应避免环境污染）。

（4）重复步骤（3），以两次计数的平均值为 100mL 本底液中的微粒含量。

（5）拆下被测输液器的终端药液过滤器，并使进气口密封。将输液器的进液端与三通转换开关的另一头连接（输液器的药液过滤器如装在滴斗内，则不用拆下）。

（6）在 1m 静压头下，使冲洗液通

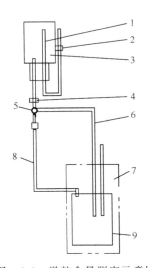

图 4-2-1　微粒含量测定示意图

1. 进气针；2. 空气过滤器；3. 氯化钠注射液；
4. 过滤装置；5. 三通开关；6. 聚氯乙烯软管；
7. 微粒计数器；8. 被测输液器；9. 取样杯

过输液器 200mL，流出液流入计数器的取样杯中即得洗脱液，测定 100mL 洗脱液中的微粒数。

2. GB8368—2005 的要求操作

（1）如图 4-2-2 所示，该试验应在 N5 级净化台或净化间进行。

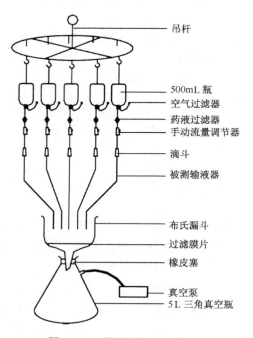

图 4-2-2　微粒污染试验装置

（2）试验前应用蒸馏水充分清洗过滤装置、滤膜（正反面）和其他器具。

（3）取 10 支供用状态输液器分别与 500mL NaCl 注射液瓶倒连接（瓶装 500mL NaCl 注射液或合格的蒸馏水）。

（4）启动真空泵打开输液器手动流量调节阀，洗脱液分别冲洗 10 支输液器流入布氏漏斗，过滤完后关闭真空泵。

（5）取出 0.45μm 滤膜，用装有 500mL NaCl 注射液洗瓶冲洗滤膜，样品杯收集的冲洗液，放到仪器样品台上进行 500mL 全体积测量。

（6）测量结果扣除 500mL NaCl 注射液中三种微粒粒度分类的数量后填入表 4-2-1 中。

表 4-2-1　微粒数污染评价

参数	微粒尺寸分类		
微粒大小/μm	$25\sim50$	$51\sim100$	>100
10 支输液器中平均微粒数	N_{a1}	N_{a2}	N_{a3}
空白对照液中平均微粒数（10 个 500mL）	N_{b1}	N_{b2}	N_{b3}
评价系数	0.1	0.2	5

四、结果表示

（1）按照国标 GB8368—1998 要求：洗脱液与本底液微粒读数之差除以 100 为洗脱液中的微粒含量（个/mL）。根据国家标准规定，一次性输液器等一次性使用无菌医疗器械，大于 25μm 的微粒数量不得超过 0.5 个/mL，15～25μm 之间的微粒数不得超过 1 个/mL。

（2）按照国标 GB8368—2005 要求：

① 各供测试输液器（至少 10 支）只进行一次测试，以每支输液器三个粒度分类的平均微粒计数值作为分析结果。

② 微粒计数。

试验报告中应记录测得的空白对照液（空白洗脱液）的三个粒度范围微粒计数值（用同样的试验器具和试验方法，但冲洗液不通过输液器，用 10 个 500mL 的冲洗液直接倒入布氏漏斗中，按表 4-2-1 给出 3 个粒度大小分类的平均微粒计数值）用以计算微粒污染指数。

空白中的微粒数 N_b［按式(4-2-2)计算］应不超过 9，否则应拆开试验装置重新清洗，并重新进行本底试验，试验报告中应注明空白测量值。

按以下各式计算污染指数：

对各粒度分类的 10 个输液器中平均微粒计数分别乘以评价系数，各结果相加即得出输液器的微粒数 N_a，再对各粒度分类的 10 个 500mL 空白对照样品中的平均微粒数分别乘以评价系数，各结果相加即得空白样品（空白冲洗液）中的微粒数 N_b，N_a 减 N_b 即得污染指数。

输液器（测试样）中的微粒数：

$$N_a = N_{a1} \times 0.1 + N_{a2} \times 0.2 + N_{a3} \times 5 \tag{4-2-1}$$

空白样品（冲洗液）中的微粒数：

$$N_b = N_{b1} \times 0.1 + N_{b2} \times 0.2 + N_{b3} \times 5 \tag{4-2-2}$$

污染指数：

$$N = N_a - N_b \leqslant 90$$

一次性输液器微粒污染指数不允许大于等于 90。

§4-3　基于电阻法原理的 PJ-1b 型微粒检测仪

1947 年，库尔特先生发明电阻变化法测量颗粒和细胞粒度及数目的检测方法，即悬浮在电解液中的颗粒随电解液通过小孔管时，取代相同体积的电解液。在恒电流设计的电路中，导致小孔管内外两电极间电阻发生瞬时变化，产生电压脉冲，脉冲信号的大小和次数与颗粒的大小和数目成正比，这就是著名的库尔特原理。PJ-1b 系列微粒检测仪即根据库尔特原理（即电灵敏区原理）改进设计的一种双通道微粒计数和粒度测量的仪器，应用于工业及医疗行业质量控制，特别是应用于一次性使用输液器、一次性使用输血器、一次性麻醉用过滤器、一次性注射器（带针）、一次性使用麻醉用针、大输液、乳化物的微粒检测。该仪器全部用微处理器控制和数据分析，测量范围为 $15 \sim 100 \mu m$，系统的重现性为计数在 $2000 \sim 10000/100mL$ 时，$Sr \leqslant 8\%$；取样体积 $100mL \pm 1\%$ 和 $500mL \pm 1\%$；环境温度 $10 \sim 30℃$；电源电压 $220V \pm 10\%$。电灵敏区测量方法（即库尔特方法或电阻式微粒计数法）是一种准确的粒度测量方法，这种方法不受微粒的颜色、折光率、比重、导电性能和分散剂的黏度、温度等影响。该方法于 1983 年已定为英国、美国国家粒度标准方法，并得到国际公认，至今仍执行该标准。最近国际标准 ISO13319 又确定电灵敏区测量方法作为粒度分布测量的标准方法。

一、仪器的组成

PJ-1b 微粒检测仪的组成框图如图 4-3-1 所示，包括电气系统和液体流动系统。电气系统由传感器、前置放大器和恒流单元、脉冲放大器和比较单元、脉冲成型单元、单片机信号处理和控制单元等组成。液体流动系统由取样杯、搅拌器、小孔管、计量管、排液管、真空泵、电磁阀等组成。

二、测量原理

决定仪器测量精度的核心部分是传感器，传感器由电极、小孔管构成，如图 4-3-2 所示。当传感器电极间加上固定恒电流时，小孔的等效电阻为

$$R = \frac{L}{A}\rho = \frac{1}{S}$$

电导为

$$S = \frac{A}{L\rho}$$

式中，L 为小孔管管长；A 为小孔管截面积；ρ 为被测液电阻率。

当体积为 V 的不导电微粒通过小孔时，电导为

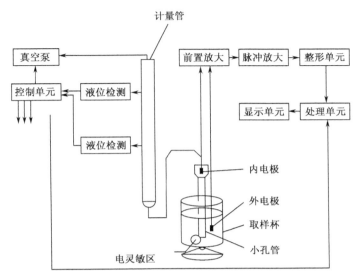

图 4-3-1　PJ-1b 微粒检测仪工作原理图

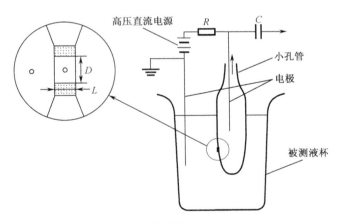

图 4-3-2　传感器结构示意图

$$S1 = \frac{A}{L\rho}\left(1 - \frac{V}{AL}\right)$$

微粒进入小孔时，电阻变化为

$$\Delta R = \frac{\rho L}{A}\left(\frac{AL}{AL - V}\right) - \frac{\rho L}{A} = \frac{\rho V}{A^2 - \dfrac{AV}{L}}$$

当 $V \ll AL$ 时，

$$\Delta R = \frac{\rho V}{A^2}$$

当加恒流 I 时，输出脉冲为

$$\Delta V = I\frac{\rho V}{A^2}$$

把装有电解液的取样杯放入仪器测量台后就构成一个库尔特电灵敏区测量系统，如图 4-3-3 所示。这里包括内、外电极、小孔管和小孔板。当内、外电极加上一电压后，在小孔板周围 1.5 倍小孔板直径处形成电灵敏区。当小孔管接入真空系统，有微粒由小孔管穿过，微粒穿过电灵敏区时，在电极两端产生一电压脉冲，脉冲高度正比于微粒体积。这样，每当一个微粒穿过小孔板就产生一个脉冲，根据脉冲高度可以分辨出不同大小的微粒，根据脉冲的频次确定微粒的数量。

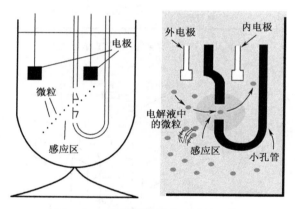

图 4-3-3　库尔特电灵敏区测量系统

三、仪器结构组成

根据国家标准对一次性使用无菌医疗器械的测试要求，仪器设计时考虑了以下几部分：

1. 液体流动系统

（1）样品杯：采用圆底形状，在搅拌状态下，样品混合均匀，没有死角，不得用其他形状容器代替。在整个溶液流动系统中，各部件密封完好，在整个测量过程中无漏气。

（2）搅拌器：搅拌速度可调，搅拌速度调到使样品混合均匀，但不出气泡，这是保证微粒在样品杯中混合均匀的关键装置。

（3）计量管：微粒检测仪计数的准确与否，取决于计数个数的多少。

若采用 1mL 取样体积，按统计误差计算：

$$\delta = \pm \frac{1}{\sqrt{n}} \times 100\% = 100\% \sim 200\%$$

式中，n 为单位体积内微粒个数。

为了减少微粒计数的误差，需加大取样量。故确定取样量为 100mL、500mL，其精度为 100mL±1%、500mL±1% 以降低微粒计数的误差，如图 4-3-4 所示。

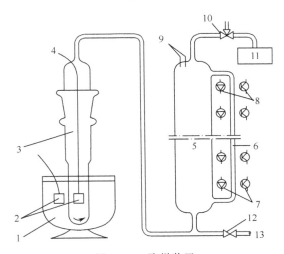

图 4-3-4　取样装置

1. 取样杯；2. 电极；3. 小孔管；4. 小孔板；5. 计量管；6. 计量管支管；7、8. 光
电管；9. 液面电极；10. 电磁阀；11. 真空泵；12. 排液阀；13. 排液管

计量管设配样品体积为 100mL±1%、500mL±1%，配有光电控制系统。计量管上端设有液位电极，若光电失灵，液面达到液位控制电极时，可自动关闭真空泵，并关闭三通阀，使计量管上端通大气。

（4）真空泵：为无损电磁泵。

2. 电气系统

（1）小孔板：小孔板内孔的直径和小孔板厚度，按一定的比例关系和精度设计，小孔板是仪器传感器组成部分。使用过程中若发生堵孔现象，要按规定方法清洁。

（2）前置放大器和恒电流线路：前置放大器和恒电流线路进行一体化设计，有以下特点：① 因减小电极工作电流，减小测量电极间极化电位，以提高仪器的工作稳定性；② 提高恒流效果和稳定度；③ 加快基线恢复，保证脉冲幅度与微粒体积之间严格比例关系。

（3）计算机数据处理和自动控制：进样、排样、样品计量、真空泵的启动、停止、计数测量开始和终止数据显示、仪器工作状态显示、均有计算机控制。仪器自动标定，自动找出标粒的峰值，自动确定 $15\mu m$、$18\mu m$、$20\mu m$、$22\mu m$、$25\mu m$、$50\mu m$、$51\mu m$、$100\mu m$ 各阈值。

四、仪器校准

校准仪器必须使用标粒，标粒是标定仪器的一把尺子，由它来确定仪器分度粒度值。根据国家标准对微粒检测的要求，仪器标定对应 $15\mu m$ 和 $25\mu m$，$25\mu m$ 和 $50\mu m$，$51\mu m$ 和 $100\mu m$ 微粒的阈值要准确，需要用国家微粒标准物质 GBW(E)120006、GBW(E)120007、GBW(E)120008 的标粒峰值粒径来标定。

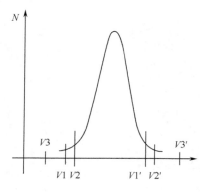

以往用标粒的计数值来确定阈值，误差较大，其原因是标粒数量配制的难度较大，一般误差超过 5%，再加上取样误差和稀释误差，累积误差较大。用计数方法标定仪器，会出现下述情况：如图 4-3-5 所示，V1（下阈值）和 V1′（上阈值）间计数值同 V2（下阈值）和 V2′（上阈值）间计数值相同。这样，仪器在同一计数值中出现两组阈值，当 V3（下阈值）和 V3′（上阈值）远离粒度分布，也能得到一稳定计数，但这三种标定方法确定的阈值不准，也就是给出 $15\mu m$、$25\mu m$ 对应阈值不准。

图 4-3-5　阈值标定方法

以往微粒检测仪校准方法也有采用半计数法，其起始下阈值难于确定，如图 4-3-6 所示。为校准仪器，希望把标粒全部测到，这就要求下阈值尽量降低。当

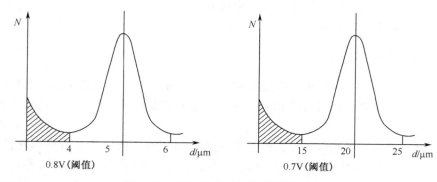

图 4-3-6　用半计数法标定起始下阈值

下阈值降低时，很容易把噪声信号引入，这样就带来了计数误差。所以，目前国外粒度计通常用标准微粒峰值粒径校准仪器，而用峰值粒径标定仪器，不论计数高低，8000～15000 粒/100mL 得到标粒的峰值粒径，其准确度应小于 5%，如图 4-3-7 所示。

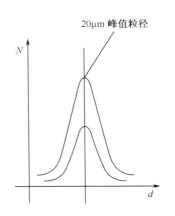

图 4-3-7　用标准微粒峰值标定

五、PJ-1b 微粒检测仪标定过程

用峰值粒径标定后的仪器，用下列方法检测其标粒峰值粒径：将 "标粒" 键选择在 "20μm"，按 "连标" 键和 "标定" 键，仪器 "连标" 灯和 "标定" 灯亮；按 "阈值" 键选择 "C000"，按 "＋" 键 "C000" 变成 "C001"，按 "阈值" 键选择下阈 "⌐"，用 "＋"、"－" 键调为 "16.56"，选择上阈 "⌐" 键，按 "＋" 键，自动调整为 "17.50"，按 "复位" 键，在仪器开始灯处于灭的状况下，按 "抽液"、"测量" 键，仪器开始自动检测，7～8min 后，仪器自动显示被测微粒峰值粒径。

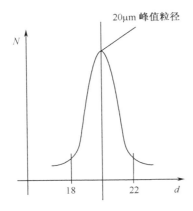

图 4-3-8　测定滤除率的阈值标定

仪器测滤除率时，用 20μm 标粒，为了提高滤除率测量和其微粒的干扰准确度，对仪器阈值定值要求更高，以除掉其他杂散电脉冲。仪器设置对应 18μm 和 22μm 的阈值，如图 4-3-8 所示。

同样，对新颁布的麻醉包的行业标准 YY0321—2000 和一次性使用精密过滤输液器国家标准 GB18458.1—2001 中，规定微粒含量测定和药液过滤器滤除率检测仍用电阻式计数器。药液过滤器滤除率计算，使用 GBW（E）120003 标粒，即 5μm，仪器对应的测量范围为 4～6μm。

如何正确使用标准微粒？目前，我国医疗器械行业使用标准微粒有两个方面：一是用于标定微粒检测仪，二是用于测量过滤器的过滤效率。目前，国内外生产的微粒检测仪和颗粒度分析仪数据处理分 16 通道和 256 通道，在使用标准微粒的峰值粒径时，要注意被校仪器数据处理方式，正确使用峰值粒径值。

国内生产过滤器厂家越来越多，过滤器的孔径规格也越来越多，在确定过滤器的孔径规格时，要注意以目前国内外现有标准微粒种类而定，否则过滤器的滤除率无法检测。

六、正确掌握微粒的测量方法

（1）测量环境要求：仪器应安装在净化室或净化实验台使用。

（2）仪器安装：严格按仪器说明书安装。

（3）仪器操作和保养要有专人负责，根据单位情况制订仪器操作细则，遵照执行。

（4）具有必要的辅助设备，如洗液过滤器、蒸馏水过滤器、洗瓶、电导仪等。

（5）微粒含量的测量方法详见新国标附录 F，严格按规定操作。

（6）严格控制洗液本底技术。

国标规定：一次性使用输液器内腔微粒污染 $25\mu m$ 以上的微粒数不得超过 0.5 个/mL，即要求 50 个/100mL，为达到此指标，势必要求 $25\mu m$ 以上的微粒控制在 30 个/100mL 左右。

微粒在 100mL 测量液（洗液）中的微粒数量统计为：

$$\sigma = \pm \frac{1}{\sqrt{n}} \times 100\%$$

以 30 个为例：

$$\sigma = \pm \frac{1}{\sqrt{30}} \times 100\% = \pm 18\%$$

如何测量 $25\mu m$ 的微粒含量，要注意洗液中的本底计数，要尽量使本底计数降低，只有保证这个条件，才能准确测量 $15 \sim 25\mu m$ 以及 $25\mu m$ 以上的微粒含量。

为降低洗液本底计数，在选择过滤器时，建议使用高质量微孔膜和核孔膜双层过滤，配制洗液搁置一段时间后再使用。

§4-4　基于光阻法原理的 GWJ-3 微粒检测仪

光阻法（light blockage）又可称为光阻碍法或光遮挡法，是利用微粒对光的遮挡所引起的光强度变化进行微粒检测的一种方法。光阻法检测仪器最早由美国 HIAC 公司生产，20 世纪 80 年代引进我国，主要应用在航天汽油、医药等领域，用于不溶微粒的检测，测试粒子直径范围在 $0 \sim 50\mu m$。几十年来，该项技术不断成熟。美国药典 1985 年第 21 版，注射液中的微粒物质检测收载了光阻法，在小容量注射液中首次采用了光阻法传感器（a light obscuration based sensor）。1995 年开始，美国药典第 23 版，注射液中微粒物质的检测有了很大的变化，即光阻法传感器使用于大容量注射液的检测，此后一直沿用至今。由于光阻法技术自动化程度高，测试准确，使用方便，与显微计数法比较避免了人为造成的误差，检测效率高，因此，2000 年版中国药典中的"注射液中不溶性微粒检查法"增加了光阻法，几年来光阻法技术迅速得到了推广。天津大学精密仪器厂研制出了其性能指标完全满足 2000 版药典对注射液不溶性微粒检测要求的 GWJ-3 光阻法智能微粒检测仪，该仪器采用单片机系统操作，实现光、机、电一体化控制，可实现 $\geqslant 3\mu m$、$\geqslant 5\mu m$、$\geqslant 10\mu m$、$\geqslant 15\mu m$、$\geqslant 20\mu m$、$\geqslant 25\mu m$ 六个通道同时检测溶液中微粒含量，并可自动反馈和调节试验条件，其性能指标如表 4-4-1 所示。

表 4-4-1　GWJ-3 智能微粒检测仪性能指标

测量范围	$2\sim40\mu m$	测量容量	5mL
测量粒径	$\geqslant 3\mu m$，$\geqslant 5\mu m$，$\geqslant 10\mu m$，$\geqslant 15\mu m$，$\geqslant 20\mu m$，$\geqslant 25\mu m$	测量时间	$10\sim12s/mL$
测量数量	0～10000 粒/5mL	重复精度	±2%（粒子浓度大于 5000 粒/5mL）
工作电压	220V±10%，50Hz	环境温度	5～30℃

一、检测原理

GWJ-3 型微粒检测仪主要由光阻法传感器、信号放大部分、系统控制部分组成。由传感器获取粒子信息，经过放大、比较，由单片机系统进行数据采集、分析处理，最终得到一定体积液体中不同粒径范围的粒子数量。当液体中的微粒通过一窄小的检测区时，与流体流向垂直的入射光，由于被不溶性微粒所阻挡，从而使传感器输出的信号发生变化，这种变化与微粒的截面积成正比。

光阻法微粒检测技术的核心是传感器，由光源（一支高亮度、高寿命的白炽灯）、准直透镜组、样品流通池、光束检测窗口（面积为 A）和接收光电管组成。平行光束垂直穿过样品流通室，照射到光电接收管上，当液体中没有颗粒时，外部电路输出恒定的电压 $E(\pm 10V)$，当液流中有一个投影面积为 a 的颗粒通过样品流通室时，阻挡了平行光束，使透射光衰减，此时，在外部电路上输出一个幅度为 E_0 的负脉冲。

$$E_0 = \frac{a}{A} \times E$$

若颗粒为球形，或以等效直径 d 描述该颗粒，且 $E=10V$，则

$$E_0 = -\frac{a}{A} \times 10 = -\frac{\pi d^2}{4A} \times 10 = -7.854\frac{d^2}{A}(V)$$

颗粒的投影面积和脉冲电压幅值成正比关系，用比较器对脉冲与基准电压作比较，调节基准电压时采用一定直径微粒标准物质对仪器进行标定。标定后，比较器每输出一个脉冲就代表一个一定直径的颗粒。仪器工作原理如图 4-4-1

所示。

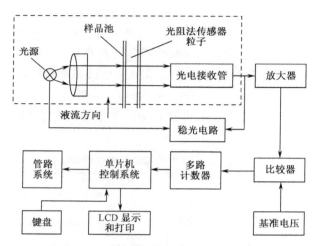

图 4-4-1　GWJ-3 微粒检测仪工作原理图

二、仪器的主要组成

1. 传感器

传感器输出的脉冲信号与阻挡微粒的面积成正比关系，在准直透镜中设计有独特的光阑部件，使流通室的检测窗口非常小，以保证粒子个数的准确测量。测量范围取决于光阑面积，可检测 $3\sim50\mu m$ 大小的微粒。光阻法传感器如图 4-4-2 所示，当含有一定微粒的液体由垂直方向流经由光源发射的光束时，检测区内的粒子会产生遮挡现象，投影到光电接受器件上的照度因此发生变化，照度变化的

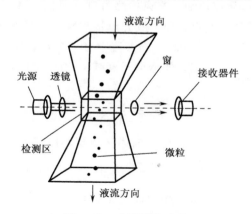

图 4-4-2　光阻法传感器

大小和液体中粒子的投影面积成正比，光电接收器件产生的电压脉冲幅度与粒子的大小成正比。

2. 电子测控系统

GWJ-3 型微粒检测仪的控制系统如图 4-4-3 所示。检测时，负压泵开始工作，集气瓶达到一定负压时，负压传感器控制泵停止工作，进液阀 F1 打开，含有微粒的液体在负压的作用下源源不断的流进传感器检测区，传感器输出幅度大小不等的脉冲信号。当液体流经容量为 5mL 的计量管入口（光电 1）时，单片机开始对微粒脉冲计数，当液体流经计量管出口（光电 2）时，计数结束，得到 5mL 液体中所含微粒的数量值。测试完毕后把液体排尽，至此，完成一次完整的检测过程。

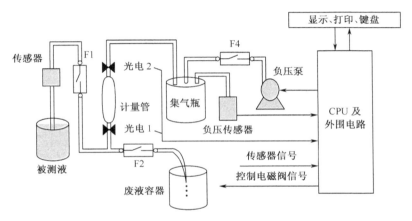

图 4-4-3　GWJ-3 型微粒检测仪的控制系统原理图

1）闭环稳光电路

粒子脉冲信号幅度与光强、光电管转换效率等因素有关，其中，任何一个参数发生变化都会影响粒子脉冲信号幅度的变化，进而影响仪器测量精度，系统采用通过调节光强度的方法，使传感器输出稳定在特定数值上，控制电路形成一闭环稳光电路，系统框图如图 4-4-4 所示。

2）放大比较电路

放大电路采用两级放大的形式，粒子脉冲信号经过第一级放大后，$\geqslant 15\mu m$、$\geqslant 20\mu m$、$\geqslant 25\mu m$ 三通道的脉冲信号放大到规定范围，第二级放大将 $\geqslant 3\mu m$、$\geqslant 5\mu m$、$\geqslant 10\mu m$ 三通道的脉冲信号放大到规定范围，放大后的脉冲信号与相应的通道的阈值电压进行比较后，输出高度相同的数字脉冲信号，这些脉冲信号由计数器计数，再由单片机控制显示器输出显示，完成检测。

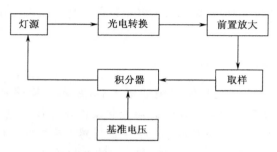

图 4-4-4　闭环稳光电路

3）取样系统

取样系统主要有三个功能：使液体恒定流速流过流通室、定容积取样、反冲排堵。采用一个负压泵实现利用负压虹吸取样，利用正压进行反冲排堵，同时保证液流流速稳定，保证容积准确。取样时，负压传感器控制负压泵，使内置式真空瓶达到恒定负压值，由恒定负压对液体进行虹吸，从而使检测液体以稳定的流速通过传感器的样品池。液体到计量管的 0mL 位置时，检测计数开始，到计量管的 5mL 位置时，检测计数结束。反冲排堵采用负压泵的正压端，同时配合电磁阀对管路进行换向。取样系统如图 4-4-5 所示。

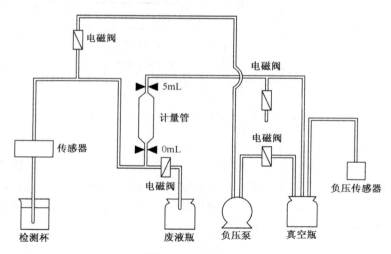

图 4-4-5　取样系统

3. 实时监控系统

仪器在开机或检测时能自动对管路系统、计量管液位、传感器输出等关键环节进行实时监控，一旦发现异常及时给出相应的提示信息。

　　1）管路监控

　　仪器管路系统复杂，一个部件堵塞、漏气或不工作，都会对测试产生影响，该仪器对管路系统实时监控是通过对负压产生过程的监控来实现的，即在负压传感器的输出点设置监控点，其监控原理如图 4-4-6 所示。

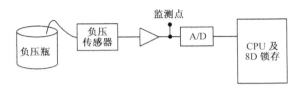

图 4-4-6　负压监控原理图

　　在负压产生过程中，负压传感器感受到负压瓶内的负压时，会输出一个电压，经过放大、A/D 转换，送到 CPU 进行处理。当这个负压在预设的时间段内达到预设值时，仪器正常工作，否则，CPU 会中断工作，并提示管路漏气。待故障排除后，才能正常工作，以保证测试结果的准确性。

　　2）计量管液位监控

　　计量管液位监控如图 4-4-7 所示。在计量管上下安装了一对光电传感器（光电 1 和光电 2），开机或测试之前计量管中无液体，光电输出信号应为 0.5～1.5V，有液体时（测试时）由于液体的聚光作用，光电输出信号变为 2～4V，CPU 依此对被测液体进行体积计量和微粒计数。

　　若计量管排液不充分或计量管内壁有污渍，将直接影响计量和测试的准确性。每次开机或测试前，CPU 对光电 1 和光电 2 进行监测。若光电输出信号在 0.5～1.5V 范围内，仪器正常工作，若不在此范围内，则中断测试，并提示光电 1 异常或光电 2 异常，采取相应的措施后才能正常工作。

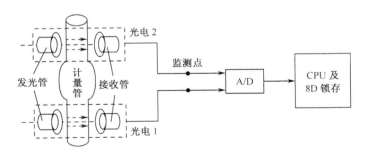

图 4-4-7　计量管液位监控原理图

3) 光阻传感器监控

光阻传感器狭缝只有几百微米，很容易堵塞或被检测液污染，严重影响测试精度，图4-4-8为传感器部分监控原理图。由图可以看出，光电转换后的输出端设有aV基准源，未检测（无粒子）时，传感器输出信号固定在aV左右，CPU预设此值，一旦狭缝被堵塞或污染，输出信号会低于aV，因此，对传感器狭缝的监控可以转换为对传感器输出信号的监控。仪器在开机或测试前，CPU读取此信号，并与预设值比较，若相等，则仪器正常工作，若低于预设值，则中断测试并提示"传感器异常"。

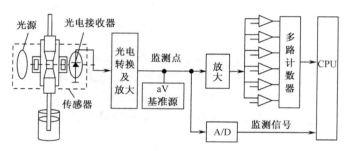

图 4-4-8　传感器监控原理图

三、微粒检测精度分析

光阻法原理建立在悬浮液中颗粒一个接一个地通过样品流通室，光电接收管记录所产生、相互独立的一个个脉冲假设上，实际测量中，如果搅拌不均匀会出现多个颗粒汇集在一起相继通过样品流通室，时而产生脉冲的部分重叠或相连使脉冲计数器难以解析，导致计数的减少，或几个脉冲幅度低于阈值的小颗粒同时经过样品流通室，投影面积变大超过阈值，被当作大颗粒计数，增加了大粒子的计数误差，这些现象都影响了微粒计数的准确性，这种现象称为重合效应，它是衡量仪器的重要指标之一。

控制重合效应的最小范围，保证粒子计数的准确性需要从三个方面进行：

（1）在光阻法传感器设计中，通过特殊光阑的设计使得检测窗口最小，保证在液体中通过流通室时能够检测 $10\mu m$ 的粒子大于 2000 个/mL，最大限度避免粒子重合现象。

（2）选择高分辨率，快速响应的光电接收管、放大器、比较器和计数器，其响应时间很短，当检测 5mL 容量在 10s 内完成时，电路完全能适应液体高速通过流通室时的粒子反应。

（3）选择合适的搅拌模式，保证粒子能够最大程度均匀地悬浮在溶液中。采用能够进行微粒计数准确性标定的微粒标准物质对仪器进行标定。

思 考 题

1. 电阻法检测微粒的原理是什么？

2. 光阻法检测微粒的原理是什么？

3. GB8368—1998 与 GB8368—2005 检测微粒的方法有何不同？控制微粒的指标分别是多少？

4. PJ-1b 型微粒检测仪如何标定？

第五章 环氧乙烷残留量的检测

§5-1 概 述

环氧乙烷（Ethylene oxide，EO）又叫氧化乙烯（C_2H_4O），是一种可刺激身体表面并引起强烈反应的可燃气体。在很多情况下，环氧乙烷是可导致突变的，对胎儿可产生毒性，并可致畸，对睾丸的功能具有副作用，并能损害体内的许多器官系统。在动物致癌研究中，吸入环氧乙烷可产生几种赘生性变化，包括白血病、脑肿瘤和乳房肿瘤。当食入或皮下注射环氧乙烷时，可在接触部位形成肿瘤。环氧乙烷是一种非常活泼的灭菌剂，杀灭能力强且广泛，有很强的穿透能力，适用于包装物的熏蒸灭菌，对物品损坏轻微。其灭菌机制是环氧乙烷与微生物蛋白质上的羧基（—COOH）、氨基（—NH₄）、巯基（—SH）和羟基（—OH）产生烷基化反应，阻止微生物的正常功能，使微生物死亡。环氧乙烷能杀灭各类微生物，包括芽孢型、结核杆菌、细菌、病毒、真菌等。对环氧乙烷抗力最差的是酵母菌和霉菌，最强的是细菌芽孢。研究发现，枯草杆菌黑色变种是一种抗力较强的芽孢菌，故目前国内外均采用此菌作为环氧乙烷灭菌效果监测的指示菌株。

环氧乙烷与氯元素接触可产生毒性更大的 2-氯乙醇（ECH）。2-氯乙醇是一种刺激身体表面、具有急性毒性、可以通过皮肤快速吸收的可燃液体，2-氯乙醇还具有微弱的致突变性，有潜在的致胎儿毒性和致畸性的可能，并对体内的几种器官系统，包括肺、肾、中枢神经系统和心血管系统造成损伤。

因此，近几年来，医疗器械中的一次性无菌产品、体内植入性导管、血液透析器等高分子医疗器械都是采用环氧乙烷灭菌，环氧乙烷灭菌残留物问题越来越引起人们的广泛重视。产品在生产和设计时应考虑选择合适的材料和灭菌工艺，以使残留量降至最低，保证对正常使用此产品的患者造成的危害最小。GB/T 16886.7 规定了环氧乙烷灭菌的医疗器械单位产品上环氧乙烷和 2-氯乙醇残留量的允许限量、环氧乙烷和 2-氯乙醇的测量方法以及确定器械是否可以放行的方法。

§5-2　医疗器械环氧乙烷残留允许限量

一、医疗器械的分类

在确定了医疗器械所允许释放给患者的环氧乙烷和 2-氯乙醇最大日剂量时，器械应按接触时间进行分类，GB16886.1 根据器械与人体接触时间长短分为以下三种作用类型：

（1）短期接触：一次性或多次使用、接触时间不超过 24h 的器械。

（2）长期接触：一次性或多次使用、接触时间超过 24h 但不超过 30d 的器械。

（3）持久接触：一次性、多次或长期使用、接触时间超过 30d 的器械。

如果材料或器械兼属于一种类型以上的时间分类，应使用较严的试验要求。对于多次接触的器械，在确定器械属于哪一分类时，应考虑潜在的累加次数作用时间的总和。"多次"使用是指重复使用同种器械。

二、环氧乙烷残留允许限量的确定

医疗器械中，环氧乙烷残留量是采用了美国医药工业协会（PMA）推荐的缓释药物中的有机挥发性杂质限量的确定方法来确定的。

1. 一般情况

持久接触和长期作用器械的限量以最大平均日剂量表述，同时还要遵循接触期前 24h 的附加限定，对持久接触器械要遵循前 30d 作用类型的附加限定。这些限定规定了早期交付给患者的环氧乙烷和 2-氯乙醇限量。

1）持久接触器械

环氧乙烷对患者的平均日剂量不应超过 0.1mg/d。此外最大剂量：前 24h 不应超过 20mg；前 30d 里不应超过 60mg；一生中不应超过 2.5g。

2-氯乙醇对患者的平均日剂量不应超过 2mg/d。此外最大剂量：前 24h 不应超过 12mg；前 30d 里不应超过 60mg；一生中不应超过 50g。

2）长期作用器械

环氧乙烷对患者的平均日剂量不应超过 2mg/d。此外最大剂量：前 24h 不应超过 20mg；前 30d 里不应超过 60mg。

2-氯乙醇对患者的平均日剂量不应超过 2mg/d。此外最大剂量：前 24h 不应超过 12mg；前 30d 里不应超过 60mg。

3）短期作用器械

环氧乙烷对患者的平均日剂量不应超过 20mg。

2-氯乙醇对患者的平均日剂量不应超过 12mg。

同时使用多个器械或器械用于新生儿会使环氧乙烷作用加剧，应注意。

2. 特殊情况

对复合器械系统，应对每单个器械规定限量。对某些器械，当前的发展水平不能满足这些限量，根据对患者的利益可适当提高剂量。

对于血液净化装置，其最大环氧乙烷日剂量不应超过 20mg，最大环氧乙烷月剂量不应超过 60mg，但一生的最大剂量可超过 2.5g。患者在进行血液净化时，需每周接触 2mg 环氧乙烷三次，且这种接触需要持续 8 年，才能超过一生最大允许剂量 2.5g，如果这种接触持续 70 年（但没有人能接受这么久的治疗），致癌的风险将从 1/10000 增加致 1/1000，增加的风险可与 70 年的血液净化收益相抵消。

对于血液氧合器和血液分离器，最大环氧乙烷对患者的平均日剂量不应超过 60mg，人一生的最大环氧乙烷剂量不超过 2.5g；眼内透镜（植入眼内的器械）上，环氧乙烷残留量每只每天不超过 0.5μg，每个透镜不超过 1.25μg。

§5-3　影响产品环氧乙烷残留量的因素

灭菌过程参数，包括灭菌剂用量、灭菌温度、压力、湿度、时间、解析的温度、时间、压力变化、空气变化率等，常常影响环氧乙烷的残留量，要正确分析经环氧乙烷灭菌后器械中环氧乙烷的残留量，就必须确认这些影响残留量的参数。可以通过分析有代表性的最坏情况，经环氧乙烷动力学研究来掌握一类相似的器械。所谓一类相似的产品，是指在尺寸及用途、材料组成、包装、环氧乙烷作用、含水量以及暴露于周围环境等情况相似的产品，而不必分析生产线上的每一个项目。

一、材料的组成

各种材料的吸收、保持和释放环氧乙烷的能力有显著差异。当环氧乙烷有可能向 2-氯乙醇转化时，两个由不同材料制成的相似器械，其残留量分布可能会有很大的不同。例如，材料如能释放氯离子，便会对形成的 2-氯乙醇的浓度有很大影响。

同样，对于由两种不同材料组成的器械，为使分析精确，须从两种材料上取有代表性的样本进行分析。在考虑模拟产品正常使用状况时，器械的组成和体积尤为重要。

环氧乙烷残留量在一定程度上取决于材料对环氧乙烷的吸附性，如表 5-3-1

所示，其中，天然橡胶吸附量较大，聚乙烯则较小。

表 5-3-1　通常环氧乙烷灭菌后的环氧乙烷吸附量

材　料	吸附量/（$\times 10^{-6}$）	材　料	吸附量/（$\times 10^{-6}$）
聚氯乙烯	10000～30000	天然橡胶	20000～35000
聚苯乙烯	15000～25000	合成橡胶	20000
聚乙烯	5000～10000	硅橡胶	15000～20000
聚丙烯	15000		

二、包装

各种包装材料对环氧乙烷气体和其他残留物的透过或扩散的能力有显著差异，也可能会影响 2-氯乙醇残留量，包装的密度以及运输容器的密度也会有影响。所以，选择合适的包装材料十分重要。实践证明，最佳的包装是纸质材料，它既利于蒸气和灭菌气体的穿入，又便于两气的逸出。聚乙烯可被环氧乙烷气体穿透，但最好采用一个抽真空过程，以利于环氧乙烷气体的逸出。

三、环氧乙烷的灭菌循环

用环氧乙烷灭菌时，灭菌气体的浓度、作用时间、温度、循环类型（也就是纯环氧乙烷或环氧乙烷混合物）、湿度（包括水源质量）、抽真空与换气次数以及在灭菌器内产品装载密度或排列等条件将影响残留量的大小。

四、通风

医疗器械中的环氧乙烷残留量还与通风温度、装载密度和排列、气流、堆码、被通风产品的表面积、通风时间有关。有些材料的通风温度每增加 10℃，通风速度可提高约 1 倍（通风时间减少一半）。

当样品贮存在与仓库条件不同的实验室里时，分析人员应注意到通风速度随季节的变化。在某些情况下，产品在分析前须存放于产品实际通风存放时的最低温度条件下，最好根据经验来确定。

五、样品校正

当产品灭菌完成后，应马上从灭菌批中抽样进行日常分析，当产品样品或其浸提液被运到远离灭菌地点的分析地点时，要考虑样品残留量与批量产品残留量之间会存在误差，并通过实验来建立这些条件之间的关系。

总之，器械是否吸收和/或滞留环氧乙烷，很大程度上取决于所采用的材料。软塑料通常比硬塑料吸收得多，金属或陶瓷一般不吸收环氧乙烷。游离氯离子源会将环氧乙烷催化为 2-氯乙醇。一些材料虽易于吸收环氧乙烷，但滞留环氧乙烷的能力也很强，因此释放给病人的量极小。采用高浓度的环氧乙烷灭菌处理，长时间的作用或升高的温度，可能会引起残留量增多。然而，每一器械类型和每一种灭菌方法必须分别对待，试验前，几乎不可能预知"系统"的运行状况。残留的环氧乙烷一般通过强制通风可减少或消除。消除率是多个变量的复变函数，即负载密度、温度、气流、时间和器械表面体积之比。残留量扩散动力学（如环氧乙烷从某些器械的包装中向外扩散的速度）具有充分的实验依据，使得将材料、生产工艺和使用相近的器械分为一组成为可能，以便进行质量保证试验。这样的工作所用的分类系统，需对以上曾讨论过的诸多变量进行控制，否则所得残留量数据仅适用于供试样品。

§5-4　环氧乙烷残留量的测定

根据环氧乙烷的允许限量要求测定其残留量，包括从样品中浸提残留物、确定残留量的数量并分析和解释数据。许多环氧乙烷灭菌残留量的分析方法已有文献报道和评论，GB/T 16886.7 给出了环氧乙烷测定方法，是已由知识丰富的专家在装备良好的实验室内进行了研究并在实验室间做了对比和评价的方法。由于材料和无菌医疗器械的组成方法有很大差异，在某些情况下，用 GB/T 16886.7 给出的方法测定环氧乙烷和 2-氯乙醇残留量仍存在问题，因此，任何表明其分析可靠（即有一定精度、准确度、线性、灵敏度和选择度）的方法，只要经确认都可以采用。

一、产品抽样

1. 抽取有代表性的样品

用于残留量分析的样品要能真实地代表产品。在选择样品时，应注意影响环氧乙烷残留量的因素。因为许多因素不但影响器械各组成部分的最初残留量水平，而且影响残留量消散速度。当试验样品从总量中抽出送往实验室分析时，也应注意这些因素。

若从刚灭菌完的产品中抽取产品样品，送至远离灭菌地点的实验室或贮存在实验室里以备日后分析，会造成样品上的残留量不能真实反映批量产品中的残留量。如果样品无法从批量产品中抽取，那么就不存在通风条件对样品的影响，在一年中的各个季节都应进行试验以确定样品通风和批量产品总通风的关系。

2. 处理样品

应采取预防措施，减少或控制实验室条件在通风速度方面对从批量产品中抽取的试验样品的影响。此外，应确保操作者和试验者的安全。

在分析样品之前，应将样品与产品总量保存在一起，尽量缩短从抽样到分析样品的时间，采取措施，控制实验室通风对试验样品产生的影响。

如果要推迟分析时间，样品应密封，冷冻条件下运输和贮存。当从包装中取出分析样品后，应尽早进行浸提。

3. "空白"样品

为了保证在测定残留物的同一保留时间无其他样品成分存在，应评价"空白"样品中是否有这种干扰。方法是将未灭菌的样品按环氧乙烷灭菌的样品相同的浸提程序浸提。在气相色谱分析中，如果出现从"空白"中浸提的物质其保留时间与环氧乙烷灭菌产品的相抵触或相重叠，则应改变色谱条件把干扰峰从分析峰中分离出来，或选用其他分析过程。

4. 样品/液体比率

用以浸提器械或器械上有代表性的部分残留物的液体体积，应足以达到最高浸提效率，同时又保持检测灵敏度。因此，器械样品的性质和大小决定了浸提液的最佳体积。各种器械样品/浸提液比例的范围是从 1∶2 至 1∶10（也就是 1g 浸于 2mL 中至 1g 浸于 10 mL 中）。由高吸收材料制成的器械或用充入法浸提残留量的器械，可能需要增大样品/浸提液比例，但样品/浸提液比例不能降低灵敏度。

5. 浸提时间和条件

产品浸提的目的是为表明器械在实际使用中可能释放给患者的"最坏情况"的限量。接触期为一天的短期接触限量，一天至一个月的长期接触限量，以及一个月乃至一生的持久接触限量。

6. 产品浸提方法

有两种基本的浸提方法用于确定医疗器械的灭菌残留量：模拟使用浸提法（仲裁法）和极限浸提法。在某些情况下，后者是理想的选择，应根据器械的预定用途选择浸提方法，推荐的浸提方法如表 5-4-1 所示。

表 5-4-1　建议性浸提条件

器械接触时间		
持久接触时间（＞30d）	长期作用（24h～30d）	短期作用（＜24h）
极限浸提	模拟使用	模拟使用

　　所选的浸提方法应代表产品给患者带来的最大风险，而不单是追求分析效率或使残留量表观浓度降至最低。浸提温度和时间应按照器械作用于患者的性质和接触的时间来确定。

　　1）模拟使用浸提法

　　模拟使用水溶液浸提法是基准方法，它是唯一的一种用产生结果直接与限量相比较的方法，这些限量用环氧乙烷和 2-氯乙醇释放给患者的剂量表述。因为很有必要评价患者或其他最终使用者在常规使用中从器械中接受的残留量水平，所以要用模拟使用浸提法。模拟使用浸提法应在预定使用最严格的条件下进行。例如，对许多血液接触器械和肠胃外科器械，可用水或其他水溶液充入或冲洗血路或液路。浸提样品的时间应大于或等于产品使用一次所用的最长时间（或保证全部的浸提），浸提温度采用器械实际使用中的最高温度。也可以制备一系列代表各种短期时间的浸提液（建议最少三个），从而能用浸提比例计算长期或日常重复作用的影响。

　　为测定在正常使用产品的过程中环氧乙烷、2-氯乙醇（必要时）释放给患者的剂量，可用模拟使用水溶液浸提过程，模拟使用浸提过程应经确认，以证明患者实际接触环氧乙烷的水平。

　　通过模拟正常产品使用而浸提出的环氧乙烷（或 2-氯乙醇）的量值，不一定与整个产品上残留总含量相同。一般用水和其他水溶液系统作为浸提液，来回收在模拟使用浸提法中环氧乙烷和 2-氯乙醇的残留量。这些水溶液用于洗脱样品上的环氧乙烷残留物，而不是溶解样品物质本身。如果将水溶液注入到器械中来模拟产品使用时，器械应被充满并排出残存空气。如果不能马上进行测定，应从样品中分离出浸提液，密封于盖内衬有聚四氟乙烯衬垫的瓶中。

　　不论盛有何种标准溶液或浸提液，管瓶的液面上的空间应少于总体积的10％。浸提液可在冰箱里贮存几天，但应注意用水浸提时，在浸提液贮存过程中，环氧乙烷可转换成其他物质，如 2-氯乙醇等。

　　2）极限浸提法

　　极限浸提测得的结果代表大于或等于患者可以接受的剂量。因为这种浸提法排除了时间对剂量测量的影响，它不能确定患者在第一天或第一个月与器械接触时，器械未释放给患者的环氧乙烷残留的量。但是，由极限浸提测试的产品满足了标准中所有可接受的限度，并且残留量显示是在要求的范围之内，那么就没有必要再用模拟使用浸提法测试器械。当用极限浸提法时，应特别注意前 24h 和前 30d 的限量。

　　极限浸提方法是用于测定器械上的全部的残留量。浸提过程包括热浸提和溶剂浸提两种，前者浸提完后进行顶端空间气体分析，而后者可以用溶剂浸提液进行顶端空间气体分析（溶剂浸提液色谱），也可制备环氧乙烷溴代醇衍生物，用较灵敏的检测器测定。

（1）残留的环氧乙烷。

多种浸提液被用来极限浸提残留的环氧乙烷。热解析后，顶端空间分析方法被认为是最彻底的，因为这种方法是为测定样品上所有残留的环氧乙烷而设计的。然而，对于大的或是组合器械的非破坏性试验，顶端空间法不可以操作或不易操作。当评价像甲基丙烯酸甲酯这类聚合物中残留量水平时，分析人员使用液面上空间法时应注意保证回收全部的环氧乙烷。

对于溶剂浸提过程，选择合适的浸提液取决于器械及其组件的材料成分。为了更容易的从样品中测出所有的环氧乙烷，在极限浸提时，一般都采用能溶解样品材料的液体，前提是溶解液中无干扰物质。

严格的分析程序表明，在对供试材料的最初分析中，采用极限浸提法时，应用一个以上的浸提过程来确认定量回收。对环氧乙烷含量相对较少的器械，即使是采用较长的浸提时间，用一般的方法也可能浸提不出来。

（2）残留的 2-氯乙醇。

水是最典型的用于浸提医疗器械上的 2-氯乙醇的浸提用液。当有必要测定环氧乙烷残留量时，小器械应被放置于一管瓶中整体浸提，对大型器械，应选择器械部件材料有代表性的部分置于管瓶中浸提。对后一种情况应注意，为了保证从大型器械上获取小样本数据的可信度，有必要从器械上多选取几个有代表性的部分。

二、测定方法

有多种方法适用于对环氧乙烷浸提液的定量分析，本章着重介绍气相色谱法测定环氧乙烷的方法，建议作为评价其他方法的仲裁方法。

1. 环氧乙烷标准液的制备

制备标准物质可用体积法（通过稀释已知体积的环氧乙烷气体）或称重法（通过稀释已知质量的环氧乙烷液体）。在两种情况下，都需绘制一峰高或峰面积对环氧乙烷浓度的标准曲线。

按图 5-4-1 所示，将环氧乙烷标准气体钢瓶与血清瓶（大约 30mL）连接。把一皮下注射针插入塞子，使针尖位于血清瓶的瓶口处，将一定长度的聚氯乙烯管子连接在排气针 2 上，把管子的末端浸入烧杯内的水中。

把另一根接于环氧乙烷钢瓶调节器的管子与一皮下注射针连接，将该针（即进气针 1）插入管瓶塞子，把针尖插入瓶底，使环氧乙烷以每秒钟冒一个气泡的速度流经该系统。通气约 15min，从管瓶上拔出进气针，当最后一个气泡从烧杯中的排气管冒出后，去掉管瓶上的排气针，使管瓶中的压力与大气压力平衡。用

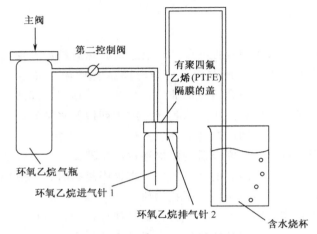

图 5-4-1　环氧乙烷标准液制备装置

理想气体定律可得出，在 101.325kPa 和 20℃ 下，管瓶中的环氧乙烷浓度为 1.83μg/mL。

根据理想气体定律，用下式可以计算任何给出温度 t（℃）和压力 p（以 Pa 为单位）的环氧乙烷的浓度，以 mg/mL 为单位。

$$\rho_{环氧乙烷} = 5.295 \times 10^{-3} \frac{\rho}{273 + t}$$

式中，5.295×10^{-3} 为气体转换常数。

1）顶端空间法用环氧乙烷标准稀释

在公称容量为 15mL 的管瓶内对已制备的标准物质进行稀释，管瓶的容积事先测定，精确到 0.01mL（样本分析中使用相同规格的管瓶），并先用无水氮气清洗 1min。用一气密性注射器从第一个管瓶中抽出约 10μL 环氧乙烷气体。从管瓶上取下注射器，针尖向上，推芯杆至所需体积 10μL。

将用氮洗过的管瓶置于注射器上方，瓶口向下，注射器针尖向上，向瓶内注入 10μL 的环氧乙烷，随后立即从管瓶上移开注射器。该瓶内在 20℃ 和 101.325kPa 条件下即含有 18.3μg 的环氧乙烷，如果是其他环境条件，则调整环氧乙烷的浓度。

从第二标准瓶中取 100μL 气体注入色谱柱，重复两次，使仪器有响应，从第一瓶中抽取更大量的纯环氧乙烷气体，稀释制备更高浓度的标准物质，由于这些管瓶中所含的是随意可得的环氧乙烷气体，所以不需像样本那样需要被加热。

2）溶剂法用环氧乙烷标准稀释

将环氧乙烷标准气瓶和上述容量瓶（事先用所述方法净化）连接，容量瓶放于干冰/异丙醇浴或其他相似物中，使环氧乙烷气体冷凝成为液体，从气体钢瓶向管瓶中输送环氧乙烷，只需一根聚氯乙烯管与一插入管瓶的皮下注射针连接。

向管瓶中注入适量的液体环氧乙烷，关闭气瓶上的阀门，拔下连接于聚氯乙烯管上的皮下注射针，从冰浴中取出管瓶。

将一密封的装有 60mL 溶剂的 100mL 容量瓶（有一 PTFE 密封的阀门）称重，精确到 0.1mg。向容量瓶内加入 5 滴液体环氧乙烷，再次称重。加溶剂至烧瓶 100mL 刻线，倒置并定期摇晃（如果容量瓶需要暂时贮存，要将其倒置，因已发现容量瓶倒置时标准溶液更稳定）。

用能整除的体积的溶剂稀释，制备稀释液。比如，向 100mL 溶剂中精确加 100mg 的环氧乙烷，其结果浓度为 1mg/mL，1mL 该溶液稀释至 10mL，得到 100μg/mL 的环氧乙烷标准液。同法配制较高或较低浓度的标准液，制备出的标准液的最大浓度应超过被测试样中环氧乙烷的预期数值。

在 1～5μL 中选取各标准溶液的整数微升数，对每种溶液重复进样两次，得到峰面积或峰高的响应曲线。

经验表明，在进行气相色谱分析时，进样时的进样精度随注射体积的增加而提高。由于注射器抽吸体积的增加，注射器刻度的不精确性所引起的恒定误差占抽吸体积的比例相对减小。为了进样精确，不要选择抽吸体积不足注射器容量的 10% 的注射器。

2. 2-氯乙醇标准液的制备

对装有 60mL 水的 100mL 容量瓶称重，精确到 0.1mg。向容量瓶中滴加 2-氯乙醇（约 100mg），再称重，计算两次称重之差，然后加水稀释至满容量并摇匀。不用时将标准贮备液贮存于冰箱，14d 后以合适的方法处理掉。

放置 2-氯乙醇标准液至室温。制备至少三个浓度的工作标准液。在作为标准曲线应用之前，检验这些浓度的 GC 响应的线性。标准液的最大浓度应超过被测试样的 2-氯乙醇期望值。在 1～5μL 中选取各标准溶液的整数微升数，对每种溶液重复进样两次，得到峰面积或峰高的响应曲线。

3. 仪器和试剂

1）仪器

（1）气相色谱仪：配有氢焰检测器（FID）或电子捕获检测器（ECD）。

（2）皮下注射针和聚氯乙烯管：用以制备标准液。

（3）玻璃量器：有 PTFE 衬垫或 PTFE 密封的阀门，用以制备标准物质。若用压盖式玻璃量器，还需要有一压盖工具。应注意选择适当的玻璃量器，以减小浸提液或标准液的顶端空间。当制备标准液和浸提液时，顶端上空间不应超过标准液或浸提液体积的 10%。

（4）微量注射器（容量为 $5\mu L$ 或 $10\mu L$）：用于向气相色谱仪中注入整微升数的浸提液。

（5）通风橱：制备标准液或样品时，提供良好的通风。

（6）分析天平：能精确到 $0.1\,mg$。

（7）气体调节器：用于开、关含有环氧乙烷的管瓶。

（8）气密性注射器：容量为 $10\mu L$、$50\mu L$、$100\mu L$ 和 $1000\mu L$，用于制备标准液及把顶端空间气体注入色谱柱。

（9）实验室烘箱：能加热样品至 $(100\pm2)℃$。

（10）实验室烘箱：能加热样品至 $(37\pm1)℃$。

（11）水浴：能使样品保持在 $(70\pm2)℃$。

（12）机械振动器。

（13）具有 PTFE 衬垫的塞子和压紧盖的玻璃顶端空间瓶，公称容量为 $20mL$，用于制备校准标准物质。压紧盖式玻璃器皿还需有一压紧工具。

（14）平底螺盖瓶：用于环氧乙烷浸提和反应，容量为 $4mL$（外径约 $15mm$），具有 PTFE 衬垫的硅橡胶塞和 PTFE 薄膜。

（15）注射针：尺寸为 $0.65mm\times25mm$，用以加注氢溴酸。

（16）微孔滤膜：孔径为 $0.45\mu m$，用于色谱分析前过滤反应混合液。

（17）冰箱：能使样品保持在 $2\sim8℃$ 之间。

2）试剂

（1）环氧乙烷：装在适当的气瓶中，纯度 99.7%。

（2）2-氯乙醇：$\geqslant99\%$分析纯。

（3）氧化丙烯：试剂纯。

（4）新制备的二次蒸馏氢溴酸：蒸馏含 $100mg$ 二氯化锡的 47%的 $100mL$ 氢溴酸。弃去前 $25mL$ 的馏出液，收集随后的 $50mL$ 馏出液。对该含有 $50mg$ 二氯化锡的 $50mL$ 馏出液再次蒸馏，弃去前 $15mL$ 的馏出液，收集随后的 $20mL$ 的无色液体 [bp（沸点）$125\sim126℃$]，贮存在具塞玻璃容器中，一星期内使用。

（5）氯化锡：试剂纯。

（6）水：其纯度适合于气相色谱仪。

（7）乙醇：其纯度适合于气相色谱仪。

（8）丙酮：其纯度适合于气相色谱仪。

（9）二甲基甲酰胺（DMF）：其纯度适合于气相色谱仪。

4. 标准液制备

（1）环氧乙烷标准液的制备（按上述方法）。

（2）2-氯乙醇标准液的制备（按上述方法）。

（3）氧化丙烯（PO）标准液的制备：在乙醇中稀释 PO，得到浓度为 0.5μg/mL 的 PO 标准液。

5. 产品浸提

1）用水模拟产品使用的浸提

用水模拟产品使用，在最严格的预定使用条件下，进行模拟使用浸提。例如，用水或其他水溶液通过完全冲入或冲洗血路或液路来浸提与血液接触器械或胃肠外器械（全部充满时应没有空腔）。

在不能对器械上与患者或使用者接触的部分用充入法浸提时，则把整个器械或器械上的关键性的和器械有代表性的部分放入一容器中，选用合适样品/浸提液比例进行浸提，必须取器械上有代表性的部分才能保证从小器械或大器械上得到的数据可信。

浸提样品的时间应大于或等于一次使用器械时的最长时间（或保证全部的浸提），浸提温度采用最严格的模拟条件温度，也可以制备一系列代表各种浸提时间较短的浸提液（建议最少 3 个），以此按比例推算长期或每日重复作用的影响。

如果测定不能马上进行，则将浸提液从样品中分离出来，密封于衬有聚四氟乙烯膜衬垫的瓶中盖紧。任何盛有标准溶液或浸提液的管瓶，其顶端空间应少于总体积的 10%。浸提液能在冰箱里至多 4d。用水浸提法分析环氧乙烷时，应注意在贮存浸提液时，环氧乙烷可能会转换成 EG 或 2-氯乙醇，或两者都有。

2）用热极限浸提

称取 1g 样品，精确到 0.1g，放入一有盖的 15mL 带塞子的管瓶中，把管瓶密封后放到 100℃ 的烘箱内，加热 60min 后取出，放至室温。取样前用力摇晃两次，抽取 100μL 气体，进样，测定环氧乙烷的峰积或峰高，计算两次的平均值。

在通风橱内打开瓶盖，用干燥氮气净化管瓶 30s。用一新塞子重新盖上瓶盖，并重复上述加热和进样过程至极限浸提。当浸提到环氧乙烷的浸提量不足第一次浸提测得值的 10% 时，即达极限浸提。将每次加热样品所得到的环氧乙烷平均峰面积或峰高相加，与标准曲线对照，计算出样品中环氧乙烷值。

本章所述的时间/温度状态具有相对的随意性，用改变时间来平衡顶端空间环氧乙烷的局部压力是一种较好的试验技术。注意进样时不要使柱的填充材料沾到针上。经验表明，从烘箱取出样品之后立即测试热的样品常会导致大于 20% 的误差。因为当注射针从管瓶上拔出时，注射器中的压力要平衡至室内压力，这就导致部分物质从注射器中损失掉。有的材料，当温度平衡至室温时，会将环氧乙烷吸收回去。有些材料在瓶中冷却时，甚至会将环氧乙烷全部吸回。在分析这些材料时，须在样品和标准物处在高温或有余热时将其注射到柱子中，不等其冷却便进行净化。

3）乙醇浸提顶空分析

（1）校准标准液。

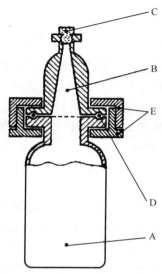

图 5-4-2　专用顶端空间瓶
A. 液体；B. 顶端空间；C. 塞子；
D. O 型环；E. 夹子

通过在乙醇中稀释环氧乙烷，制备浓度为 0.4μg/mL、0.8μg/mL、1.2μg/mL、1.6μg/mL 和 2μg/mL 的环氧乙烷标准液，按上面所述方法制备在乙醇中 PO 浓度为 0.5μg/mL 的标准液。在干冰/异丙醇浴或其他替代物中冷却这些标准溶液和适当数量的专用顶端空间瓶（如图 5-4-2 所示）。称取能被整除的各个浓度的环氧乙烷标准液和同体积的 PO 标准液至专用顶端空间瓶中。在 70℃下加热顶端空间瓶 30min，并在 100μL～1mL 中选取一能被整除的量，将各瓶顶端空间气体重复进样，测量环氧乙烷和 PO 的峰面积或峰高，绘出峰高或峰面积比环氧乙烷浓度曲线，得到一校准线。

（2）分析步骤。

称取 5g（或 0.5g）样品，精确至 0.1mg，将样品切成小片（管状样品切成 5mm 长，片状样品切成 10mm²），放入一容积为 100mL（或 10mL）顶端空间瓶中，加入 50mL（或 5mL）的 PO 标准液（0.25μg/mL），盖紧瓶盖，密封后在 70℃下加热 3h，加热时轻轻摇晃。在 100μL～1mL 范围内选取能被整除的量，重复进样，测定环氧乙烷/PO 的峰比。根据校准线计算样品的平均环氧乙烷含量。

4）用溶剂极限浸提

精确称取约 1g 的产品样本，放入一有盖的玻璃容器瓶内，使玻璃器皿的顶端空间尽量减小，用移液管移取 10mL 所选溶剂到容量瓶，盖上容量瓶，室温放置 24h。在 1～5μL 中选取整微升数重复进样两次，根据标准曲线计算两次进样的环氧乙烷均值。

5）乙醇浸提溴氢衍生物气相色谱分析

（1）校准标准。

用乙醇稀释环氧乙烷制备浓度分别为 0.4μg/mL、0.8μg/mL、1.2μg/mL、1.6μg/mL 和 2μg/mL 的环氧乙烷标准液，按前述制备乙醇中 PO 浓度为 0.5μg/mL 的标准液，各浓度的环氧乙烷标准液与 PO 标准液等体积混合制得标准混合液。

移取各标准混合液 1mL 至螺盖瓶中，用一注射针穿过一塞子向混合液中加两滴（约 0.015g）氢溴酸，室温放置 1h。在 50℃水浴中加热 1h，加热时轻轻摇晃，然后冷却至室温。

向瓶中加入 0.02g 碳酸氢钠，纵向晃瓶 30min，放置 10min 后，再水平晃瓶 30min。放置 10min，以 3000r/min 离心 5min。用微孔滤膜过滤混合液。

取各滤出液 1μL 重复进样两次，得到二溴乙醇（EBH）与丙溴醇（PBH）的峰高比，绘制 EBH/PBH 峰高比例对应环氧乙烷量（以 μg 为单位）的校准线。

（2）分析步骤。

用本方法时，按上述方法制备标准液。

在干冰/异丙醇浴或其他相似物中冷却 PO 标准液（0.25μg/mL）和一螺盖瓶，移取 1mL 的 PO 标准液至瓶中。称取 10～30mg 样品，精确至 0.1mg，放入瓶内。用注射针通过一塞子向瓶中注入两滴（约 0.015g）氢溴酸，室温放置 1h，再在 50℃ 水浴中加热 8h，加热过程中轻轻摇晃管瓶，随后在烘箱中 50℃ 下再加热 16 h，冷却至室温。向瓶中加入 0.02g 碳酸氢钠，纵向晃瓶 30min，放置 10min 后，再水平晃瓶 30min。放置 10min，以 3000r/min 离心 5min。用微孔滤膜过滤混合液。取各滤出液 1μL 重复进样两次，得到二溴乙醇（EBH）与丙溴醇（PBH）的峰高比。计算样品的平均值，根据校准线测定样品中的环氧乙烷量。

6）用水对 2-氯乙醇极限浸提

取约 1～50g 部分样品（或完整样品），精确称重，放入一体积适当的有盖的玻璃器皿内，使玻璃器皿的顶端空间尽量减小。以 1∶2 到 1∶10［样品质量（以 g 为单位）比水的体积（以 mL 为单位）］之间的一个比例加水并加盖，室温放置 24h，用一机械振动器强烈振动容器和内容物 10min。

从 1～5μL 中选取一整微升数的水溶液重复进样两次，根据先前得出的标准响应曲线，从色谱峰高或峰面积计算出样品中 2-氯乙醇浓度。

6. 气相色谱仪

选择上述最合适的方法，采用表 5-4-2 中列出的相应的色谱条件。

（1）模拟产品使用的浸提。

测定环氧乙烷，用 I 号条件，柱温约 60～75℃。测定 2-氯乙醇，用 I 号条件，柱温约 150～170℃（如表 5-4-2 所示），或用 II 号条件，取 1～5μg 中的整微升数的水浸提液进样。

（2）用热极限浸提的程序。

用 I 号条件，柱温为 125℃，注入 100μL 顶端空间气体。按表 5-4-2 推荐的气相色谱条件。

（3）用乙醇浸提后分析乙醇浸提液顶端空间气体，采用 IV 号条件。

表 5-4-2 推荐的色谱条件

条件编号	柱 材料	尺寸 长度×内径/(m×mm)	担体	载气 种类	载气 流速/(mL/min)	温度 柱	温度 进样器	温度 检测器	进样体积/μL	浸提溶剂
I	玻璃	2×2	3% Carbowax 20M on Chromosorb 101[1] (80至100目)	氮气 或氢气	20~40	60~75 (环氧乙烷) 150~170 (2-氯乙醇)	200~210	220~250	1.0~5.0	水
II	玻璃	2×2	5% Lgepal CO-990 on Chromosorb T[1] (40至60目)	氮气 或氢气	20~40	140~160	200~250	240~280	1.0~5.0	水
III	不锈钢	3×3.2	20% Tricyanoethoxy propane on Chromosorb W AW DMCS[1] (100至120目)	氮气 或氢气	20	60	100	200	1 000	顶空气体 (水浸体液上方)
IV	玻璃	2×3	25% Flexol 8N8 on Chromosorb W AW[1] (80至100目)	氮气	40	50	120	120	100~1000	顶空气体 (乙醇浸提液上方)
V	玻璃	2×2	Chromosorb 102[1] (80至100目)	氮气 或氢气	20~40	60~170	200~210	220~250	1.0~5.0	丙酮或 DMF
VI	玻璃	2×3	10% Carbowax 20M on Chromosorb W AW[1] (80至100目)[2]	氮气	60	120	250	250	1.0	乙醇

注:(1)这些是商标名。给出这些信息是为了方便本标准的使用者,并不代表 ISO 对这些产品的认可。只要能得出相同的结果,也可使用其他同等产品。
(2)在使用前须将柱在 190℃ 下放置 7d。

（4）用乙醇极限浸提后制备溴氢衍生物（bromohydrin derivative），然后用备有 ECD 的气相色谱仪分析，采用Ⅵ号条件。

选择器械上有代表性的部分，可用两种方法。一种方法是，如果含有几种不同的材料，每一样品部件占被测试器械总质量的比例一致。另一方法是，选择器械经评价证明是器械上残留含量最高的一个部件进行试验，其选择方法应经过确认。

7. 气相色谱评价

用气相色谱评价医疗器械中的环氧乙烷残留量，应满足下列参数的最低要求，符号如图 5-4-3 和图 5-4-4 所示。图中：

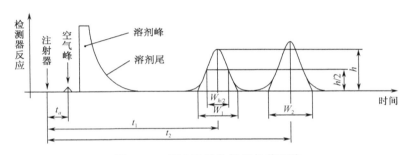

图 5-4-3　两个物质的气相色谱图谱

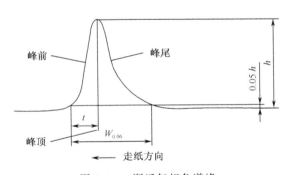

图 5-4-4　渐近气相色谱峰

t_1，t_2：色谱峰 1 和峰 2 的保留时间，t_1 是环氧乙烷（或 2-氯乙醇）峰的保留时间，t_2 是最近的邻近峰的保留时间。

W_1，W_2：峰 1 和峰 2 的峰宽度，单位与保留时间相同。

$W_{0.05}$：峰高的 5% 处的峰宽度。

f：峰顶至峰的上升沿的距离。

k'：容量因子。

t_a：像空气这种不含成分的气体的保留时间，气体通过柱子时不受阻。

t：相应残留量（环氧乙烷或 2-氯乙醇）峰的保留时间。

R：分辨率。

T：拖尾系数。

对于峰面积和峰高测定，按下式计算分辨率 R，应大于或等于 1.2。

$$R = 2\frac{t_2 - t_1}{W_2 + W_1}$$

还可以用下式计算容量因子 k'，应大于或等于 1.5。

$$k' = \frac{t}{t_a} - 1$$

按下式计算拖尾系数 T，应大于或等于 1.5。

$$T = \frac{W_{0.05}}{2f}$$

测定低浓度环氧乙烷和 2-氯乙醇时，信噪比至少为 10∶1。为了更精确地计算分辨率和拖尾系数，记录纸速度应至少设置为 10cm/min，峰高应至少为满幅度的 75%。

标准曲线的相对误差（RSD）不宜超过 GB/T 16886 规定的环氧乙烷和 2-氯乙醇范围的 5%。

$$\text{RSD} = \left(\frac{\sigma}{\lambda}\right) \times 100\%$$

$$\sigma^2 = \frac{\left[\sum y^2 - \frac{\left(\sum y\right)^2}{n}\right] - S \times \left[\sum xy - \frac{\sum x \sum y}{n}\right]}{n-2}$$

$$\lambda = \frac{y}{n}$$

式中，n 为峰的总数量；y 为色谱峰面积或峰高；x 为标准液浓度；S 为标准曲线的最小二乘方回归线的斜率；λ 为均值；σ 为标准偏差；σ^2 为方差。

每个用于分析环氧乙烷和 2-氯乙醇的标准曲线，在所期望的线性动态范围内至少制备三份标准液来重复分析，以提高计算的准确性。

三、数据分析与解释

计算浸提出的残留量。

浸提液中测定得出的残留物的浓度 AE，以下式转换为质量，以 mg 为单位。

$$\text{AE} = \sum_0^n \text{ER} \times \text{EV}$$

通过模拟使用浸提得出的残留量可按下式计算：

$$AR = \frac{ER \times m}{\rho}$$

通过极限浸提得出的残留量可按下式计算：

$$AE = \frac{R_s \times m_D}{m_S}$$

式中，AE 为浸提的残留量，mg；n 为浸提数量；ER 为从标准曲线中得到的每毫升浸提液中环氧乙烷量，mg；EV 为浸提液体积，mL；AR 为回收的残留物的质量，mg；m 为浸提液的质量，g；ρ 为水的密度，g/mL；R_s 为从样品中浸提的残留量，mg；m_D 为器械总质量，g；m_S 为样品的质量，g。

对持久接触器械，日平均释放量（ADD）以 mg/d 为单位，计算公式如下：

$$ADD = \frac{AE}{25000}$$

式中，25000 为人一生的天数，AE 为浸提的残留量（mg）。

持久接触器械还应满足按以下公式计算的长期接触和短期接触的限度，对长期接触器械：

$$ADD = \frac{AE}{30}$$

式中，30 为一个月的天数，AE 为浸提的残留量（mg）。

长期接触器械也应该满足按以下计算的短期接触的限度。对短期接触器械：

$$ADD = AE$$

四、产品放行

当产品满足了对环氧乙烷、2-氯乙醇（如果有）的要求，如果具有充分的残留物扩散动力学的试验数据，就有可能按照材料、生产过程和应用的近似性对器械进行分组，以便进行质量保证试验。

对成批灭菌产品的放行应采用残留量扩散曲线的产品放行和无扩散曲线数据的放行程序两个方法中的一个。

1. 残留量扩散曲线的产品放行

扩散曲线是用来估算某产品或同类相似产品在达到上述环氧乙烷限量规定的（主要是指环氧乙烷）残留限量时所需的灭菌后时间。产品应是根据实验扩散曲线所确定的灭菌后达到符合规定的环氧乙烷残留限量的时间和条件放行上市。如果一年中不同时期的通风温度有变化，则要通过采集来自隔离通风贮存的灭菌负载的数据来考虑产品的通风因素，在为绘制扩散曲线获取实验数据时，还应考虑附近其他环氧乙烷灭菌器械的影响。

　　如果数据来自不同时间的三个以上的灭菌批，产品就可以放行。环氧乙烷从多数材料和器械上的扩散遵循一级动力学，即 ln（EO）正比于灭菌后的时间，实验测定的环氧乙烷浓度的自然对数对应于灭菌后时间的曲线为线性。产品应在灭菌后平均回归线和最大允许残留量交叉处对应的时间后放行，这一方法可用于灭菌次数不超过规定次数的产品，也可在收集所述的扩散曲线数据的同时使用。

　　对至少三个批量相同产品，在足够多的时间点测得的数据采用回归分析来确定扩散曲线的性质，就产品的容许残留极限而言，可使产品在求得的以上的预测极限处放行。对于由不相近材料组成的器械，其时间浓度曲线在整个范围内可能不是呈这种简单的模式，需另行对待。计算预测极限 PL 的公式为

$$X_0 = \frac{y_0 - a}{b}$$

$$PL = x_0 + t_a \times \sqrt{\frac{(S_a)^2}{b^2} \times \left[1 + \frac{1}{n} + \frac{(y_0 - y_\mu)^2}{b^2 \times \sum (x_i - x_\mu)^2} \right]}$$

式中，x_0 为求得的符合环氧乙烷极限的放行时间的平均值；y_0 为环氧乙烷极限的对数值；a 为线性回归线的截距；b 为线性回归线的斜率；PL 为某一产品的预测极限；t_a 为自由度 $n-2$ 的显著水平为 α 的分布值；$(S_a)^2$ 为回归曲线的残留量方差；y_μ 为 log EO 值的平均值；n 为测量次数；x_i 为灭菌后某次测量时的时刻；x_μ 为灭菌后各测量时刻的平均值；$\sum (x_i - x_\mu)^2$ 为 x（时间）的平方和。

2. 无扩散曲线数据的放行

　　当产品无扩散曲线数据时，若符合本标准上述要求，且按标准中规定气相色谱法试验所得数据符合环氧乙烷和 2-氯乙醇残留限量的要求时，产品就可以放行。

　　当产品的灭菌参数有所改变时，应对产品残留量进行重新审核。当审核表明环氧乙烷残留量水平有所上升时，应重新获取残留量扩散曲线以保证产品的可接受性，当审核表明环氧乙烷残留量水平有所下降时，建议考虑绘制新的扩散曲线。

§5-5　气相色谱仪

　　色谱法又称层析法，是一种物理分离技术，它的分离原理是使混合物中各组分在互不相容的两相之间进行分配，其中一相是不动的称为固定相，另一相则是流动的称为流动相，此流动相是推动混合物样品移动的动力。由于组成混合物的各组分在性质与结构上有所不同，它们在流动相与固定相两者之间的作用（指分

配系数或吸附力）存在大小、强弱的差异，因而各组分在同一流动相的推动力作用下，不同组分在固定相中滞留时间有长短，从而按先后不同次序从固定相中流出（滞留时间短的先流出，滞留时间长的后流出）。这种借在两相之间分配原理（或吸附原理）而使混合物中各组分获得分离的技术，称为色谱分离技术或简称色谱法（chromatography）。

　　气相色谱法是以气体（此气体称为载气）为流动相的柱色谱分离技术。在填充柱气相色谱法中，柱内的固定相有两类：一类是涂布在惰性载体上的有机化合物，它们的沸点较高，在柱温下可呈液态，或本身就是液体，采用这类固定相的方法称为气液色谱法；另一类是活性吸附剂，如硅胶、分子筛等，采用这类固定相的方法称为气固色谱法。气固色谱法只适用于气体及低沸点烃类的分析，故它的应用远没有气液色谱法广泛。

一、气相色谱法的基本原理

　　当样品加到固定相上之后，流动相就要携带样品在柱内移动。流动相在固定相上的溶解或吸附能力要比样品中的组分弱得多。组分进柱后，就要在固定相和流动相之间进行分配。组分性质不同，在固定相上的溶解或吸附能力不同，即它们的分配系数大小不同。分配系数大的组分在固定相上的溶解或吸附能力强，停留时间也长，移动速度慢，因而后流出柱子。反之，分配系数小的组分先流出柱子。可见，只要选择合适的固定相，使被分离组分的分配系数有足够差别，再加上对色谱柱和其他操作条件的合理选择，就可得到满意的分离效果。

二、气相色谱仪的构造及工作原理

　　气相色谱仪（如图 5-5-1 所示）具有分离效能高、分析速度快、灵敏度高等特点，能对复杂得多组分混合物进行分析测定，在石油化工、医药卫生、生物化学、环境科学等方面具有广泛的应用。

　　气相色谱仪由气路系统、进样系统、色谱分离柱、检测系统、温度控制系统、数据记录、处理等部分组成。图 5-5-2 是气相色谱仪的结构原理图，图（a）为普通填充柱气相色谱仪，图（b）为毛细管气相色谱仪。

　　气相色谱仪的工作原理：载气（高压气瓶）经减压后，经净化器干燥净化，再通过稳压和稳流环节变得流动平稳、洁净，作为流动相进入色谱柱。待气化室、分离柱、检测器温度达到操作所需的温度后，将样品由进样口注入，则气态样品或在气化室被气化了的液态样品被载气（流动相）带入色谱柱（固定相）。根据样品中各组分在流动相和固定相之间具有不同的分配系数（或溶解度），当其随载气流动时，在两相间进行反复多次的分配，在移动速度上产生差别，从而使各组分达到分离，依次流入色谱柱，先后进入检测器。通常，检测器将流入的

图 5-5-1　气相色谱仪

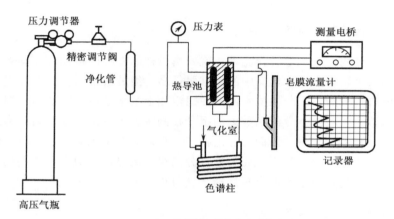

(a) 普通填充柱气相色谱仪流程

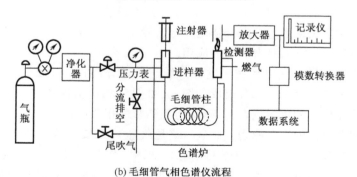

(b) 毛细管气相色谱仪流程

图 5-5-2　气相色谱仪流程图

组分定量地转换成电信号，经放大处理后送往显示、记录系统，即可得到被测样品各种组分流过检测器的含量与时间的关系图，即色谱图，如图 5-5-3 所示。

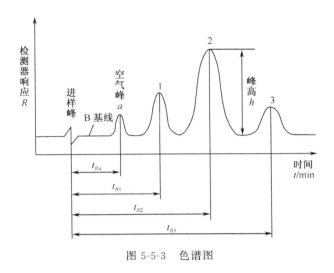

图 5-5-3　色谱图

1. 气路系统

载气由高压气瓶供给，常用载气有氢气和氮气，前者主要用热导检测器时使用，后者主要用氢火焰离子化检测器时使用。气相色谱仪的气路系统包括气源、减压阀、净化器、稳压阀及稳流阀等。由于作为流动相的载气的性质、纯净度和流速等对色谱柱的分离效果和检测结果的可靠性等均有影响，因此，气路系统就是为了向色谱柱提供质地洁净、流动平稳的流动相。

1）减压阀

减压阀是将流出高压钢瓶的载气气体的压强从 2～15MPa 的高压降低到 0.2～0.4MP 的工作压强。由于是在高压条件下工作，使用时应注意安全。减压阀的结构如图 5-5-4 所示。

从高压气源来的气体流入进口后，可以从高压表上读出其压强，此时顺时针旋转手轮，调压弹簧被压缩，通过压板、薄膜及支杆使减压活门开启，高压气体通过该活门的间隙进入低压气室，并由出口处输出，从低压表可以读出低压气室的气体压强。关闭减压阀时逆时针旋转手轮至完全松开，这时靠回动弹簧的作用可封闭减压阀。

使用减压阀时应注意：① 严禁接触油脂；② 不同的钢瓶所配用的减压阀不可混用、错用；③ 使用过程中严格按说明书上的步骤操作，以免损坏减压阀或发生危险。

2）净化器

净化器主要是为了对载气进行净化，除去其中的水分、有机烃类杂质。净化

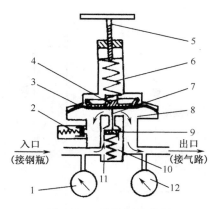

图 5-5-4　减压阀示意图

1. 高压表；2. 安全阀；3. 薄膜；4. 压板；5. 调压手轮；6. 调压弹簧；7. 支杆；
8. 低压气室；9. 减压活门；10. 回动弹簧；11. 高压气室；12. 低压表

器通常为一根两端有接口的铜管、不锈钢管或其他金属管，管内装填净化剂，两接口处堵上玻璃棉制成。载气一般净化方法是先用变色硅胶，再用 0.4nm 或 0.5nm 的分子筛除去载气中的水分，然后再用活性炭除去载气中的有机烃类杂质，在使用氢焰检测器时对此要求较高。

　　3）稳压阀和稳流阀

　　用于控制载气流量和压强。它们均为一种机械负反馈系统，通过波纹管压缩、伸张或膜片受力改变产生机械作用，带动入气口或出气口的改变，引起气流量的变化，从而调整压强或流量，达到载气流量或压强恒定的目的。如进气压强波动可以通过稳压阀自动稳压。程序升温改变温度导致流速改变，稳流阀可自动调节，以保持流量恒定。由于稳流阀要求气体压强较稳定，须接在稳压阀之后使用。

　　图 5-5-5 为一波纹双腔式稳压阀示意图，由净化器来的载气 P_1 经阀针与阀座的间隙进入腔 A 后压强降为 P_2，并从出口处送出压强为 P_3 的气体，此时系统内达到平衡。如果进气的压强出现波动，腔 A、腔 B（相通）内的气体压强 P_2 将有随之波动的趋势，导致波纹管伸缩并带动阀针移动，使阀针与阀座的间隙发生变化，其结果将维持输出压强 P_3 恒定。

　　在采用程序升温的色谱分析过程中，色谱柱的温度变化等因素会使载气流速发生变化，对测量结果产生不良的影响，因此有必要在气路中装上稳流阀。稳流阀工作原理如图 5-5-6 所示，当进气口通以压强为 P_1 的气流时，该气流进入腔 A 使阀针 1 与阀座闭合，并使针阀的阀针 2 打开，气流经间隙进入腔 B，其压强为 P_2。当压强 P_2 增大到足以使阀针 1 重新打开时，出口处有压强为 P_3 的气体流出，腔 A、腔 B 的压强将达到平衡。若气路中气流速度变化，针阀出、入口

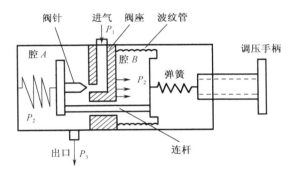

图 5-5-5　稳压阀示意图

处的压强差也发生变化。若 P_1 是恒定的，则 P_2 变化，从而引起膜片受力改变，膜片带动阀针 1 产生位移使阀针、座的间隙（即阀门的气阻）改变以维持流量恒定。调节针阀可以改变稳流阀的输出流量。由于稳流阀必须在输入压强比较稳定的情况下工作，因此在气路中须接在稳压阀之后。

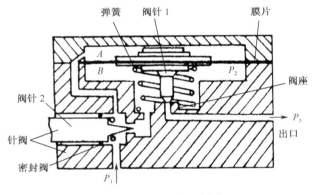

图 5-5-6　稳流阀示意图

2. 进样系统

进样系统一般由载气预热器、取样器和进样气化装置等组成。在操作进程中，样品能否准确、迅速地到达色谱柱端是保证分析结果准确性和重复性的前提，因而对进样系统有比较严格的要求。这种要求体现在：一方面进样（取样）器要能够准确地定量，并能迅速地注入；另一方面，气态或经气化的样品能在载气中形成一个窄带集中地进入色谱柱，否则测量结果将是毫无意义的。

1）载气预热器、取样器

载气预热器是一种可以给载气加热的装置，主要是为了防止汽化后的样品遇上冷的载气而被冷凝下来，影响样品的分离。

　　液体样品进入色谱柱最普通的方法是使用微量注射器。样品量在 $1\sim10\mu L$ 之间。微量注射器有 $1\mu l$、$5\mu l$、$10\mu l$、$50\mu l$ 等规格，常用 $5\mu l$ 和 $10\mu l$ 注射器。气体样品有时也用注射器进样，但为了取样的准确性，必须有一个理想规格（$0.1\sim5mL$）的气密注射器。气体取样也常选用专门的取样阀取样。气体取样阀按其结构通常分为膜片式、拉动式和旋转式等几种结构，也可按载气和样品通路分为四通、六通、十通等类型。在此，只对旋转式六通阀的结构及工作过程做些介绍。

　　旋转式六通阀的工作原理如图 5-5-7 所示。在不锈钢阀体上有 6 个气路接头分别与密封面上分布的 6 个小孔相通，在密封面上有 3 个弧形槽把相邻的小孔两两相通。当可作 60°旋转的阀瓣转位时，将使弧形槽连通的小孔改变，引起气路改变，实现取样、进样的转换。如图 5-5-7（a）位置，此时样品进入定量管，载气直接进入色谱柱，这是六通阀取样位置，取样量由定量管确定。进样时阀瓣旋至图 5-5-7（b）位置，这时载气经定量管并把其中的样品带进色谱柱完成进样工作。定量管常用的有 0.5mL、1mL、3mL 等几种规格。六通阀各接触面要求有很好的密封性。阀瓣与阀座用弹簧压紧。

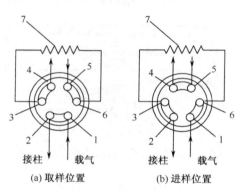

图 5-5-7　六通阀的取样工作原理示意图

　2）进样气化装置

　　该装置主要是针对液体样品设置的，它由进样口及与之联成一体的气化室构成。由于液体样品注入后必须在瞬间各组分都得以完全气化，所以要求气化室死体积小，热容量大，无催化效应（不使样品分解或发生其他化学反应）。气化室外紧套着体积较大的金属块，就是为了使它具有较大的热容量，以保证组分能在尽可能短的时间内完全气化，但又不至于分解。流入气化室的载气必须先经预热管加热后才与样品接触。

　　进样气化室与载气通道的结构设计应使样品在载气中的扩散为最小，从而能集中地成一窄带状被带入色谱柱。一般测定气体样品可以不用加热。

3. 色谱柱

色谱柱是气相色谱仪的核心部分，混合物中各个组分的分离就是在这里完成的。柱由柱管及固定相组成。通常是用玻璃管、尼龙管等弯成 U 形或绕成螺旋形柱，内附固定相制成，其功能是将样品中各个组分分离开来。色谱柱可分为气固色谱柱、气液色谱柱及近年发展起来的填充毛细管色谱柱、多孔层玻璃球柱及多孔层空心毛细管柱等。气固色谱柱、气液色谱柱属于填充柱式，其结构特点是管柱内装着作为固定相的吸附剂、分子筛或涂有无挥发性液体的惰性担体，其内径较大，长度较短，一般为 0.7～2m。而毛细管柱式色谱柱的固定相是涂渍在内径只有 0.1～0.5mm 的管子内壁。由于这种柱内径较小，因而必须采用颗粒较小的固态载体或较薄的液膜作固定相，所需的样品量较少（10μg 左右），这种管柱由于在同样长度上的压降比填充柱小好几个数量级，因此长度可以取很大，一般可选在 30～300 m 之间，而且由于它单位长度的分离能力与填充柱式不相上下，因此，具有分析速度快、柱效高、样品量小、分离效果好等特点，但成本要比填充柱高很多，如图 5-5-8 所示。

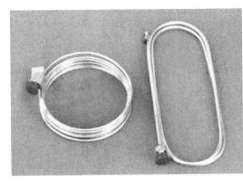

(a) 填充柱　　　　　　　　　　　(b) 毛细管色谱柱

图 5-5-8　气相色谱柱

为达到分离目的，需要根据对象的不同来选择固定相和管柱。气固色谱因能作固定相的固体并不多，所以应用受到限制，只适用于分析无机气体、低烃类气体，而不适于分析沸点较高的样品。气液色谱由于可供选择的担体及固定液非常多，其应用就远比气固色谱普遍。毛细管色谱因性能优良，可用来分离复杂的其组分间物理、化学特性只有较小差异的样品。

4. 检测器

检测器的作用是将载气中组分的含量的变化转变成可测量的电信号，然后输入记录器记录下来。最常用的检测器有两种，即热导池检测器和氢火焰离子化检测器。

1）热导池检测器

热导池检测器（thermal conductivity detector，TCD）是气相色谱中最早出现且应用最广的检测器。其特点是结构简单、稳定性好、线性范围宽、操作方便，对各种能作色谱分析的物质都有响应，不破坏样品，适宜于常量分析以及含量在几个 ppm 以上的组分分析。热导池检测器属于浓度型检测器。

热导池检测器是由于不同组分有与载气不相同的热导系数，因而传导热的能力大小不同。即使同一组分，浓度不同，传导热的程度也不相同，因此，检测器输出信号的大小是组分浓度的函数。热导池检测器通用性好，但灵敏度有限。常规填充柱气相色谱仪所使用的热导检测器由于死体积大而不能通用于毛细管色谱仪。毛细管色谱仪所使用的热导池检测器要求死体积极小。

2）氢火焰离子化检测器

氢火焰离子化检测器（hydrogen flame ionization detector，HFID）是一种有选择性的检测器，它对有机化学物质有很高的灵敏度（可达 10^{-11} g），稳定性好、响应快、线性范围宽（5×10^{6}）、对操作参数（载气流速、检测器温度、助燃气流速等）的要求不甚严格、操作简单、稳定可靠。因此，它是目前常用的比较理想的气相色谱检测器。

氢火焰离子化检测器是一种质量型检测器，检测器的信号大小与单位时间内进入火焰中燃烧的样品量成正比，而与样品在载气中的浓度无关。它对非烃类、无机气体和火焰中难电离或不电离的物质，响应较低或无响应。它不适于直接分析稀有气体、氧、氮、一氧化碳、二氧化碳、二氧化硫、硫化氢、氨和水等。

当载气携带被柱分离后的组分进入氢氧焰中燃烧，生成正负离子。这些离子在电场中形成电流（约 $10^{-10} \sim 10^{-8}$ 大小），并流经高电阻，产生电压降，再输入放大器放大后记录下来。从填充柱操作转换到毛细管柱操作，氢火焰离子化检测器的喷嘴应更换成更细的喷嘴，以减小死体积。

三、气相色谱仪的操作

在气相色谱仪的操作过程中，要特别注意柱参数的合理选择。它对色谱的分离效果会产生很大的影响，可以认为柱参数就是有关色谱操作的所有参数的统称，气相色谱仪操作过程中应注意下列问题。

1. 色谱柱和填料（固定相）

所有新柱子，使用前必须经老化处理。老化处理就是在比操作温度高 20℃ 的条件下，将色谱柱"烘烤"12h 以上，这将有助于除去填料中的污染物，减轻对检测器的污染。

2. 柱长

选择柱长的依据是分离度和分离速度。增加柱长可提高分离度，但分析时间也会加长。基本要求是，在保证样品各个组分完善分离的条件下，尽量缩短柱长，以提高分析速度。填充柱则以 1～3m 为宜。

3. 载气流速

以兼顾灵敏度和分辨率为出发点，外径为 3.175mm 的柱子，载气流速可在 15～30mL/min 的范围内选择，外径为 6.35mm 的柱子，流速可选择 40～100mL/min。载气流速主要会影响样品的保留时间和峰高，必须让它保持恒定。

4. 进样器和检测器的温度

要求大约比恒温箱最高温度高出 25～50℃，主要是为了防止样品组分冷凝。

5. 恒温操作

恒温操作的温度一般要求比样品最高沸点低 40℃ 左右，也可以取样品组分的平均沸点或稍低一点的温度，也可视样品不同而上下调节。一般的原则是温度每上升 1℃，保留时间缩短 5%。温度每上升 30℃，分配系数下降一半，分析速度加快一倍。

6. 程序操作

在样品沸点分布范围较大，用恒温操作的方法很难完善地分离样品时，可用程序升温技术，保证在适当的范围内流出低沸点和高沸点相差甚远的样品组分来。具体操作中，可根据组分沸点分布情况选择适当的升温方式。

7. 进样

注射器进样最为常用。在进样时，注射器应保持垂直于进样器隔膜，以保证重复性。进样时要稳而快，以保证样品完全气化。

8. 初步分析

由于色谱工作本身就是一个不断改进操作参数、改善分离的过程，通过对结果的初步分析，将有助于操作者修改和确定最佳的操作条件，这也是色谱工作过程中所必须做的工作。

思 考 题

1. 影响环氧乙烷残留量的因素有哪些？
2. 对短期使用、长期使用和持久使用情况下环氧乙烷的残留限量分别是多少？
3. 简述气相色谱仪的工作原理。
4. 填充柱与毛细管色谱柱在对样品的分离上各有什么特点，如何选择？
5. 简述环氧乙烷的灭菌机制。

第六章　人工心脏瓣膜的检测

§6-1　概　　述

心脏由右心房、右心室、左心房以及左心室四个弹性腔室构成。心房与心室之间及心室与动脉之间依序有三尖瓣、肺动脉瓣、二尖瓣及主动脉瓣，如图6-1-1所示。这四个瓣膜作为血液形成单向流动的生物阀门，对心脏正常地推动血液循环起着极其重要的作用。可见，只有心脏瓣膜准确而有效地执行一开一闭的单向阀任务，才能保证血液循环按固定不变的路线向一个方向流动而不发生返流。若心脏瓣膜发生障碍或病变，将会逐渐发生粘连、增厚、变硬，从而出现瓣膜口狭窄、缩小等症状，导致严重的血液循环障碍，甚至会危及人的生命。

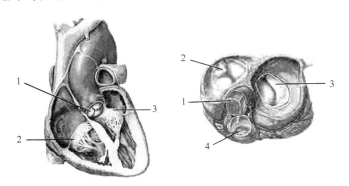

图 6-1-1　心脏瓣膜结构示意图

1. 主动脉瓣；2. 三尖瓣；3. 二尖瓣；4. 肺动脉瓣

早在 20 世纪初，心脏瓣膜疾病的外科治疗就已经开始。但早期的瓣膜成形手术并不能彻底改变瓣膜的病理损害，疗效有限。1953 年，Gibbon 成功地应用了人工心肺机进行心内直视手术，为置换人工心脏瓣膜创造了条件。1960 年，Harken 医师首先用人造球笼式机械瓣，置入主动脉瓣生理位置，即冠状动脉开口下方、主动脉瓣环上，获得成功，引起了人们的重视。同年，Starr 用改进了的球笼式机械瓣为患者施行二尖瓣膜替换术，同样取得成功。从此，开创了用人工心脏瓣膜替换术治疗心脏瓣膜病的新时代。

目前，临床上应用的人工心脏瓣膜主要有机械瓣和生物瓣两大类。机械瓣（mechanical valve）的主体用非生物人工材料制成，也就是应用金属（如钛合金、不锈钢、低温热解碳、高分子材料等）按机械原理设计、加工制成，具有单向阀血流功能，缝置于心脏瓣膜区，可代替已病损、丧失功能的原有人体自然心脏瓣膜功能的器件。应用机械瓣置换心脏瓣膜后必须长期服用抗凝药，因抗凝不当而造成的出血、血栓形成及栓塞是影响患者长期存活的重要因素。生物瓣（biological valve）的主体采用生物组织材料，并按照人类半月瓣的结构原理制成。利用生物薄膜制成三个瓣叶，或直接将人或动物的主动脉瓣（包括瓣叶及瓣环）剥出并镶在特制的瓣架上。生物瓣所使用的生物材料有动物的半月瓣或仅使用其他种的组织薄膜（牛心包、猪主动脉等）。从流体学性能来看，由于生物瓣口中心无任何活动体阻挡，血流最近似生理流型，加之生物膜材料与血液的接触面不易形成血栓，因此，生物瓣受到广泛重视。但当时生物瓣的耐久性差，直到1968 年，Carpentier 使用戊二醛处理生物组织材料之后显著增加了使用寿命，生物瓣在临床上才得到了广泛地应用。但生物瓣置换术后，尽管无需长期的抗凝治疗，但术后易发生生物瓣钙化和衰败，导致植入的生物瓣发生功能障碍，而需再次手术置换。随着生物医学工程的发展，应用生物可降解的聚合物支架构建组织工程心脏瓣膜，为心脏瓣膜的研究开辟了一个全新的领域。组织工程瓣膜的构建主要应解决如支架材料的选择与构建和种子细胞的选择等问题。DoFnnen 等报告应用组织工程心脏瓣膜为施行 Ross 手术的病人置换肺动脉瓣成功，而且经过超声心动图观察 1 年，瓣膜活动良好，没有钙化。组织工程瓣膜是近年来在发达国家研究的新课题，在我国几个医疗中心也已经起步。

无论哪一种瓣膜，在设计制造时都应重视以下几个问题：

（1）材料与机体组织相容性要好，不易凝血，对血球破坏性要小；

（2）坚固耐用，能保持其物理性能和几何学特性数十年；

（3）要符合血流动力学规律，对前进血流不产生阻碍，压力差要小；

（4）瓣膜开闭迅速，闭合要相对完全；

（5）瓣环缝置固定时，要易于操作，使缝合安全、可靠；

（6）瓣膜开闭的声音要小，不刺激病人。

§6-2　机 械 瓣 膜

1960 年，采用"笼球"原理作球形瓣，缝植于二尖瓣成功后，人工心脏瓣膜的研究向前推进了一大步。目前，常用的人工机械瓣膜分为笼球瓣（ball valves）、笼碟瓣（disk valves）、侧倾碟瓣（tilting disk valve）、双叶瓣（bileaflet valves）四种。临床应用较广泛的一种机械瓣是侧倾碟瓣，自问世以来，叶片凸凹造型经过多次改进，不但降低了阻力，而且提高了瓣膜的性能，取得了很好的临床效果。

一、机械瓣膜的结构

机械瓣膜的基本结构可分为三部分：瓣架、阀体、缝环。

1. 瓣架

（1）瓣环：笼球瓣的圆环称瓣环，瓣环开口称瓣口，其内径称瓣口内径或瓣环内径。瓣膜关闭时，球体坐落于瓣环。

（2）笼架：从瓣环伸出的金属小柱称笼柱，笼柱相交部分称笼柱顶。瓣环与笼柱组合成笼架。

2. 阀体

瓣膜打开或关闭时，起阀门作用的活动构件统称阀体。如笼球瓣的球体，侧倾碟型瓣膜的碟片。

3. 缝环

缝扎于金属瓣环槽沟内供缝合用的弹性织品称缝环。侧倾碟型瓣膜的瓣环紧贴于金属环外侧，坐落于心脏瓣环的弹性织品环称组织环，其外周直径称组织环直径。

二、机械瓣膜的类型

1. 笼球型瓣

笼球型瓣，简称笼球瓣，是临床使用最早的心脏瓣膜，如图 6-2-1 所示。其结构由金属笼架、球型阀体及缝环构成。球体在笼架内随心脏收缩、舒张上下移动，瓣口随之关闭与打开，它为周围血流型，跨瓣压差较大。早在 1960 年，临床上使用 Starr-Edwards 置换二尖瓣获得成功，从此，人造瓣膜的设计有了起点，此后的各种瓣膜均是在此基础上衍生和发展起来的。在施行植入二尖瓣术时，先切除病变的二尖瓣膜，留下瓣膜组织 2mm 左右，再采用垫片褥式缝法，将钢圈缝在左心房与左心室之间，使球瓣置于心室腔内（如图 6-2-2 所示）。当心室收缩时，小球被推向上方堵住钢圈，血液只能从主动脉瓣口冲出，进入主动脉弓，血液不会倒流回左心房。当心室舒张时，小球向下降，钢圈敞开，血液从左心房顺利流入左心室（如图 6-2-3 所示），作用与正常二尖瓣相同。球瓣的形状有多种。球体用硅橡胶制成，亦可用合金钢制成与血液比重近似的空心球。为了提高抗凝血效果，促使纤维蛋白膜生长更快，瓣架亦可用涤纶丝编织物包裹起来。

(a) 主动脉笼球瓣

(b) 不缝合型主动脉笼球瓣

(c) 二尖瓣

图 6-2-1　笼球瓣

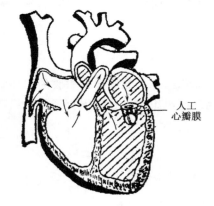

人工
心瓣膜

图 6-2-2　人工心脏瓣膜安放位置(二尖瓣)

图 6-2-3　笼球瓣的开闭工作图

2. 笼碟瓣

1964 年出现笼碟瓣膜，此为第 2 代人造心脏瓣膜，如图 6-2-4 所示。其基本原理为中心碟片活塞式（如图 6-2-5 所示），阀体多数采用透镜状的碟片，其活动受垂直于血流轴的平面调整，开放时过瓣血流通过其小的侧孔。因此，无论在静息或活动时，其跨瓣压差很大。碟片的活动容易受一些小的因素所干扰，如血栓、瓣下结构、心内膜等，会导致瓣膜机械障碍。由于碟片与笼架所选用的材料不合适，亦导致某些型号的碟片边缘磨损或支架断裂事故。尽管人们历时数年，对其做了很大的修改，但实践证明，这种瓣膜仍很不理想，这类人造瓣膜现已被全部弃用。但是，这一代人造心脏瓣膜开创了低瓣膜膜架设计的先例，为今后发展侧倾碟瓣，不论是单叶或双叶，都奠定了基础。因此，在人造心脏瓣膜的发展史中，有其重要的作用。

图 6-2-4　笼碟瓣侧面观　　　　　　图 6-2-5　笼碟瓣的开闭示意图

3. 侧倾碟瓣

与笼球瓣相比，侧倾碟瓣具有质量轻、耐久性好、血液动力学特性优的特点，受到广泛应用。侧倾碟瓣瓣架用钨铬钼合金制成，如图 6-2-6 所示。2 根瓣柱分侧焊接于瓣环内面，各呈弓形突出于瓣口内，一侧较大较长，另一侧较小较短，碟片由碟架夹持，夹持处形成偏心轴样结构。主动脉瓣碟片倾斜 60°，二尖瓣倾斜 50°，悬夹于瓣环内，运动灵活。瓣口被碟片划成两个区。开口 60° 或 50° 的口大，称大口，其后侧的开口小，称小口。缝环采用聚四氟乙烯织品，分瓣环上与瓣环下二型。瓣膜的大小，以组织环直径数值表示。碟片最初选用聚甲醛，碟片周边较薄约 0.37mm。体外加速疲劳试验，寿命约 20～30 年，预计在体内时间将更耐久。由于聚甲醛碟片在高压蒸汽灭菌时吸水发生膨胀，影响碟片活动，因而于 1971 年后作四种改良：碟片改用石墨作基质及低温各向同性碳作涂层，使得碟片周边增厚，因而增强了耐磨性；二尖瓣斜倾角度由 50° 改为 60°，以改善血液动力学，有利于舒张期碟片心室面的冲刷；增加双翼状缝环，用于有瓣环钙化严重者，便于加强缝环的固定；由于发现大瓣柱折断，1975 年，大瓣柱改为整体加工，强度增加 3 倍，小瓣柱仍为焊接。

图 6-2-6　侧倾碟瓣　　　　　　　　　图 6-2-7　双叶瓣

4. 双叶瓣

20 世纪 70 年代末期，瓣叶的设计又出现了新的突破，即将单叶碟瓣改为双叶碟瓣，双叶碟瓣的问世标志着人工机械瓣膜的研究进入了新一代。双叶瓣的结构示意图如图 6-2-7 所示，其基本结构是在圆形瓣环内有两个半圆片状瓣叶，每个瓣叶基底两端各有一个轴与瓣环内相应处的槽构成铰链，如两扇门一样，可自由开关，瓣叶活动灵活，有效瓣口面积较大，跨瓣压差小，血栓栓塞率低，现已大量用于临床。代表产品如 St. Jude Medical 瓣，1977 年开始用于临床，是第一个全热解碳心瓣，由一个低瓣架、两个小瓣叶及缝环组合构成。瓣环两侧各有两个弧形突起，为两个瓣小叶的侧突支轴的支点。开放时为 85°，血流呈层流，流体力学性能最佳，是目前用得最多的一种机械瓣。

近年，根据大量的临床随访结果，双叶机械瓣膜的血流动力学性能优良，与瓣膜有关的并发症发生率低，是目前临床应用最广和首选的人造瓣膜。但机械瓣膜固有的缺陷依旧存在，即使程度有所降低，但如何使人工机械瓣膜的缺陷指标降低到更小甚至是消除，仍是目前人工机械心脏瓣膜研发的重点。

三、机械瓣膜的材料

制作瓣膜的材料一般包括三种：硬质材料、弹性体与纺织品。

1. 硬质材料

机械瓣瓣架都采用硬质材料，要求耐高温、耐强酸、耐强碱、耐腐蚀，表面高度光洁，血栓形成率降到最低限度。这种材料分金属与非金属二种。目前应用最广泛的有：

（1）金属：如钴铬镍合金及钛钢，二者性能均稳定，可长期留在体内。

（2）非金属：常用的为石墨作基质，低温各向同性碳作涂层，统称为热解碳。它高度耐磨，与血液接触后产生一种蛋白质的中间吸附层，不易发生血栓。可作瓣架，也可作阀体。

2. 弹性体

弹性体为特级硅酮橡胶制品，1961 年初期，笼球瓣的阀体用此材料制成，但约有 1‰出现硅球变性，因硅胶能吸收血液中的类脂质，球体膨胀变脆。1967 年，改用低硫化处理硅胶球后，未发现变性现象报道。

3. 纺织品

纺织品用以制作缝环，其中有聚四氟乙烯与涤纶两种织品。国产笼球瓣与侧倾碟瓣均采用 50D 涤纶长丝织品制作缝环，具有不皱、不缩、不变形、尺寸稳定、抗湿性好的特点。

四、机械瓣血液动力学特点

机械瓣膜性能是否稳定，是否具有很长的使用寿命，很大程度上取决于机械瓣血液动力学特性。由于结构上的原因，在瓣口流道中存在着瓣叶（单或双叶）、瓣球或瓣碟，即阻塞体，它将直接影响血液的流动。人们不断的改进人工瓣膜的结构，使阻塞体从处于流道的中央，逐步移向流道的侧边，也就是将流体非中心流特性逐步改进为近似中心流特性，以使人工瓣膜的流体力学特性大大的改善，从而减少滞流区，减低血栓形成的可能性以及对血液有形成分的破坏，即不产生溶血。

正常心脏瓣膜为中心血流，如图 6-2-8（a）所示。机械瓣由于结构、设计及制作的限制可分三种：中心血流型、半中心血流型、周围或边缘血流型。一般，中心血流型跨瓣压差小，半中心血流型稍大，周围血流型最大。依机械瓣的结构，血流通过瓣膜须经过三个孔道，三个孔的几何学部位分布与面积对跨瓣压差有显著的影响。第一孔，即瓣口直径或瓣口面积，瓣口直径越大，血流通过阻力越小，跨瓣压差越小；第二孔，即阀体打开时阀体与瓣座之间形成的孔道；第三孔，即阀体打开时阀体与主动脉内壁或心室内壁之间周围的腔隙。第二孔与第三孔的腔隙大小对瓣膜功能的影响与第一孔相同。笼球瓣为周围血流型的瓣膜，具有三个孔，因此，其前进血流阻力较大，跨瓣压差也较大，如图 6-2-8（b）所示。侧倾碟瓣为半中心血流型，由于碟片倾斜 60°，且第二孔与第三孔均由碟片构成，呈线型，二者相同，阻力较小，跨瓣压差也小，但仍稍大于第一孔，如图 6-2-8（c）所示。双叶式瓣膜为中心血流型瓣膜，其第一、二孔与第三孔均呈双

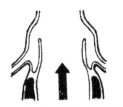

(a)正常心脏瓣膜（中心血流型）

(b)笼球瓣（周围边缘血流型）

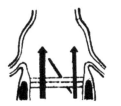

(c)侧倾碟瓣（半中心血流型）

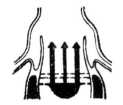

(d)双叶瓣（中心血流型）

图 6-2-8 机械瓣血流动力学特性

线型，阻力及跨瓣压差最小，几乎不造成明显阻力，其血流方式近似于自然心脏瓣的中心血流方式，如图 6-1-8(d) 所示。

五、机械瓣膜的血液相容性

人工心脏瓣膜最大的问题是当血球、血小板与人工心瓣接触后，会在表面粘附和坏死，最后凝结成血栓，影响人工心脏瓣膜的功能。因此，植入机械瓣膜的患者，必须在植入后长期进行抗凝治疗，但这样有引起严重出血的危险。上述原因一直严重地影响机械瓣膜的使用和发展。香港城市大学等离子体实验室开发出一套等离子体改良表面材料技术，改良现有人工心脏瓣膜材料的表面性质，增加人工心脏瓣膜与血液的相容性，大大减少粘附的血细胞数目，而粘附的血细胞也不会迅速坏死，从而最大限度地避免了血栓的形成。

§6-3　生　物　瓣　膜

生物瓣膜也称组织瓣（tissue valve），由于制作时采用的组织不同，又可分为同种瓣（人的主动脉瓣、硬脑膜瓣等）及异种瓣（牛心包、猪主动脉瓣等）两类，如图 6-3-1 所示。生物瓣具有良好的血流动力学性能，多数病人不用终生抗

(a) 修剪好的同种主动脉瓣　　　　　　　(b) Hancock 瓣

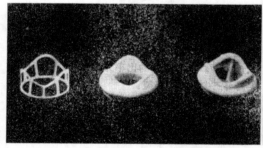
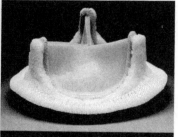

(c) 全弹性架猪主动脉瓣支架、瓣架及瓣膜结构　　　(d) 全弹性架猪主动脉瓣

图 6-3-1　生物瓣膜

凝。血栓栓塞率低，与瓣膜有关的合并症明显低于机械瓣，但其寿命问题（一般为 10～15 年）至今未能获得满意解决。

一、生物瓣的结构

生物瓣的结构包括三部分：瓣架、瓣叶、缝环。

1. 瓣架

最初采用涤纶包布的金属瓣架，后来，为了增加瓣架的弹性，减少瓣膜关闭时所承受的应力，以延长瓣膜的寿命，Hancock 瓣改用聚丙烯制作瓣架，Angell-Shiley 瓣改用聚甲醛（Delrin）制作瓣架，而 Carpentier-Edwards 则改用一种弹性好的钴镍合金丝作瓣架。瓣架仍用涤纶包布，瓣架为整体结构，供缝合固定瓣膜联合部用的瓣架向上三个突出的部分称瓣柱，瓣架基底部称瓣架底座。

2. 瓣叶

即经过戊二醛处理的天然猪主动脉瓣，或以牛心包裁剪缝制的三瓣叶，固定在瓣架上，起着瓣膜开与闭的作用。

3. 缝环

固定在瓣架基底部的环行涤纶织品内衬垫硅胶海绵，供缝合固定瓣膜用。

二、生物瓣膜材料的特点

在生物瓣膜的加工过程中，由于所选择生物材料之间的差异以及单个制作工艺方面的因素，也会影响生物瓣膜的质量和使用寿命，从而妨碍生物瓣膜的进一步广泛使用和发展。瓣膜的生物材料在体内钙化衰败导致瓣膜失灵，产生钙化衰败的机理和如何防止过早钙化衰败，是当前生物瓣膜研究领域中的重大课题。根据观察，牛心包瓣、猪主动脉瓣植入体内所形成的钙化形态和钙化区的分布与钙化速率各不相同。生物瓣材料的疏水性对钙化的影响也很大。生物材料可能先在弹力纤维上，钙离子与弹性朊基质相互作用形成带正电的聚合物，从而吸引了血中带负电荷的磷酸根离子，中和了钙键基质的正电性，形成钙磷酸盐，促成钙化结晶的形成，最终会导致生物瓣钙化。

生物瓣膜材料在目前的使用中，均由戊二醛处理制备。戊二醛作为膜材的防腐剂和交联剂，在提高牛心包膜材料的强度和韧性的作用已被实践所证实。戊二醛处理也能在很大程度上掩盖和减少生物材料的免疫原性，从而保证生物膜材在体内长时间植入而不引起明显的免疫反应。但近年来的研究表明，用戊二醛处理生物瓣，很可能也是导致生物瓣钙化的一个不可忽视的因素。新鲜猪主动脉瓣

（未经戊二醛处理）和已经用戊二醛处理的猪主动脉瓣同时植入体内 3 周后，前者未发现任何钙化点，后者出现了极明显的瓣膜钙化区。有关戊二醛促使生物瓣钙化的机理尚不清楚，但多数作者认为戊二醛处理生物材料时，磷离子移入胶原螺旋纤维空间内，易导致羟磷灰石结晶的形成；也有人认为戊二醛处理的生物材料，胶原纤维结构本身有一种钙键，通常由糖胺聚糖类物质掩盖，膜材经戊二醛处理后，多糖类物质被除掉，钙键能以磷的形式共价结合在钙化沉积物上，也会导致钙化。但是使用加热处理的技术，可以改善调节戊二醛处理的生物瓣膜的钙化。Purinya 的研究结果指出，植入 4 年后，猪主动脉瓣衰败的主要原因是较大的拉应力，它比新鲜的瓣膜要大许多。Barber 在移植生物心脏瓣膜特性的力学和生物力学的研究中，指出原因是黏多糖（GAGs）与骨胶原纤维粘合，能够在临近的骨胶原纤维之间传递力，从而保持水合组织。黏多糖丢失会引起材料的退化，导致弹性、黏滞性和力学强度的减小，使瓣膜最终衰败。根据一些文章报告使用的多聚环氧化物（PC）和丙三醇（glycerol）等处理生物瓣，都能明显减缓组织钙化，胶联的组织柔韧性和亲水性好，给组织代谢创造了条件。生物瓣膜钙化类似组织的骨化过程，最终的结果是以钙磷酸盐沉积在生物瓣材料上形成瓣膜的钙化，这是致使材质弹性韧性以及机械强度都发生很大变化，造成生物瓣失灵最主要的因素。当然，影响生物瓣钙化的因素还很多，生物瓣钙化是一个复杂的物理化学和生物化学过程，要从多方面角度配合起来研究，阐明钙化机理，对症下药，才有可能解决生物瓣防钙化问题，这是提高生物瓣的耐久性、可靠性和延长人工心脏生物瓣膜使用寿命的中心环节。

三、生物瓣血液动力学特性

生物瓣膜具有良好的流体力学特性，即瓣口流道中流体的中心流特性，由于没有阻塞体，血栓形成的可能性非常低，并且不会对血液有形成分产生破坏。制作瓣膜的材料（牛心包、猪主动脉）有很好的血液相容性，不会产生凝血、溶血以及形成血栓等，患者植入后不需要进行抗凝治疗，受到临床的欢迎。可是，生物瓣膜容易发生钙化，使瓣膜较早产生衰败，严重影响生物瓣的使用寿命。

§6-4　组织工程瓣膜

在前述人工瓣膜的基础上，从 1998 年，英国、美国、新加坡等国的学者开始了组织工程心脏瓣膜的研究，采用 PCL（poly caprolactonc）制成多孔支架材料，进行结缔组织细胞培养。目前，通过体外试验已可以培养成瓣膜的形状，但这一新兴的技术仍处于探索和动物试验阶段，有许多技术问题和临床实际问题尚待解决和克服。然而，随着组织工程技术的发展和对组织工程瓣膜研究的不断深入，组织工程瓣膜完全有可能在未来 10 年内广泛应用于临床。

组织工程心脏瓣膜主要采用人工合成材料、同种或异种的脱细胞心脏瓣膜作为组织工程心脏瓣膜的支架，通过将体外扩增的患者自体活细胞种植在瓣膜支架上，细胞能够牢固粘附、生长，使其具有正常瓣膜组织的新陈代谢功能，最后应用于置换病变的瓣膜，在体内发挥类似于正常瓣膜的功能。因此，组织工程心脏瓣膜不仅从功能上发挥正常瓣膜的功能，而且在结构上类似于正常瓣膜，目前被喻为活体生物瓣。从理论上讲，它完全克服了目前所用两类人造心脏瓣膜的缺点，具有非常重要的临床应用前景。

理想的组织工程瓣膜支架材料不仅要提供种植细胞生长的空间和瓣膜组织细胞生成的模板，同时又要求在瓣膜细胞生成之前提供足够的机械强度，承受快速血流的冲击所产生的张力和剪切力。目前，实验研究的支架材料主要有生物可降解高分子材料和脱细胞瓣膜支架材料两类。生物可降解高分子材料所制成的瓣膜支架可随着种植细胞外基质的形成，支架逐渐降解、重吸收，被新生瓣膜组织细胞取代，最终在瓣膜组织中不遗留任何异物，因此，它无疑是瓣膜支架的最好选择。另一类组织工程瓣膜的支架是采用同种或异物瓣膜经脱细胞处理后的瓣膜支架，脱细胞处理后的瓣膜支架不仅消除了抗原性和免疫原性，而且保持正常瓣膜三维空间，其纤维网络结构有利于细胞种植和生长，并且有很好的抗张强度。研究结果表明，在脱细胞处理的瓣膜支架上种植细胞所构建的初级组织工程瓣膜，要比在生物材料支架上简单易行，三维空间结构和组织学结构更佳。

支架是组织工程瓣膜的基础，而组织细胞的来源和种植则是关键。目前，实验研究所用的细胞来源有动脉或静脉的血管内皮细胞、血管或皮肤的成纤维细胞或平滑肌细胞、骨髓基质干细胞、脐带血干细胞等。

目前，组织工程瓣膜的在体试验研究尚处于动物试验阶段。无论是高分子生物材料，还是脱细胞处理的异种或同种瓣膜支架所构建的组织工程瓣膜，动物试验的近期效果尚较满意。

§6-5　人工心脏瓣膜通用技术条件

标准 GB12279－90 规定了人工心脏瓣膜（以下简称人工瓣膜）的术语和设计、生产、试验方法及包装和标签等方面的要求，该标准适用于所有以非人体组织材料制成的人工瓣膜。

一、常用术语

人工心脏瓣膜（cardiac valve prostheses；heart valve substitutes）：代替心脏瓣膜的人工替代物称为人工瓣膜，根据使用位置主要分为主动脉瓣和房室瓣。

人工机械心脏瓣膜（mechanical heart valve substitutes）：由非生物材料制成的人工瓣膜称为人工机械心脏瓣膜（简称机械瓣）。

人工生物心脏瓣膜（biological heart valve substitutes）：全部或部分由动物组织为材料制成的人工瓣膜称为人工生物心脏瓣膜（简称生物瓣）。

瓣阀（occluder）：人工瓣膜中用以阻止反向血流的部分称为瓣阀。

安装直径、组织环直径（mounting diameter, tissue annulus diameter）：与病人瓣环直径相匹配的人工瓣膜（包括它的所有覆盖物）的外部直径称为安装直径或组织环直径（如图 6-5-1 所示）。

缝环外径（external sewing ring diameter）：人工瓣膜包括缝环或凸缘的最大外部直径称为缝环外径（如图 6-5-1 所示）。

外廓高度（profile height）：人工瓣膜在开启或关闭位置的最大轴向尺寸称为外廓高度（如图 6-5-1 所示）。

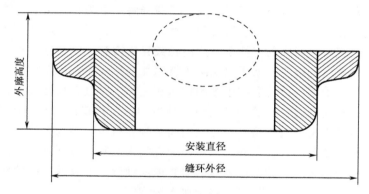

图 6-5-1　人工瓣膜尺寸名称

循环（cycle）：在脉动流条件下，测试的人工瓣膜完成一次启闭动作的过程称为循环。完成循环所需的时间称为循环周期。

循环率（cycle rate）：每分钟内完成循环的次数称为循环率，以 cycle/min 表示。

搏出量（stroke volume）：循环周期内，通过人工瓣膜前向运动的流体体积称为搏出量（如图 6-5-2 所示）。

前向流阶段、前向流相（forward flow Phase）：循环周期内，流体通过测试的人工瓣膜前向流动的时期称为前向流阶段或前向流相。

返流量（regurgitant volume）：循环周期内，反向通过测试的人工瓣膜的流体体积称为返流量，它是关闭量与泄漏量之和（如图 6-5-2 所示）。

关闭量（closing volume）：返流量中与瓣膜关闭动作有关的部分称为关闭量（如图 6-5-2 所示）。

泄漏量（leakage volume）：返流量中通过关闭的瓣膜与泄漏有关的部分称为泄漏量（如图 6-5-2 所示）。

返流比（regurgitant fraction）：返流量与搏出量之比称为返流比。

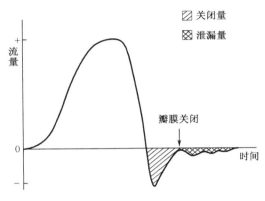

图 6-5-2　搏出量和返流量

模拟心输出量（simulated cardiac out put）：每分钟内通过测试的人工瓣膜净前向运动的流体体积称为模拟心输出量，模拟心输出量＝（搏出量－返流量）×循环率，单位为 L/min。

平均流量（mean flow rate）：在循环的前向流阶段，通过测试的人工瓣膜的流量对时间的平均值称为平均流量。

均方根流量（root mean square flow rate）：在循环的前向流阶段，通过测试的人工瓣膜的流量平方对时间平均值的平方根称为均方根流量。

动脉舒张末期压（arterial end diastolic pressure）：主动脉压力的最小值称为动脉舒张末期压（如图 6-5-3 所示）。

动脉峰值收缩压（arterial peak systolic pressure）：主动脉压力的最大值称为动脉峰值收缩压（如图 6-5-3 所示）。

平均动脉压（mean arterial pressure）：循环周期内主动脉压力对时间的平均值称为平均动脉压。

平均跨瓣压差（mean pressure difference）：在循环的前向流阶段，瓣膜两侧正向压差对时间的平均值称为平均跨瓣压差。

对照瓣（reference valve）：用来对比试验瓣结果或评价瓣膜测试装置中试验条件的人工瓣膜称为对照瓣。对照瓣的型式、结构和尺寸应近似于试验瓣，它可以是相同型式人工瓣膜的早期样品，对照瓣的特性最好有实验室和临床数据的证明文件。

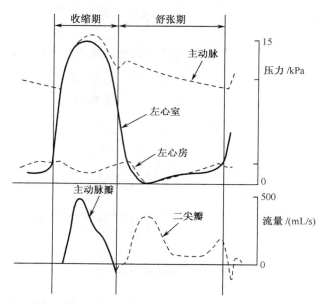

图 6-5-3　健康成人的搏动波形实例

二、设计和生产要求

人工瓣膜的尺寸必须用安装直径来表示，以 mm 为单位。制造人工瓣膜的过程、人员和环境应符合生产管理规范（GMP）的要求，GMP 的具体要求如下：

1. 适用范围

本规范适用于本标准所述的各种人工瓣膜的制造。

2. 生产设施

（1）生产设施必须妥善维护，其大小、结构与安放位置要便于清扫和保养，以利于制造过程中加工、再加工、包装、制作标签、贮存和销售等工作的进行，从而满足生产单位的技术要求，符合有关的政府标准与规定。

（2）工厂应为以下各项用途提供场地：① 存放设备及材料；② 接收和贮存原材料；③ 识别和鉴定材料；④ 存放不合格的材料和加工中的废品；⑤ 进行包装和贴标签的工作；⑥ 存放成品。

生产和检验中所需要的照明、通风、遮蔽和更衣室都要适当而充足，为了满足生产过程中的要求，必要时，应提供控制压力、微生物、尘埃、湿度和温度的系统。

3. 设备

所有用于生产、检验和性能控制的仪器设备都必须保持清洁，放置得当，便于维修和使用。用于检查和检验人工瓣膜材料、部件、产品性能的仪器设备及其他工艺设备应定期检查、维护和校准，应确定校准精度以确保材料、部件和成品符合技术要求，校准记录应存档。

4. 人员

（1）所有人员必须具备：具有与其职责相称的能力；经过必要的训练或具有经验；充分了解生产过程或检验过程；全面了解自己的职责及自己的工作对别人的任务和最终成品的应用所具有的重要性。

（2）为了保证人工瓣膜按照已定的规程加工制造，负责指导制造和检验的人员必须受过相当的教育、训练或具有相当经验，或者兼而有之。

（3）对参加生产或检验工作的新人员必须进行现有生产管理规范的正规训练，这种训练应当是经常性的。

（4）直接负责质量控制的人员不应直接负责生产。

5. 产品及工艺规程的说明

（1）每种产品都应有技术要求、工艺流程、方案或图纸等技术资料作为加工制作、工艺、试验细节及检测的参考，这些不一定集中于一个文件中。

（2）关于技术要求、技术方案和图纸的修改必须建立专门的制度，由专人负责批准，修改记录必须存档。

（3）不合格的关键性材料应加以鉴别并剔除。

（4）不合格的部件或成品不得使用或发运，应详细记录并保存对这些不合格产品的结论及决定。

（5）完整的技术要求、方案或图纸应包括：① 产品的名称、说明及法律规定的各种标签和与零售或批发直接有关的其他各种标记的样品或复印件，包括由批准这些标签的负责人签名和签注日期的标签复制件；② 由名称或足以表明质量特性的代号表示的材料的完整清单；③ 产品制造中，任何专用或特殊的容器及密封、包装和装饰材料的说明；④ 生产、质量控制或检验的指导说明、工艺规程、技术要求、特殊代号及要遵守的注意事项。

6. 材料

（1）用于加工、制造和包装瓣膜的材料应分门别类的存放与管理。应当规定，对进货的成批材料必须进行检查和抽样检验，材料在鉴定处理和贮存中要防止损坏、变质、混杂或污染，不合格的材料应予分辨，并分开保存，等待最后决定如何处理。

（2）材料检查记录和所作的结论必须加以保存，记录必须包括材料的名称和数量、供货厂名称及收货日期。

7. 实施

1）生产

生产的实施过程必须计划周到，管理妥善，确保产品符合工艺规程的要求和必须遵守的法定标准。

生产过程中的每一重要步骤必须由称职而又负责的人员来操作，如果这些步骤是由精密的、自动的机械或电子设备控制的，则此类设备的固有性能必须定期检查和校验。条件具备时，应对产品质量实行连续监督，以确保产品的一致性和完整性。

必须作出生产和检验记录，把生产和检验或检查的操作过程记载下来备查。

2）生产记录

生产记录必须包括证明生产出来的人工瓣膜具有满足规范要求的性能、特性和质量的证明文件，它包括：表明对每批产品进行特定的操作和检查的文件；人工瓣膜的批号或检验号与生产中用到的操作规程和工程图纸联系起来的标记；将瓣膜批号或检验号与材料或部件的批号相关联的说明。

3）质量保证

生产厂必须对产品有质量保证方案，在成品包装和贴标签之后，还必须进行抽样检查，以防销售不合格产品。

表明产品满足特定要求的数据资料应记录并保存，并由进行测试或检测的个人签名。

如果产品经检查后，在销售前需要改进、修理或替换，则任何受到影响的性能都必须经过重新检查或测试。

4）包装和标签

对包装和贴标签的工作应加以监督，以保证只有符合规定要求的瓣膜才能销售，对包装和标签的监督包括下述内容：

（1）包装和贴标签的工作应按成文的规定进行，以保证使用正确的标签和包装材料；

（2）包装和贴标签的工作应进行检查，以防混淆，并可根据批号或检验号对成品进行辨别；

（3）包装瓣膜用的容器、密封物或其他部件应能保护瓣膜在运输过程中不受污染，所有包装材料不能具有反应性、加和性或吸收性，以防改变瓣膜的性能、特征或质量；

　　（4）应对完成包装和贴标签工序的人工瓣膜进行检查；

　　（5）有有效期的瓣膜必须在包装上注明。

　　8. 销售记录

　　生产厂应建立有足够数据资料的成品管理和销售办法。生产厂的销售记录应包括收货人的姓名、地址、销售日期、发货数量，此记录应保持至少 5 年。

三、材料试验

　　1. 要求和方法

　　用于制造人工瓣膜的所有材料都必须经过识别和鉴定，并说明其性能，识别和说明性能的方法与所试材料有关。在评价瓣膜材料中，可以采用的试验方法如表 6-5-1 所示。

表 6-5-1　评价瓣膜材料可采用的试验方法

材料	性能/特性	已规定试验方法的国际标准
金属合金	基本力学性能和抗腐蚀性能	ISO5832《外科植入物——金属材料》
可塑性材料	分子量（相对溶液黏度）	ISO5832/1《外科植入物——超高分子量聚乙烯——第一部分：粉末》
	灰分含量	ISO3451《塑料——灰分的确定》
	熔流指数	ISO1133《塑料——热塑性材料熔流率的确定》
	拉伸性能	ISO/R 527《塑料——拉伸性能的确定》
	弯曲性能	ISO178《塑料——刚性塑料弯曲性能的确定》
陶瓷-氧化铝	—	ISO6474《外科植入物——氧化铝陶瓷材料》
生物材料	拉伸性能	ISO/R 527《塑料——拉伸性能的确定（可适用）》

　　2. 试验报告

　　试验报告应包括下述资料：试验原理；试验材料类别（如化学属名或生物来源）；样品识别（如批号）；试验样品号；如试验方法不同于本标准中推荐的方法，应说明试验方法的全部细节；试验结果。

四、部件试验

　　1. 要求和方法

　　人工瓣膜各部件的样品应进行生物相容性、耐久性及机械性能的试验，有的部件试验也可以用完整的人工瓣膜的试验来完成。

2. 试验报告

试验报告应包括下述资料：试验原理；试验部件的说明；试验样品号；试验方法的叙述；试验结果。

五、人工瓣膜试验

所有准备试验的人工瓣膜都应当是质量合格的成品（可除去缝环）。试验以前，每个人工瓣膜都要按照生产单位采用和准备采用的消毒规程进行消毒，在瓣膜可由用户再次消毒的情况下，应当采用生产单位推荐的最苛刻的条件和可允许的重复消毒的最大次数进行消毒。

在下述各条所述的试验报告或研究报告中，应说明每个试验瓣和对照瓣的类别、型式、安装直径、缝环外径和外廓高度，应说明每个试验瓣的瓣架和瓣阀使用的材料、各种材料的比重和各构件的质量及瓣阀的行程等。

1. 流体力学试验

1）试验目的
获得人工瓣膜在整个循环周期内的流体力学数据。
2）试验装置、测试仪器和试验流体
试验装置：通常采用脉动流模拟测试装置，此装置应能满足下述要求：① 模拟有关心腔和血管的尺寸；② 包含一个由阻力和顺应性部件组成的体循环的等效流体力学模型；③ 产生近似于健康成人的压力和流量波形（如图 6-5-3 所示）；④ 模拟主动脉峰值收缩压 16kPa（120mmHg）及动脉舒张末期压 10.7kPa（80mmHg）；⑤ 搏出量可以调节，可高达 150mL；⑥ 循环率可以调节，可高达 150cycle/min；⑦ 循环率为 70cycle/min 时，收缩射血期约为循环周期的 35％；⑧ 可测出随时间变化的压力和流量；⑨ 能在循环的各时相对试验瓣进行观察和记录；⑩ 通过试验对照瓣来确定试验装置的特性，这些特性可利用相同型式的对照瓣的正规试验来监测，并以此来评价试验状态的重复性。
测试仪器：要求所用测试仪器的精度在满量程读数的±5％之内。
试验流体：试验流体可以是等渗盐水、血液或血液模拟液，必须说明所用流体的物理性质（如比重、工作温度下的黏度等）。
3）试验方法
在瓣膜预期使用的位置上，每种尺寸至少试验三个人工瓣膜。在 2～7L/min 的流量范围内，至少选择四种模拟心输出状态，完成所有测量和定性评价。每个变量至少测量 10 次，并计算平均值和标准偏差，这 10 次测量应从依次或随机选择的循环中获得。

定性评价并以适当的资料证明每个瓣膜的打开和关闭动作，如有可能，定性地研究人工瓣膜附近区域的流场。

通过试验得到下列参数：① 平均跨瓣压差；② 过瓣的平均流量和均方根流量；③ 搏出量；④ 循环率；⑤ 循环期间的平均动脉压力；⑥ 通过试验瓣的前向流持续时间与循环周期之比；⑦ 三种循环率下的返流量（包括关闭量与泄漏量）。

4）试验报告

试验报告应包括下述数据资料：

（1）说明试验流体在试验条件下的温度、黏度和比重。

（2）提供按以上要求制作的脉动流模拟测试装置、试验回路及有关装置的主要部件的资料，包括系统示意图，系统中有关腔室尺寸、测压点相对于瓣膜缝环中间平面的位置，提供在约 70cycle/min 的循环率下典型的压力和流量波形。

（3）用适当的文件资料对试验瓣的打开和关闭动作进行评价，如有可能，说明在试验条件下瓣膜附近区域的流场情况。

（4）在每种模拟条件（心输出量、循环率）下，对每个试验瓣和对照瓣用图表的形式详细给出以下数据（平均值、范围和标准偏差）：模拟的心输出量；循环率；前向流相持续时间与循环周期之比；搏出量；平均流量和均方根流量；平均跨瓣压差；有效开口面积；返流量（关闭量和泄漏量）、返流比；整个循环的平均动脉压力（仅对主动脉瓣而言）。

2. 体外耐久性试验

1）试验目的

获得人工瓣膜在体外测试条件下形状改变状况和耐久性的数据。

2）试验装置

目前尚无公认合理的试验方法和试验装置，通常可采用加快循环率的试验装置，这类装置必须满足以下要求：① 应能在各种循环率下产生并保持至少 10kPa 的跨瓣压差；② 在每次循环中瓣膜能全开全闭；③ 能对试验中的人工瓣膜的开闭动作给出客观的评价；④ 应要求所用测试仪器的精度在满量程读数的 $\pm 5\%$ 之内。

3）试验流体

应当适合由试验装置规定的条件。

4）试验程序

最大、中间、最小每种尺寸至少取一个进行试验，并通过至少一个对照瓣的对比试验以便监控试验装置的性能，应当连续试验直到瓣膜失效或至少完成 380×10^6 次循环。在试验期间，至少每隔 38×10^6 次循环，应对试验瓣的状况进行定性和定量的检查。假如瓣膜失效，必须确定失效的类型并分析最可能的原因。

试验期间，人工瓣膜可能发生结构破坏或功能减退。结构破坏包括穿孔、撕裂、分层剥离、磨破、接合故障、断裂、过度变形、某单一部件失效和其他机械故障或磨损等；功能减退包括过量返流或过量的跨瓣压差等。

5）试验报告

试验报告应包括下述数据资料：① 说明试验流体在试验条件下的温度、黏度和比重；② 详细说明试验装置和试验方法，包括测试系统的简图；③ 循环率；④ 用试验瓣和对照瓣的跨瓣压差数据、压力波形、瓣膜开闭特性的适当的直观记录来说明试验方法的有效性；⑤ 详细描述试验完成或瓣膜失效时人工瓣膜的状态，对任何损坏都应当用适当的手段如组织学或表面特征等来充分说明损坏的情况。

3. 动物试验

临床前，将瓣膜植入动物体内旨在得到在体外试验中无法获得的瓣膜性能数据，特别是关于血液动力学性能和生物相容性方面，可得到很有价值的资料。目前尚未确定统一的可以接受的动物类型（牛、狗、山羊或绵羊等），应当认识到，每一种动物都有各自的优点和局限性，因此必须研究这些因素的影响。

1）试验目的

获得人工瓣膜在植入活体后功能的数据。

2）试验要求

必须用同类动物进行试验，其中，至少三头动物术后处于良好状态，获有急性期的完整资料；动物在植入瓣膜后至少应存活一个月以上，以获取慢性期的有关资料。对每一个植入人工瓣膜的动物都必须进行尸检。

3）试验报告

试验报告应包括下述资料：① 详细说明所用的动物，包括使用这种动物的理由及每头动物在试验前的检查数据；② 每头动物在植入人工瓣膜后作所检查的病理报告，这个报告应包括人工瓣膜在原位的情况和主要器官血栓栓塞的直观记录，假如动物死亡，则必须说明死亡的原因；③ 记录动物存活期间接受药物治疗中所用药物的名称、剂量和使用方法，特别是抗凝药物及使用效果；④ 所进行血液检验的情况和结果，包括瓣膜植入后到进行这些血液检验之间所经过的时间；⑤ 术后人工瓣膜血液动力学性能的评价报告；⑥ 从受试动物身上取出瓣膜的外观及结构变化的直观记录，例如肉眼可见的损伤、材料退化、变形和钙化，如有可能，应按上述的流体力学试验方法评价取出瓣膜的功能。

4. 临床评价

仅有体外性能试验和动物试验的数据不能代替对病人身上的瓣膜性能的评

价。在病人身上，生理学和新陈代谢的因素可能影响病人长期生存和引起并发症，临床评价的目的是得到有关人体控制条件下人工瓣膜的性能数据。本标准中推荐的临床评价只是针对少数病人和短期随访的情况，这个阶段的研究可以检查早期与瓣膜有关的问题，以免推迟新型人工瓣膜的有效使用。为了对后期并发症的发生范围进行详细的统计分析，必须对大量病人进行长期随访。因此，对本标准涉及的第一阶段临床研究的承认程度还有待于以后更广泛、更长期的监督和随访。

1）研究目的

获得人体生理条件下人工瓣膜的性能数据。

2）研究范围

医院的数目：应当至少在三家医院进行临床评价，每个医院至少应植入 20 个主动脉瓣或 20 个二尖瓣，每种瓣膜应包括尽可能多的尺寸规格。

病人数目：至少应研究 60 个单独植入主动脉瓣或二尖瓣的病人，每种瓣膜至少 20 个。

研究持续时间：在最后一个人工瓣膜植入后，三分之一的病例至少应继续随访 12 个月。

3）临床资料

在医院中接受瓣膜置换的所有病人必须报告下述规定的资料：

识别资料：识别资料包括病人性别和出生日期、医生姓名、医院名称。

术前资料：术前资料包括术前诊断和现有疾病、NYHA 心功能等级、以前的心血管手术、血流动力学检查、血液检验。

手术资料：包括手术名称、术前诊断、术后诊断、手术日期、人工瓣膜类别、型式、序号及尺寸、手术医生、缝瓣方法、手术并发症。

随访资料：① 瓣膜序号；② 随访日期及随访方式，如电话、通信或家访等；③ NYHA 心功能等级；④ 有创或无创的血液动力学评价；⑤ 血液检验；⑥ 抗凝治疗和抗血小板药物应用的开始和终止日期、治疗的方法；⑦ 体循环栓塞并发症的名称、次数及后果；⑧ 瓣膜上血栓形成的情况及发现的方法；⑨ 有关并发症的情况，包括溶血、感染、瓣膜失效、瓣周漏、抗凝并发症等；⑩ 心电图及胸部 X 射线检查的结果；⑪ 再次手术的概况；⑫ 取出瓣膜的分析；⑬ 死亡的日期和原因；⑭ 如可能，尸体解剖报告。

随访数据资料应在术后六个月之内和满一年时收集，以后逐年收集。

4）临床研究报告

研究报告应将按以上临床资料要求收集资料制成表格，还应在合适的地方说明下述资料：① 用统计学方法分析生存率和无并发症的比例。② 分析死亡原因和并发症产生的机理。③ 从以下几方面整理研究结果：生存总数；无并发症生存的比率；无特定并发症（如瓣膜血栓形成、体循环栓塞、抗凝出血、心内膜炎、人工瓣膜失效、再次手术和瓣周漏等）生存的比率。

5. 消毒、包装和标签

1）消毒

生产单位可提供消毒或不消毒的人工瓣膜。生产单位采用或推荐采用的消毒方法不得使产品发生与人体组织不相容的变化，也不得在机械性能或其他性能方面造成明显的影响。如果人工瓣膜可由用户消毒，生产单位必须详细提供所推荐的消毒方法，包括用户可采用的重复消毒的最大次数。

2）包装

单件容器：人工瓣膜应当包装在单件容器内，单件容器应设计使其一旦打开就能明显地看出封口已被坏，单件容器应能在正常的经销、运输和贮存的条件下保持人工瓣膜的无菌状态，允许以无菌方式取出瓣膜。

假如人工瓣膜可以由用户消毒，单件容器应能允许重复消毒，并提供足够的物理保护，以防止人工瓣膜在重复消毒过程中受到机械损伤，或由生产单位说明人工瓣膜消毒后合适的重新包装的办法。

外部容器：应有一层或多层外部容器来保护单件容器。

3）标签

单件容器：每个单件容器应当至少注明以下事项：① 人工瓣膜的名称、类别、型式、安装直径、序号等；②"已消毒"或"未消毒"标记；③ 假如包装被提前打开或损坏时禁止使用该产品的警告；④ 消毒日期（年、月）及消毒失效期（年、月）；⑤ 如有必要，写明失效期（年、月）；⑥ 生产单位名称、地址。

外部容器：每个外部容器应注明前述单件容器所规定的所有事项及贮存的方法。

产品说明书：每个单件容器应随带产品说明书，其中至少包括下述内容：① 人工瓣膜的名称和类别、型式；② 取出和使用人工瓣膜的注意事项；③ 必须遵守某些预防措施的说明；④ 使用人工瓣膜的技术说明；⑤ 所需附件的描述和使用说明；⑥ 推荐的贮存方法；⑦ 写明可以经受重复消毒的最大次数及推荐的消毒方法；⑧ 人工瓣膜所用主要材料的名称；⑨ 生产单位名称、电话（或电报、电传等）及地址。

4）病人识别卡

每个单件容器应随带一份病人识别卡，由医生填写交病人保存，包括下述内容：① 病人姓名；② 医院病历号；③ 医院名称及地址；④ 瓣膜植入日期；⑤ 植入位置；⑥ 生产单位名称；⑦ 人工瓣膜的类别、型式、序号及尺寸。

5) 随访卡

每个单件容器应随带瓣膜随访卡。随访卡一式三份，由医生填写，一份留医院存档，一份存入病历，一份寄回瓣膜生产单位。随访卡的内容至少应包括瓣膜的类别、型式、尺寸、序号，病人简况，手术前后的诊断，治疗情况及随访结果等。

思　考　题

1. 人工心脏瓣膜的功用是什么？
2. 人工心脏瓣膜具有哪些类型？各适用于什么场合？目前常用的类型有哪些？
3. 设计人工心脏瓣膜应考虑哪些问题？
4. 人工心脏瓣膜检测指标有哪些？
5. 从血流动力学角度考虑哪一种瓣膜最佳？

第七章　外科植入器械的检测

§7-1　概　　述

外科植入物器械（简称外科植入物），即通过外科手术植入人体的器械。随着新材料、新技术的不断开发应用，外科植入物已不断被广大患者所接受。外科植入物根据其结构和功用可分为有源植入物和非有源（无源）植入物两大类，都应遵循我国医疗器械行业标准 YY/T 0340—2002 的基本要求，外科植入物是以其实现下列预期目的来定义：① 全部导入人体；② 替代上皮表面或眼表面；③ 通过外科侵入方法，部分导入人体保留至少 30d 的器械，也认作是植入物。本章介绍非有源（无源）植入物的安全性评价原则及典型植入物的评价方法。

植入物的设计与制造应遵循为实现其预期目的在各种条件下使用时不能破坏临床环境条件或病人的安全，同样不能损害使用者或他人的安全和健康的原则。权衡病人的利弊时，若能适应高水平健康安全的保护，任何与植入物使用有关的风险都可以接受。

§7-2　外科植入器械常用的材料

外科植入物随着应用场合的不同，所选择的材料也不同，如人工体内导管常采用高分子材料，人工关节常采用金属及其合金或陶瓷等材料。近年来，随着微创外科医学的发展，如冠脉血管支架等新产品的出现，形状记忆合金材料在植入物中也得到了广泛应用。随着组织工程研究不断深入，目前组织工程材料也有所问世。此外，为了提高器械的性能，近年来用特殊材料对器械表面进行改性处理也越来越受到广泛重视。

因体内植入器械大多数受力复杂，且处在人体血液与体液浸蚀的环境下工作，在产品设计时就应考虑其力学性能和生物相容性，例如人工关节，除了承受拉、压、扭转和界面剪切力及反复疲劳应力外，还需要材料具有抗磨损的能力。此外，由于假体长期置入体内，材料应具有良好的生物相容性，无毒副作用，耐体液的化学腐蚀和电化学腐蚀。鉴于这种情况，目前的生物医用材料还未达到尽善尽美，只能根据综合性能匹配选用。

一、金属

1. 不锈钢

不锈钢是最早制造人工关节的材料，最广泛使用的不锈钢材料是 316L。316L 是一种奥氏体不锈钢，可经冷处理变硬。这种钢比其他不锈钢的碳含量低（小于 0.03），低碳含量使其在模拟生理环境的含盐和氯的环境中具有更好的抗腐蚀能力，这是因为低碳含量可减少晶界碳化物的形成，而晶界碳化物是植入后晶粒间腐蚀的多发位置，316L 不锈钢的静态力学性能如表 7-2-1 所示。

虽然不锈钢材料具有杂质含量低、延展性好、容易加工等特性，但其抗疲劳强度、耐腐蚀性以及生物相容性较钴合金与钛合金差，已逐渐被合金材料所替代。

表 7-2-1　不锈钢植入材料的静态力学性能

材质	屈服强度/MPa	极限拉伸强度/MPa	延伸率
淬火 316L	170	480	40
冷作 316L	310	655	28
25Cr-7Ni-4Mo-N	550	—	—

2. 钛合金

从材料学角度来说，高弹性模量材料的强度高，从生物力学的角度来讲，高弹性模量也有缺点，如骨科器械所用的材料，因为骨承受的负荷过小处会造成应力遮挡和废用性骨质疏松，最终将导致假体松动或骨水泥断裂。钛合金的优点是弹性模量低，生物相容性好，抗疲劳强度及耐蚀性好；缺点是摩擦系数高，耐磨性差。

为了增强钛合金的耐磨性，人们开始使用"离子植入"技术。实验显示，将氮离子铸入钛合金表面，可增加合金的表面硬度与抗磨损力；而在含氧环境中，钛的抗磨损能力和抗疲劳性可增加，其表面保护层具有很高的惰性，损伤后容易再形成。

目前常用的钛合金为钛-铝-钒，其摩擦系数较高。两个钛合金植入体之间发生摩擦后，可形成磨损颗粒，引起骨溶解和骨吸收。因此，钛合金很少用于具有相对运动的磨损表面。

3. 钴合金

钴合金又叫钴基合金，是钴和铬、钨、铁、镍组中的一种或几种制成的合金的总称，其耐磨性、耐腐蚀性和综合机械性能都较好，是较优良的植入材料。钴合金假体的制造工艺分为铸造和锻造两种，铸造假体的加工较容易，锻造假体的加工较困难，但后者的强度远比前者为高。

临床常用的钴合金是钴-铬-钼合金，它具有很高的耐磨性和抗疲劳强度，多用于矫形外科植入体和负重关节面假体。至于钴-镍-铬-钼合金，虽然具有更高的屈服强度和抗疲劳强度，但耐磨性不及钴-铬-钼合金。

4. 形状记忆合金

形状记忆合金（shape-memory alloy，SMA）是一种在设定温度下具有形状记忆功能，同时具有超弹性功能的特殊功能材料，被誉为"智能合金"。一般金属材料在受到外力后，首先发生弹性变形，达到屈服点时就会发生塑性变形，应力消除后则会留下永久变形，而形状记忆合金则在发生了塑性变形后，经升温至某一温度（该温度经特殊处理手段进行设定）之上，可完全回复到变形前的形状。目前，已开发成功的形状记忆合金有钛镍（TiNi）基形状记忆合金、铜基形状记忆合金、铁基形状记忆合金等。TiNi 基形状记忆合金不仅具有独特的记忆功能与超弹性功能，而且还具有优良的理化性能与优异的生物相容性，其拉伸强度、疲劳强度、剪切强度、冲击韧性均明显优于普通不锈钢，其生物相容性也远好于不锈钢。近几年来，各种形状记忆合金产品相继问世，在医疗器械领域应用不断扩大。将 TiNi 形状记忆合金应用于血管支架和骨科器械等体内植入物，相继开发成功 TiNi 形状记忆合金系列环抱式接骨板、自加压骑缝钉、髌骨爪、髓内针、骨卡环等系列骨科器械，并成功地进行了大量的临床应用，效果良好。

二、超高分子量聚乙烯

聚乙烯（PE）是一种热塑性材料，属聚烯烃类聚合物。聚乙烯的基本化学结构是（C_2H_4）$_n$，共有三种级别的聚乙烯：低密度聚乙烯（LDPE）、高密度聚乙烯（HDPE）和超高分子量聚乙烯（UHWMPE）。超高分子量聚乙烯由于其低摩擦系数的特点而常用于全髋关节中塑料杯的制作，它是一种黏弹性材料，由乙烯聚合而成，受应力后可发生蠕动变形，故不适用于人工关节受弯曲应力的部位。制作聚乙烯部件有两种技术：一为压模加工，二为机械加工。压模加工是将聚乙烯材料轻度加温，然后用钢模压制成形；机械加工则是用专业机械在常温下切割、抛光。通常情况下，压模成形制品的表面光洁度较机械加工制品要好，但前者的加热温度很关键，温度过高会使材料裂解，内部形成空隙。也正是由于这一特征，聚乙烯制成的髋臼假体绝对不能用高温高压消毒，而是在出厂时采用 γ 射线或高能电子消毒，然后无菌包装，当然，过度 γ 射线照射会使塑料变脆，而过量高能电子也会使塑料氧化、裂解。因此，消毒要适当，不能过量。

超高分子量聚乙烯临床应用于人工关节置换时,主要问题是磨损碎屑所引发的溶骨反应,最终导致假体松动,而假体松动又正是当前影响人工关节寿命的主要原因,临床上偶尔见到的假体材料断裂也多是在松动的基础上发生的。系列研究表明,超高分子量聚乙烯的平均磨损速度为 $0.1 \sim 0.2$ mm/年 ,而磨损碎屑的产生则随人工股骨头直径的增大而增多。

三、陶瓷

陶瓷材料主要用于全髋关节置换中的股骨头假体,常用的有碳素、氧化铝、氧化锆、生物活性玻璃和磷酸钙陶瓷。氧化铝和碳素被认为是生物惰性陶瓷,而生物活性玻璃和磷酸钙陶瓷则属于生物活性陶瓷。生物活性陶瓷主要作为支架材料或者结构坚固基体的涂层材料。陶瓷材料制成的假体具有硬度高、组织相容性好、表面光洁度优于金属等特点。陶瓷对聚乙烯的摩擦系数比金属对聚乙烯要低,耐磨损性能好,碎屑产生率低。但陶瓷的脆性较高,不能承受较大的挤压和不均匀的负荷,因此不适合作为髋臼的假体材料,以避免边缘的折断。有学者研究指出,金属假体与陶瓷假体不能互为关节面,因为这种组合可使金属有极大磨损。

四、聚甲基丙烯酸甲酯(PMMA)

聚甲基丙烯酸甲酯(PMMA)又名骨水泥,是一种广泛应用的工业类丙烯酸,最早用于口腔颌面外科。1951 年,Klaer 将其作为髋关节假体固定材料,1962 年,Charnley 对骨水泥固定关节假体进行了全面而细致的研究,使骨水泥得以广泛推广应用,1978 年,我国研制成功骨水泥并应用于临床。黏度测量显示,丙烯酸骨水泥是一种非牛顿型的可塑性物质,了解骨水泥流动特性的重要性的原因是外科医生大约用 7min 的时间来混合骨水泥并用骨水泥枪将其注入体内,制作过程中的某些变化,如加压、真空搅拌、离心或纤维增强必须在这一限定时间内完成。聚合的时间过程是,开始时有 $3 \sim 5$min 的潜伏期,在这段时间内骨水泥的温度和黏度保持恒定,过了这段时期,其温度和黏度迅速增高,约需 10min 后到达峰值温度。固化时间是指达峰值温度和环境温度的平均值所需的时间。

骨水泥是由单体与粉剂两部分组成。单体中同时含有聚阻剂和促进剂,前者能防止单体在保存期间发生聚合反应,后者能加速聚合反应。粉剂中含有甲基丙烯酸甲酯-苯乙烯共聚物(MMA/S)及引发剂过氧化二苯甲酰(BPO)。最初的骨水泥粉剂中不含有硫酸钡,因此骨水泥能被 X 线透过。后来为了在手术后观察骨水泥的分布、骨水泥与假体及骨的界面,以便早期估计预后,部分骨水泥产品在粉剂中加入硫酸钡。大量实验证实,钡剂并不会明显改变骨水泥的物理特性。此外，由于骨水泥在体内长期留置后会变色为类似骨组织的颜色，使翻修手术时难以与骨组织区别，因此，少数厂家在骨水泥内加入了一定量的染料，以便翻修手术时辨认。

骨水泥的单体与粉剂具有自身灭菌能力，将未消毒的骨水泥放在组织中，未发现有细菌生长。尽管如此，目前临床上使用的骨水泥制品仍是按照医疗产品的要求经严格灭菌的。

骨水泥今后的研究方向将聚焦于如何提高耐剪力和耐张力的性能，如何减少骨水泥的松动和断裂，以及如何进一步改善其固定效果。

五、其他材料

近年来，随着生物医学材料的不断发展，国内外正在研究及发展利用喷涂技术或烧结技术，在金属外表面结合一层羟基磷灰石或聚醋酸、碳素等材料制成复合材料，以提高材料的综合性能。

§7-3　外科植入器械的安全原则

制造者设计和生产植入物所采用的方法应遵循安全的原则，并考虑采用已经得到广泛认可的工艺手段。为选择最适宜的方法，制造者应遵循下列原则：

（1）尽可能地消除或减少风险（安全设计与生产）；

（2）对所涉及的不可能消除的风险应采用足够的防护措施，必要时可采用包括报警器在内的防护措施；

（3）由于所采用的防护措施的缺点而引起的潜在风险应告知使用者。

植入物应达到制造者预期的性能，其设计、制造和包装应符合由制造者规定的一种或多种功能，在制造者给出的寿命期限内，当植入物在正常使用条件下受应力时，其特征和性能仍应符合要求。植入物的设计、制造和包装应考虑在预期使用期间、运输和贮存植入物时不对其特征和性能产生负面影响。制造者提供植入物的运输和贮存条件。考虑预期性能时，对任何不希望出现的副作用，应制定一个可接受的风险极限。

一、化学、物理和生物性能

植入物的设计和制造应最大限度地保证上述提及的各种特征和性能。应特别注意：① 选择使用的材料，特别应考虑其毒性，同时还应考虑其可燃性；② 考虑到植入物的预期目的，其使用材料与生物组织、细胞及体液的相容性。

植入物的设计、制造和包装应最大限度地减少在其运输、贮存和使用中产生的污染和残留物对人体的危害，特别注意的是，应最大限度地避免肌体组织与其直接接触，同时还应最大限度地减少接触的时间和频率。

植入物的设计与制造应保证在正常使用或常规操作期间，植入物与所接触的材料、物质和气体的安全性，其设计与制造应与预期达到的性能相一致。植入物中作为组成部分的物质如果分开使用，被认为是医疗产品，尽管其相对植入物来说只起辅助作用，而作用于人体时，该物质的安全、质量及使用应按植入物的预期目的给予验证。

植入物的设计与制造应最大限度地减少滤出物的风险。同时，植入物的设计与制造应考虑到植入物预期使用的自然环境，并最大限度地减少由非故意因素引起的其他物质进入植入物的风险。

二、感染及微生物污染

植入物和制造工艺的设计应尽可能地消除或减少对病人、使用者及第三方污染的风险，应遵循易于处置的原则。必要时，在植入物使用期间最大限度地减少病人对植入物的影响及植入物对病人的影响。

动物源性组织应来自被兽医控制且对组织的使用采取监控措施的动物体内。有关动物的地区源方面的信息由制造者保留。动物源性组织、细胞和物质的控制、防护、试验及处理应提供最佳的安全保障，特别是涉及到安全性的有关病毒和其他可传播物质，应采用有效的方法予以消除，或在制造工艺中将病毒灭活。

以灭菌状态交付的植入物，其设计、制造和防护包装的密封应提供微生物隔离层，以保证进入市场时和在由制造者规定的贮存和运输条件下保持无菌，直至防护包装被破坏或打开。以灭菌状态交付的植入物的生产与灭菌，应采用适当并确认过的有效的方法，应在适当的控制（如环境）条件下生产。

非灭菌植入物的包装系统在规定的洁净度下，应保持其产品不变质；在使用前灭菌的植入物，应将微生物污染降至最低；包装系统应适应于由制造者指定的灭菌方法。

植入物的包装和/或标签应能区分灭菌和非灭菌条件的相同或相近的产品。

三、生产与环境条件

如果植入物需与其他器械或仪器组合使用，那么其全部组合包括连接系统应是安全的，并且不能损坏器械的预期性能，任何使用限制应在标签或使用说明书上说明。

植入物的设计与制造，应尽可能地根除或将下列风险降至最低：

（1）伤害的风险：物理性能（包括体积/压力比、尺寸）以及人类工程学性能方面。

（2）可预见的环境条件的风险：包括磁场、压力、温度或大气压力及加速度的变化。

（3）不能进行维修和校准所带来的风险：包括使用材料的寿命、由植入物产生的计量或机械控制精度的降低。

四、带测量功能的植入物

带测量功能的植入物的设计与制造应根据植入物预期目的，提供足够的精度和稳定性，该精度极限由制造者制定。

根据植入物的预期目的，其测量、监视及显示的规模应符合人类工程学原理。当植入物或其附件是通过可视系统进行植入操作、指示操作、调整参数时，这些说明必须让使用者（必要时让患者）理解。

植入物的设计与制造应保护患者与使用者避免机械风险，例如阻力、强度和移动部件。植入物的设计与制造应使由植入物产生的振动引起的风险降至最低，除非这种振动是产品规定性能的一部分，否则应通过技术工艺和适当手段限制振动，特别是振源。植入物的设计与制造应使噪音引起的风险降至最低，除非这种噪音是产品已经确定的性能的一部分，否则应通过技术工艺和适当手段限制噪音，特别是噪音源。

给药植入物的设计与制造应使其释放速率和维持精度达到足以对患者的风险降至最低，应以适宜的方法防护和/或警示可形成风险的任何不恰当的释放速率，应结合适当的方法将药物风险量的偶然释放引起的风险降至最低。

五、制造者应提供的信息

每一植入物需附有安全使用和辨认制造者的说明书，同时也应把可能的使用者应具备的知识水平和培训考虑在内。该说明书应包括标签上的详细内容和使用说明上的数据，如有可能，植入物的安全使用说明应在植入物本体和/或每套产品的包装（或商品外包装）上注明。如果不适合在每套产品的包装上注明的，应在一个或多个植入物提供的散页说明上注明。使用说明书应包在每一植入物的包装中，如果可能的话，应该写出说明书应用代号，所使用的任一代号及辨认颜色应符合标准规定。没有现行标准的，应在植入物提供的说明书上写明代号及颜色的含义。

标签上应包括下列详细内容：

（1）制造者名称及商标和地址；

（2）使用者为确认植入物和包装内容物所需的必要描述；

（3）包装内容物为无菌的说明（如 STREILE、无菌）；

（4）用来准确鉴别的批号或系列代号（如 LOT 或 SN）；

（5）植入物使用的有效日期；

（6）植入物为一次使用的说明；

（7）专用的说明（如定制或仅为临床研究）；

（8）特殊的贮存和/或交付条件；

（9）特殊的操作说明；

（10）警告和/或注意事项；

（11）必要时，说明灭菌方法。

对某些使用者无法达到显著的预期目的，制造者应在产品标签或使用说明书上清楚地说明。为提高植入物的可操作性，植入物和可拆卸的部件应能用系列号或批号予以辨认。对植入物和/或拆卸部件应采取适当的方法发现任何潜在的风险。

在使用说明书上除了上述内容外，还应包含下列详尽内容：植入物应达到制造者预期的性能，其设计、制造和包装应符合由制造者规定的以上所说的一种或多种功能、涉及的性能及任何副作用。

按预期目的要求需连接其他医疗器械或设备的植入物，为达到安全组合，应对植入物作足够详尽的说明，所有说明都应写明植入物的适用范围以及安全、正确的操作要求；要避免与植入物的植入有关的已经确认的风险的说明；在特殊检查或治疗期间，植入物产生的相互作用所引起的风险的说明；灭菌包装万一损坏时的必要说明以及再灭菌方法的详述；对使用前灭菌的植入物，应说明清洗和灭菌方法。植入物使用前必须进行的任何处置的详尽说明（如灭菌、最终装配等）都应写在说明书中。使用说明书还应包括有关医务人员应对患者讲述的任何不良反应及注意事项等内容，并应详尽说明；植入物的性能万一发生变化时的注意事项；有关受环境条件影响的注意事项（如磁场、压力或压力变化、加速度、火源等）；有关植入物设计中所提供的药品及产品的足够信息，包括对被释放药物选择的限定等；避免与植入物的交付有关的正常与非正常风险的注意事项；带有测量功能的植入物的精度等级的说明等。

六、临床评价

应根据临床数据来判断产品是否符合植入物基本原则。对保护人体组织及保证调查报告的科学性所进行的全部临床研究结果进行评价。

§7-4　髋关节假体的检测方法

髋关节是受力复杂的负重关节，在负重情况下，同时承受拉、压、扭转和界面剪切力及反复疲劳、磨损的综合作用。因此，要求假体的材料必须具有足够的强度和韧性以及抗疲劳、抗磨损、抗腐蚀的能力。整个关节的安全承载能力至少应为体重的 7 倍。髋关节的设计应尽可能满足生理环境和关节生物力学的要求。本节对髋关节假体行业标准 YY0118－2005 所规定的内容进行叙述。

一、术语和定义

髋关节假体（hip joint replacement）：用来代替一侧或两侧髋关节关节面的外科植入物。

全髋关节假体（total hip joint replacement）：由股骨部件与髋臼部件组成，用来代替髋关节的两个关节面的外科植入物。

部分髋关节假体（partial hip joint replacement）：由股骨部件组成，用来代替髋关节股骨部分关节面的外科植入物。部分髋关节置换植入物含有一个双极头或一个单极头。

髋臼假体（acetabulum replacement）：由髋臼部件组成，用来代替髋关节髋臼部分关节面的外科植入物。

股骨部件（femoral component）：用来安装在股骨上的全髋或部分髋关节置换的整体式或组合式部件。

髋臼部件（acetabulum component）：用来安装在生理髋臼上的整体式或组合式部件。

双极头（bipolar head）：股骨部件的一部分，通过一内凹面与股骨部件的球头部分相配合，并同时有一外凸球面与生理髋臼相配合。

单极头（unipolar head）：股骨部件的头，用来与生理髋臼相配合。

组合式部件（module component）：由多个零件组装而成的股骨或髋臼部件。

整体式部件（monobloc component）：作为一个单体供给的股骨或髋臼部件。

二、分类

1. 产品分类

髋关节假体按产品用途和形式分为部分髋、双动部分髋、全髋、双动全髋型，如表 7-4-1 所示。

表 7-4-1　髋关节假体按产品用途和形式的分类

类别	产品名称	符号	代号								
			结构形式				材料			工艺状态	
			普通型		珍珠面型		钛合金	钴合金	不锈钢	锻造	铸造
			不换头部	可换头部	不换头部	可换头部					
1	部分髋	BK	1A	1B	2A	2B	T	C	S	D	Z
2	双动部分髋	SBK									
3	全髋	QK									
4	双动全髋	SQK									

珍珠面型是指假体柄部的表面由均匀分布的小珠球面组成,小珠与柄部成整体。珠粒直径为 1.1～1.2mm,小球间隙为 1～2mm。

2. 产品型号

产品型号采用如下形式表示:

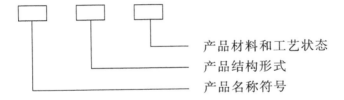

产品材料和工艺状态
产品结构形式
产品名称符号

示例:锻造钛合金普通型可换头部部分髋的产品型号为 BK-1B-TD。表 7-4-1 中未涵盖的产品类别和型式,制造商应在产品注册标准中予以说明,并注明型号命名形式。

三、技术要求

1. 材料

髋关节假体应选用下列材料制造:锻造不锈钢、纯钛、锻造钛-6 铝-4 钒合金、铸造钴-铬-钼合金、锻造钴-铬-钨-镍合金、锻造钴-镍-铬-钼合金、锻造高氮不锈钢、丙烯酸树脂骨水泥、高纯氧化铝基陶瓷等,各种关节面材料的配伍如表 7-4-2 所示。

表 7-4-2　已认可的和不认可的用于制造髋关节假体关节面的材料

适合的关节面材料组合	锻造不锈钢与超高分子量聚乙烯(UHMWPE) 锻造高氮不锈钢与超高分子量聚乙烯(UHMWPE) 铸造钴-铬-钼合金与超高分子量聚乙烯(UHMWPE) 锻造钴-铬-钨-镍合金与超高分子量聚乙烯(UHMWPE) 可锻和冷加工的钴-镍-铬-钼铁合金与超高分子量聚乙烯(UHMWPE) 锻造钴-镍-铬-钼-钨-铁合金与超高分子量聚乙烯(UHMWPE) 锻造钛-6铝-4钒合金与超高分子量聚乙烯(UHMWPE) 锻造钛-6铝-7铌合金与超高分子量聚乙烯(UHMWPE) 氧化铝基陶瓷材料与 UHMWPE 氧化锆基陶瓷材料与 UHMWPE 氧化铝基陶瓷材料与氧化铝基陶瓷材料 可锻和冷加工的钴-镍-铬-钼-铁合金与可锻和冷加工的钴-镍-铬-钼-铁合金 锻造钴-铬-钼合金与铸造钴-铬-钼合金 锻造钴-镍-铬-钼合金与 UHMWPE 锻造钴-铬-钼合金与 UHMWPE
不适合的关节面材料组合	不锈钢与钛基合金 不锈钢与不锈钢 不锈钢与纯钛 不锈钢与钴基合金 纯钛与纯钛 纯钛与钛基合金 纯钛与钴基合金 纯钛与 UHMWPE 钛基合金与钴基合金

制造髋关节假体的金属材料的化学成分、锻件的显微组织、力学性能、铸件的内部质量等均应符合 YY0117 相应的规定。

制造髋关节假体超高分子量聚乙烯材料的物理性能应符合 GB/T 19701.2—2005 中表 1 的规定;制造髋关节假体陶瓷材料的物理性能、化学性能应符合 ISO6474:1994 或 ISO13356:1997 中表 1 的规定;髋关节假体羟基磷灰石涂层应符合 ISO13779—2 的规定。

表 7-4-2 中列出了已认可的和不认可的用于制造髋关节假体关节面的材料。纯钛和钛合金不得用作髋关节置换的关节面,除非经过适当的表面处理并在临床使用中证明是合适的。表 7-4-3 中列出了髋关节假体非关节支承面允许的和不允许的金属组合。

表 7-4-3 髋关节假体非关节支承面允许的和不允许的金属组合

合适的非关节接触面的不同金属组合	钴基合金与钛基合金
	钴基合金与另一种钴基合金
	不锈钢与钛基合金
	不锈钢与不锈钢
	不锈钢（ISO5832－9）与钴基合金
不认可的非关节接触面的不同金属组合	不锈钢（ISO5832－9 除外）与钴基合金、不锈钢与纯钛

2. 表面质量

髋关节假体的金属部件表面应无氧化皮、刀痕、小缺口、划伤、裂缝、凹陷、锋棱、毛刺等缺陷，也应无镶嵌物、终加工沉积物和其他污染物。用塑料制造的髋关节假体表面应无颗粒物污染、斑点状化学色变。刀痕、小缺口、碎屑、凹陷和裂纹等缺陷。用陶瓷材料制造的髋关节假体关节面应无颗粒物污染、斑点状化学色变、刀痕、小缺口、碎屑、凹陷和裂纹等缺陷。

髋关节假体的金属部件和陶瓷部件表面不得有不连续性缺陷。全髋关节假体中与塑料髋臼部件相配合的金属和陶瓷股骨部件的球形关节面，其表面粗糙度 Ra 值分别不大于 $0.05\mu m$ 和 $0.02\mu m$。

全髋关节假体的塑料髋臼部件的球形关节面，其表面粗糙度 Ra 值不大于 $2\mu m$。部分髋关节假体中与生理髋臼相配合的金属和陶瓷股骨部件的球形关节面，其表面粗糙度 Ra 值不大于 $0.5\mu m$。双极头塑料部件的凹（内）球形关节面，其表面粗糙度 Ra 值不大于 $2\mu m$。双极头与生理髋臼相配合的金属和陶瓷股骨部件的球形关节面，其表面粗糙度 Ra 值不大于 $0.5\mu m$。制造商应规定对金属与金属或陶瓷与陶瓷形成关节面的表面粗糙度 Ra 值的要求。

制造商应在产品注册标准中至少规定直径、锥度、直线度、圆度的尺寸和公差。全髋关节假体中与塑料髋臼部件相配合的金属和陶瓷股骨部件的球形关节面，其球形直径应等于标称值，公差为 $0\sim0.2mm$，其球形球度径向偏差不超过 $10\mu m$。全髋关节假体的塑料髋臼部件的球形关节面，其球形直径应等于标称值，在温度为 $(20\pm2)℃$ 时，基本偏差为 $+0.1\sim+0.3mm$，其球形球度径向偏差不超过 $100\mu m$。部分髋关节假体中与生理髋臼相配合的金属和陶瓷股骨部件的球形关节面，其球形直径应等于标称值，基本偏差为 $-0.5\sim+0.5 mm$，其球形球度径向偏差不超过 $100\mu m$。

双极头塑料部件的凹（内）球形关节面，其球形直径应等于标称值，在温度为 $(20\pm2)℃$ 时，基本偏差为 $+0.1\sim+0.3mm$，其球形球度径向偏差不超过 $100\mu m$。双极头与生理髋臼相配合的金属和陶瓷股骨部件的球形关节面，其球形直径应等于标称值，基本偏差为 −0.5～+0.5mm，其球形球度径向偏差不超过 100μm。

金属与金属或陶瓷与陶瓷形成关节面的要求：制造商应规定金属与金属或陶瓷与陶瓷形成关节面的直径公差、球形球度径向偏差。对于外径为 42mm 或更大的髋臼部件，其塑料部件应具有下述最小厚度：

（1）5mm 适用于具有金属或其他后衬型部件；

（2）6mm 适用于无后衬型部件。

对于外径为 44mm 或更大的双极头，其塑料内衬的最小厚度应为 5mm。

在特殊人群骨骼尺寸需要植入物的髋臼部件直径小于 42mm，或双极部件直径小于 44mm 的条件下，塑料部件厚度可以小于上述规定的数值。

3. 疲劳性能

股骨部件的疲劳性能试验：全髋关节置换植入物的股骨部件应按 ISO7206−4 进行试验，其性能应满足 ISO7206−8 的要求，试验结果应予以记录。

股骨柄部件的头颈部位疲劳性能试验：股骨柄部件的头颈部位应按 ISO7206−6:1992 中 7.2 进行试验。

4. 全髋关节置换的磨损试验

全髋关节置换植入物的磨损特性应按受控的、已经验证并文件化的程序进行试验。试验的植入物由带有一体或组合球头的股骨部件与金属、陶瓷或 UHMWPE 髋臼部件组成。

5. 灭菌

以灭菌状态供货的产品应无菌，包含超高分子量聚乙烯的植入物，若采用电离辐射灭菌，则植入物接受的累计辐射剂量不应超过 40kGy。

以非灭菌状态供货的产品，制造商应至少规定一种合适的灭菌方法，若不允许多次灭菌，制造商在所提供的产品信息中应对此予以说明。

以环氧乙烷灭菌状态供货的产品，制造商应确定环氧乙烷灭菌残留量的可接受极限，并且不应超过 GB/T 16886.7 的规定。

四、试验方法

1. 材料

制造髋关节假体所用材料的化学成分、力学性能、锻件的显微组织、铸件的内部质量等项目的检验，按所选材料的标准规定的方法进行。

对于上述项目检验所需试样，应在产品本体上制取。若某些零部件因结构或尺寸等原因无法在本体上取样，可在与其同批的毛坯或原材料上制取。

2. 表面质量

金属部件和陶瓷部件表面的不连续性缺陷的检查按 YY/T 0343 的规定进行。表面粗糙度的检验按ISO7206—2的规定进行。金属部件、塑料部件、陶瓷部件的外观，以正常视力或矫正视力观察。各部位尺寸和公差的检验，用通用量具、专用检具或测量仪器检测（注：对于关节面球形球度径向偏差的检验按ISO7206—2的规定进行）。

3. 疲劳性能

股骨部件的疲劳性能试验应按 ISO7206—4 进行。股骨柄部件的头颈部位的疲劳性能应按 ISO7206—6：1992 中 7.2 进行试验。

4. 磨损特性

全髋关节置换植入物的磨损特性应按受控的、已经验证并文件化的程序进行试验。

5. 无菌检验

按 GB/T 14233.2 的规定进行。

6. 环氧乙烷残留量检验

按 GB/T 14233.1 的规定进行。

五、检验规则

1. 逐批检验（出厂检验）

按 GB/T 2828.1 的规定进行检验，合格后方可出厂。金属材料铸件的内部质量应百分之百地进行 X 射线检查且应全部合格。同一灭菌过程的产品组成灭菌批。无菌检验和环氧乙烷残留量检验应根据 GB/T 14233.2 和 GB/T 14233.1 中的实验要求选取样品数量。

2. 周期检验（型式检验）

在下列情况之一时，应进行周期检验：
（1）产品初次投产前；

（2）间隔一年以上再投产时；

（3）设计、结构或工艺有较大变动时；

（4）产地更换或产地更换可能影响产品性能时；

（5）正常生产后，定期或累积一定产量后，应每年不少于一次检验；

（6）出厂检验结果与上次周期检验有较大差异时；

（7）国家质量监督机构提出进行周期检验要求时。

周期检验前应进行逐批检验，从逐批检验合格的批中抽取样本进行周期检验。周期检验按 GB/T 2829 的规定进行。周期检验时同一批材料制成的产品组成材料批，同一灭菌过程的产品组成灭菌批。周期检验合格原则上应是本周期所有试验项目都合格。

六、使用说明书

髋关节假体的使用说明书中除应符合相关法律、法规的要求外，还应包括下列内容：

（1）制造商名称及商标和地址。

（2）使用者为确认产品所需的必要描述。

（3）产品的适用范围以及安全、正确的操作要求。

（4）使用前应进行的任何处置的详尽说明（如灭菌、最终装配等）。

（5）产品为一次使用的说明。

（6）若产品预期与其他植入物或器械组合使用，则在组合使用方面的限制做出的声明。

（7）若必要，对产品所需的相对于人体取向的说明，也可借助于标记或标签予以指示。

（8）部件结构和功能相容性的声明（如一个公司制造的部件可能与另一公司制造的部件不相容）。

（9）专用的说明（如定制或仅为临床研究）。

（10）产品为无菌的说明。

（11）灭菌包装万一损坏时的必要说明以及再灭菌方法的详述，若不允许进行多次灭菌，制造商应予以说明。

（12）对于以非灭菌状态供货的产品，应说明使用前清洗和灭菌方法。

（13）特殊的贮存和/或交付条件及有关受环境条件影响的说明。

（14）警告和/或注意事项。

（15）制造商提供给患者的信息，应至少做以下声明或等效说明："谨告接受髋关节假体置换的患者，植入物的寿命可能取决于患者的体重和活动程度。"

七、标记

1. 产品标记

产品标记应完整、清晰、整齐，其内容至少应包括：① 制造商名称或商标；② 批代码（批号）或系列号。

若标记会影响假体的预期性能，或者假体太小，或者假体的物理性质不允许清晰标记，应使用标签或其他方法提供所需信息，以保证可追溯性。

如果植入物预期用于特殊目的，标记和使用说明应具有特殊目的指示（例如定制器械或仅供临床研究）。

对于设计只限用于人体一侧的髋关节假体，若只限用于左侧，其标记应注上字符"左"和/或"L"，若只限用于右侧，其标记应注上字符"右"和/或"R"。

若必要，为体现使用说明书和/或手册表述的髋关节假体所需取向，对于朝前的方向，可用"前"和/或"ANT"字符标记，对于朝后的方向，可用"后"和/或"POST"字符标记。

整体式股骨部件上应有股骨头公称直径的标记。组合式股骨头上应有标记，用以识别其公称直径、锥和锥孔连接的特征。对于以内外锥结构与组合头相配合的髋关节假体的柄部件，只要不损害柄部件的预期功能，应有表示锥连接特征的标记，标记应位于锥部近端平面上。对于具有关节面的全髋关节假体的髋臼部件，应有表明其关节面公称直径的标记。

2. 标签

髋关节假体的标签上应包括下列详尽内容：

（1）制造商名称及商标和地址。

（2）使用者为确认产品和包装内容物所需的必要描述：① 材料名称或代号；② 产品名称、型号、规格、数量；③产品标准号和注册号。

（3）用来准确鉴别的批号或系列号。

（4）产品为一次使用的说明。

（5）包装内容物为无菌的说明（如 STERILE、无菌）。

（6）灭菌批号。

（7）灭菌状态的有效期。

（8）专用的说明（如定制或仅为临床研究）。

（9）特殊的贮存和/或交付条件及有关受环境条件影响的说明。

（10）警告和/或注意事项。

（11）必要时，说明灭菌方法。

八、包装、运输和贮存

　　每件髋关节假体的包装设计，应确保在制造商规定的贮存、运输和搬运条件下（如适用，包括对温度、湿度和环境压力的控制），能保护植入物免于受损、变质和其他不良影响。

　　以灭菌状态供货的产品应妥善包装，以使其在有效期内，正常的贮存、运输和搬运条件下保持无菌状态，除非保持无菌状态的包装物被破坏或打开。髋关节假体运输和贮存的要求应符合 YY0341 中相关的规定。

§7-5　髋关节植入系统

　　髋关节分为全髋关节和半髋关节，全髋关节的分类取决于固定植入体到周围组织的方式。一般地说，依据植入体是通过粘合剂来固定或是通过植入体表面与组织之间的直接接触来固定，可将植入体分为骨水泥型和无骨水泥型。

一、骨水泥型全髋关节植入系统

　　如图 7-5-1 所示，典型的骨水泥型植入系统是用聚合物（PMMA）骨水泥将一个金属的股骨柄（不锈钢、钴基合金或钛合金）固定到股骨髓腔内。金属股骨头与聚合物（超高分子量聚乙烯）髋臼杯联结，髋臼杯也是用 PMMA 固定的。骨水泥固定方式通常适用于骨质疏松病人和老年患者。

　　许多资料表明，材料和力学因素常常导致骨水泥型全髋关节置换的失败，固定位置的松动和假体系统的失败可能是由于假体材料和骨水泥的失效、骨的再建和磨损以及其他细微的碎片所致。

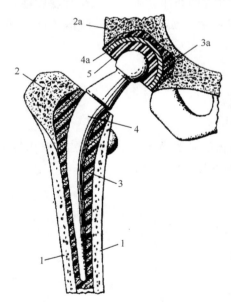

图 7-5-1　骨水泥型全髋关节

1. 皮质骨；2、2a. 小梁骨；3、3a. 骨水泥；
4. 金属关节柄；4a. 金属髋臼杯衬；5. 髋臼杯

二、无骨水泥型全髋关节植入系统

　　无骨水泥固定是通过植入体和周围组织间所建立的相互配合来实现的。骨水泥型植入系统与无骨水泥植入系统的本质不同在于达到假体固定所需要的时间。在骨水泥型植入系统中，手术后几乎能达到立即固定；而在无骨水泥植入系统中，在假体负重之前必须发生组织与假体的整合。

　　无骨水泥固定通过在髋关节表面使用以下三种材料形式实现：① 表面活性材料；② 表面组构材料；③ 多孔涂层材料。表面活性材料通过组织与生物活性植入体表面间的化学反应达到固定。在表面织构材料中，骨长入有沟槽或织构的金属。第三种形式即为骨长入多孔涂层材料的孔隙中。

三、假体的头臼配伍

　　早期是金属对金属的配伍。20 世纪 60 年代以来，由于 Charnley 的发现，现在大部分假体是由光滑的钴合金股骨头与高强度的超高分子聚乙烯髋臼相结合，有与假体连为一体的和可拆卸的两种。90 年代以来，应用较久、性能优越的超高分子聚乙烯被发现其磨屑与骨溶解、吸收有密切关系，从而导致潜在的假体松动。关节表面（在髋臼与股骨头之间）被认为是磨屑的主要来源，而这些磨屑将被软组织及骨吸收。其中，聚乙烯颗粒引起的反应最严重，不但在假体周围的组织中被大量发现，甚至在远离磨损源的地方也存在。聚乙烯颗粒的直径一般在 $0.5\mu m$ 左右，90％小于 $1.0\mu m$。一般情况下，钴合金对聚乙烯的磨损每年 $0.1\sim0.2mm$，而且随着股骨头直径的增加，磨屑的体积也会增加。

　　目前，除钴基合金对超高分子量聚乙烯的头臼配伍以外，还有金属-金属、陶瓷-聚合体、陶瓷-陶瓷的头臼配伍，但至今尚未找到一种新的材料能替代聚乙烯，以减少临床磨损。

四、髋关节假体的设计

　　人工全髋关节假体，一般由髋臼、股骨头和关节柄三大部分组成，如图 7-5-2 所示。

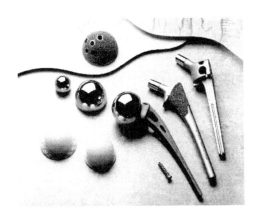

图 7-5-2　人工全髋关节假体构件

1. 髋臼假体

1）骨水泥固定的髋臼假体

骨水泥固定的超高分子聚乙烯髋臼为半球形，外径与自然髋臼接近，内径与全髋关节假体的球头一致，内表面光洁度要求很高，应达到镜面光，壁厚不小于6～8mm，外表面带有适当深度的横向环形沟槽和纵向沟槽，以利于假体和骨水泥的机械交锁固定。髋臼的外缘有 X 线显影用的金属丝环。这种髋臼适用于高龄或有骨质疏松的患者。

尽管人工髋臼假体的固定有许多改进，但因其在翻修时，有时伴有大量的骨质缺损以及骨水泥取出困难，因此，近年来倾向于采用非骨水泥固定的人工髋臼，特别是对年轻患者。

2）非骨水泥固定的髋臼假体

使用非骨水泥假体是在人工全髋关节假体固定方面的重要改进，在聚乙烯髋臼的外面套有金属臼罩，两者机械配合，初期固定多采用螺钉或紧压配合等方法。罩的表面带有多层金属网、珍珠面、微孔面或螺旋面，使骨长到烧结孔或假体的粗糙表面，形成比较牢固的生物固定效果。这种方法比骨水泥假体的应用更为广泛，在股骨上端非骨水泥固定假体获得了与采用骨水泥固定假体相似的临床固定效果，且远期固定效果较好。

2. 全髋关节假体球头

多采用超半球形，选用耐磨性高和抗腐蚀材料。

3. 髋关节假体柄

包括骨水泥固定和非骨水泥固定两种，其中又有带前倾角的解剖型和不带前倾角的通用型。非骨水泥固定的髋关节假体柄主要有珍珠面、微孔面、金属表面喷涂的复合材料及紧压配合（press-fit）型。

4. 骨水泥技术

20 世纪 90 年代以来，新的骨水泥技术越来越可靠，包括采用髓腔栓、骨水泥枪、髓腔冲洗、压力固定以及假体柄的中心化，减少骨水泥中的气泡含量。这些方法极大地克服了骨水泥的缺点，增加了骨水泥承载能力，加强了界面的结合强度，从而降低了松动的发生率。

§7-6　外科金属植入物通用技术条件

植入物是指用于全部导入人体、替代上皮表面或眼表面，通过外科侵入的方法，保留在上述操作位置的器械。通过外科侵入方法，部分导入人体保留至少30d 的器械也认作是植入物。

一、金属植入物材料

外科金属植入物材料常选用超低碳不锈钢、纯钛、钛合金、钴基合金四个种类的金属材料。四个种类材料的化学成分应符合表 7-6-1～表 7-6-4 的规定。四个种类材料的力学性能、显微组织、耐腐蚀性能应符合相应的产品标准。

表 7-6-1　外科植入用不锈钢材料化学成分要求

元素	C	Si	Mn	P	S	N
成分极限（质量比）/%	≤0.030	≤1.0	≤2.0	≤0.025	≤0.010	0.10
元素	Cr	Mo	Ni	Cu	Fe	—
成分极限（质量比）/%	17.0～19.0	2.23～3.5	13.0～15.0	≤0.50	余量	—

表 7-6-2　外科植入用钛材料化学成分要求

元素	N	C	H	Fe	O	Ti
成分极限（质量比）/%	≤0.05	≤0.10	≤0.015	≤0.50	≤0.50	余量

表 7-6-3　外科植入用钛合金材料化学成分要求

元素	Al	V	Fe	O	C	N	H	Ti
成分极限（质量比）/%	5.50～6.75	3.50～4.50	≤0.30	≤0.20	≤0.08	≤0.05	≤0.015	余量

表 7-6-4　外科植入用钴、铬、钼铸合金化学成分要求

元素	Cr	Mo	Ni	Fe	C	Mn	Si	Co
成分极限（质量比）/%	26.5～30.0	4.5～7.0	≤2.5	≤1.0	≤0.35	≤1.0	≤1.0	余量

外科金属植入物产品表面不应有微裂纹。铸造合金产品高应力部位不应有疏松、裂纹、夹杂物等缺陷。不锈钢类产品应进行钝化处理，具有良好的耐腐蚀性

能，经腐蚀试验后，产品表面不应有锈蚀。

二、金属植入物的标志

在每件外科金属植入物上选择低应力区标上永久性标志，不得损坏植入物的性能。标志应完整、清晰、整齐。不能容纳标志的植入物，可只打材料标志。无法容纳材料标志的应在小包装上注明。

标志由材料代号、厂名代号、制造年份和生产批号（或灭菌批号）四部分组成。材料代号应按表7-6-5的规定。厂名代号由两个大写汉语拼音字头组成，也可用商标替代。制造年份用公元年号最后两位阿拉伯数字表示。生产批号（或灭菌批号）应至少以两位阿拉伯数字表示。

表 7-6-5　材料代号

材料	代号
不锈钢	S
纯钛	A
钛合金	T
钴基合金	C

三、外科金属植入物的包装

（1）每一植入物供货时必须洁净，并且装在密封的中性塑料袋内，重要部位和所有尖端或锐边须用包装材料妥善保护。

（2）若两个或更多的同一规格或成套件植入物包装在同一袋内，须用合适的材料将每一植入物与其他植入物隔开。

封装后的植入物可以以灭菌状态供货，在此情况下，必须按外科金属植入物的标签内容中的规定，也可以以不灭菌状态供货。

（3）外包装必须在运输和贮存时保护其包装物。每个小包装应易于用手开启。灭菌产品应保持无菌，并随时可用，中包装一旦开启就不能重封。如果中包装能重封，则必须使人清楚地看出中包装曾被开启过，并且已作了重封。小包装里应附使用说明书和检验合格证，合格证上应有下列内容：① 制造厂名称；② 检验员代号；③ 检验日期。

四、外科金属植入物的标签

（1）标签应有下列内容：① 制造厂名称、地址、商标；② 材料标志；③ 产品名称、型号；④ 规格、数量；⑤ 产品标准号；⑥ 植入物如经公认的方法灭菌处理，应注"灭菌除非包装破损"字样或相应的言词以及所用灭菌方法的标志，必须出现在被包装物的标签上。

（2）同一规格或成套件植入物应装入同一盒内。

（3）盒上应有封签，封签上应有下列内容：① 封贴日期；② 包装员代号。

五、使用要求

在相对湿度不大于80％、无腐蚀性气体和通风良好的室内。

（1）产品在使用前必须确认其材料成分，无标志或标签的产品不能使用。

（2）不同牌号的不锈钢植入物产品，不得配伍使用，且不得与其他材料的植入物配伍使用。

（3）外科植入物产品不允许二次使用，植入物的使用受一定条件的严格控制，需注意临床使用要求，患者的自身条件可影响植入物的性能。

§7-7　植入后局部反应试验

标准 GB/T 16886.6—1997 规定了在肉眼和显微镜观察水平上评价材料植入活体组织内局部反应的试验方法，本标准适用于植入到活体某一部位组织内试验材料的生物学安全性评价。植入物不承受机械或功能负荷。局部反应的评价系根据试验样品引起的组织反应与已经临床确认可接受的医疗器械所用材料引起的组织反应进行比较并作出判定。

植入后局部反应试验方法适用于评价亚慢性反应（短期，12周以内）或慢性反应（长期，12周以上）。

一、植入试验方法通则

1. 总则

试验研究人员应周密设计试验方案，以便能从所用的每只动物获取到最多的信息。

2. 植入样品的制备

1）固体材料（不包括粉剂）

试验材料的物理特性（形状、密度、硬度、表面光洁度）可影响组织对试验材料的反应性质。每一植入物都应经过与最终产品相同的制造、处理、污物清除及灭菌过程。植入样品制备并灭菌后，应特别注意在植入前或植入过程中不使其受到擦伤、损坏或任何污染。

2）非固体材料（包括粉剂）

非固体材料包括液体、糊状物和颗粒状物，与固体材料中规定的材料不同，可在使用前将其成分调合并在不同时间后种植（如骨水泥、齿科材料）。

这些材料可以装在管内做植入后局部反应试验，常用的有聚乙烯（PE）、聚丙烯（PP）或聚四氟乙烯（PTFE）管。

试验前将管子用70％乙醇（V/V）和蒸馏水清洗，并经高压蒸汽或其他临床使用的适当的方法灭菌。以新鲜混合状态进行试验的材料应进行微生物学检验。

按照生产厂的说明制备试验材料。将材料装入管中，管端部充填平整。应防止试验材料管外表面受到污染，避免管内存有气泡，确保管内填充材料端部表面及管子端部光滑。

注：PE管高压蒸汽灭菌时可能会变形。PTFE管在切片机上切片较困难，如管子保留在组织块内一起切片，最好用同样尺寸的PE管或PP管代替。

3）对照材料

对照样品的尺寸、形状，特别是表面条件，应尽可能与试验样品一致。如试验材料装在管内，对照样品则应为与管子同样材料的杆状体，且其直径与管子外径相同。对照样品所采用的处理、清洗及灭菌方法应能使其保持可接受性和良好的对照特性。

对照材料应选择其临床应用确定的用途与待选试验材料预期用途一致的材料。

3. 动物、组织、试验周期、外科手术、术后护理、无痛处死

1）动物与组织

应根据植入试验样品的大小、试验周期、动物寿命以及种属间硬组织和软组织生物反应的差异等因素选择试验动物。

皮下组织和肌肉内的短期试验，一般可选用小鼠、大鼠、豚鼠和家兔中的一种。皮下组织、肌肉和骨内的长期试验，一般可选用大鼠、豚鼠、家兔、狗、绵羊、山羊、猪或其他寿命较长的动物中的一种。

试验样品与对照材料应以相同条件植入到同一年龄、性别，同一品系同种动物的相同解剖部位。植入物的数量和大小根据试验动物及其解剖部位的情况而定。

2）试验周期

对植入材料局部组织反应评价时，分为短期试验（12周以内）和长期试验（12周以上）两种。

选择的试验周期应能使相应的生物学反应达到一稳定状态。植入材料的局部

生物反应与材料的特性及手术创伤有关。术后植入物周围组织结构的改变随时间而变化。通常情况下,一周观察期内发现细胞活性增高,接着转入过渡期。在9～12周后,肌肉和结缔组织中细胞群呈稳定状态,随动物品种的不同而异。骨组织内植入可能需要较长的观察期。

短期植入可选择表7-7-1规定的试验观察期,长期植入可按表7-7-2的规定选择。

表 7-7-1 皮下组织、肌肉短期植入试验观察期选择

动物品种	植入期/周				
	1	3	4	9	12
小鼠	×	×		×	
大鼠	×		×		×
豚鼠	×		×		×
兔	×		×		×

表 7-7-2 皮下组织、肌肉、骨长期植入试验观察期选择

动物品种	植入期/周				
	12	26	52	78	104
大鼠	×	×	×		
豚鼠	×	×	×		
家兔	×	×	×	×	
狗	×	×	×	×	×
绵羊	×	×	×	×	×
山羊	×	×	×	×	×
猪	×	×	×	×	×

根据试验材料的预期用途选择植入期,并非所有的植入期都是必需的(见GB/T 16886.1),104周的观察期可作为一选择性周期参考。

每一动物的植入数量和每一观察期的动物数量及试验样品的植入数量应足以保证最后从评价的样本量中能得到有效的结果。

3)外科手术

麻醉动物,去除(剪、剃或其他适当方法)手术区毛发,消毒手术区。应避免动物毛发与植入物或创面接触。

手术技术可能对植入结果有较大影响。手术应在无菌状态下进行,并采用对植入部位损伤最小的方法。术后用创口夹或缝合线闭合创口,并注意保持无菌。

4) 术后评价

在植入期内适当的间隔期观察每只动物，并记录各种异常现象，包括局部、全身和行为异常。

5) 无痛处死

试验期结束时，应采用超剂量麻醉或其他人道的方法将动物无痛处死。

4. 生物学反应评价

通过对不同时间内的肉眼观察和组织病理学试验反应分级和记录来评价生物学反应，并比较试验材料和对照材料的生物学反应。

对相同部位相对应的每一对照植入物与试验植入物进行比较，以将组织和植入物之间相对运动产生的反应降至最低限度（柱状样品的观测部位应是柱的中部，带槽的柱状植入物，其槽间的中央部位及平顶端面处适合于评价。对于装入管内的非固体或颗粒材料，管的末端部是唯一适于评价的区域）。

1) 肉眼观察评价

用低倍放大镜检查切下的植入部位组织，记录观察到的组织反应的特性和程度。

2) 组织学制备——植入物取样和标本制备

为了评价局部生物学反应，切取的组织标本应包括植入物及其周围足够多的未受到影响的组织。对切取的试验和对照植入物组织块进行处理，以便进行组织病理学和其他有关研究。

采用常规技术处理组织标本时，组织包膜在放入固定液之前或之后可能会被弄破，应报告植入物表面和组织床的状态，采用此技术处理标本，紧靠植入物的组织层通常会被破坏。

对植入物/组织界面处进行研究时，推荐将完整组织包膜与在原位使用硬塑料的植入物一起包埋，采用适当的切片、磨片技术制备组织学切片。事实表明，使用塑料包埋技术对界面组织不会造成明显改变。

3) 组织学评价

组织反应程度系根据对植入物/组织界面至具有正常组织和血管特性未受影响区域距离的测量来确定，记录与植入物尺寸有关的切片定位，及植入物定位、切片数量和组织块的几何形状。

应评价和记录的生物反应指标包括：

（1）纤维化/纤维囊腔和炎症程度；

（2）由组织形态学改变而确定的变性；

（3）材料/组织界面炎性细胞类型，即嗜中性白细胞、淋巴细胞、浆细胞、嗜酸性白细胞、巨噬细胞及其他多核细胞的数量和分布；

（4）根据核碎片和/或毛细血管壁的破裂情况确定是否存在坏死；

（5）其他指标，如材料碎片、脂肪浸润、肉芽肿等；

（6）对于多孔植入材料，定性、定量测定长入材料内的组织。

对于骨组织，主要观测组织与材料的界面处，应评价植入物与骨的接触面积和植入物周围骨的数量以及其间的非钙化组织，注意骨吸收和骨形成情况。

5. 试验报告

1）试验报告内容

试验报告应包括详细的数据资料，以能够对结果作出独立的评价，报告应有下列所列各项内容。

2）植入样品

描述试验和对照材料、材料状况、制备、表面条件、植入物的外形与尺寸，报告选择对照材料的理由。样品的表面制备对组织反应会有影响，因此报告中应写明样品的制备过程。

报告所采用的清洗处理和灭菌技术，如果样品不是在本实验室制备，在检测开始之前，生产厂家应提供这些资料。

3）动物与植入

应报告动物的来源、年龄、性别和品系，检测期间的环境条件，动物饮食及动物状况，动物健康状况的评价，以及包括意外死亡在内的所有观察发现。

报告植入技术，以及每只动物、每一部位和每一观察期的植入物数量。

4）取样与组织学制备

报告应包括所采用的取样技术，记录每只动物、每一观察期植入物取到的数量，所有样品都应作为试验的一部分，所采用的组织学切片固定和制备技术在报告中应予以说明。

5）评价

肉眼观察每一植入物及植入物周围组织的状况，报告每一组织学检查的结果。

6）最终评价

报告应包括试验与对照材料生物学反应的比较评价，以及生物学反应情况的详细描述。

二、皮下组织植入试验方法

1. 适用范围

该试验方法适用于评价皮下组织对植入材料的生物学反应，可用于比较不同表面结构或条件的同种材料的生物学反应，或用于评价一种材料经各种处理或改性后的生物学反应。

2. 原理

该方法系将植入物植入试验动物皮下组织，对试验材料植入物与准许临床使用的对照材料植入物的生物学反应进行比较。

3. 试验样品

试验和对照样品的常规制备按植入试验方法总则中的植入样品的制备规定，植入物尺寸根据试验动物的大小来决定。

（1）片状材料制成直径 10～12mm、厚度 0.3～1mm 的试验样品。深度达浅筋膜肌层的部位特别适于评价片状聚合物材料，片状材料若植入肌肉内可能会打折，使得难以评价材料本身所造成的生物学反应。

（2）块状材料制成直径 1.5mm、长 5mm，两端为球面的试验样品。

（3）带槽的样品制成直径 4mm、长 7mm。组织生长入槽内可使界面运动造成的刺激降至最小程度。

（4）非固体材料（包括粉末）装入直径 1.5mm、长 5mm 的管内（见非固体材料）。

4. 试验动物和植入部位

选择成年小鼠、大鼠、豚鼠或家兔中的一种动物，将植入物植入动物背部皮下组织。每种材料和每一植入期至少采用 3 只动物，植入 10 个样品。

5. 植入方法

选择下列两种方法中的一种。

1）背部植入

用钝器解剖法在一皮肤切口部位制备一个或几个皮下囊，囊的底部距皮肤切口应为 10mm 以上，每个囊内植入一个植入物，植入物之间不能相互接触，也可采用套针将植入物推入囊内。

2）颈部植入

采用小鼠试验时，在骶骨上方切 10mm 长的切口，用钝器解剖法向颈部开一隧道，通过隧道向颈部推入植入物并使之固定。

采用大鼠试验时可分别将对照材料和试验材料植入颈的两侧，植入物之间不能相互接触。

在离开植入物一段距离处，用适当的缝合材料缝合隧道开口，以防止植入物移动。

6.植入期

为确保组织生物学反应状态一致，应按照试验方法通则中的试验周期的规定选择植入期。

7.生物学反应评价

应按生物学评价规定的项目进行评价。

8.试验报告格式

试验结果的表述和最终试验报告应包括上述规定的各项目。

三、肌肉植入试验方法

1.适用范围

该试验方法适用于评价肌肉组织对植入材料的生物学反应。

2.原理

该方法系将植入物植入试验动物的肌肉组织，对试验材料植入物与准许临床使用的对照材料植入物的生物学反应进行比较（见对照材料）。

3.试验样品

试验和对照样品的常规制备按植入样品制备的规定，植入物尺寸根据选用的肌肉群的大小来决定。采用家兔脊柱旁肌试验时，采用宽 1～3mm、长大约10mm 的植入物。样品应制成圆形边缘，两端为光滑球面。

4.试验动物和植入部位

将植入物植入家兔或其他动物的肌肉组织时，植入部位的大小应满足植入物的需求。每次试验只能使用一种动物。家兔脊柱旁肌为首选植入部位，也可选用大鼠臀肌或家兔大腿肌。

每一植入期至少采用 3 只动物，在充足的植入部位植入 8 个试验样品和 8 个对照样品。如需要对照材料产生的反应大于最小反应时，可植入 2 个这种对照样品。在试验材料的相对应部位植入已知能引起最小组织反应的材料组成的 2 个外加的对照样品。

5. 植入步骤

可采用皮下针或套针植入法。对于较大的植入物，可采用其他适用的植入技术。植入物沿肌纤维长轴平行植入肌肉。

采用家兔脊柱旁肌时，将 4 个试验材料样品植入每只家兔脊柱一侧肌内，应平行于脊柱，离中线 25～50mm，各植入物间隔约 25mm。同法在脊柱另一侧植入 4 个对照材料样品。

6. 植入期

为确保组织生物学反应状态一致，应按照试验方法通则中的试验周期的规定选择植入期。

7. 生物学反应评价

按生物学反应评价规定的项目进行评价。

四、骨植入试验方法

1. 适用范围

该试验方法适用于评价骨组织对植入材料的生物学反应，可用于比较不同表面结构或条件的同种材料的生物学反应，或用以评价一种材料经各种处理或改性后的生物学反应。

2. 原理

该方法系将植入物植入试验动物的骨组织内，对试验材料植入物与准许临床使用的对照材料植入物的生物学反应进行比较。

3. 试验样品

试验和对照样品的常规制备按试验方法通则中"植入样品的制备"的规定。

1）植入样品形状

植入物可以加工成螺纹状或刻有螺纹的样品，以使植入物在骨内能保持最初的稳定性。如无法加工成螺纹状，可制成圆柱形。

2）试验样品尺寸

试验样品的尺寸根据所选用的试验动物及其骨组织的大小来决定，可采用下列尺寸：

（1）家兔：直径 2mm、长 6mm 的柱状植入物。

（2）狗、绵羊和山羊：直径4mm、长12mm的柱状植入物。

（3）家兔、狗、绵羊、山羊和猪：2～4.5mm矫形外科骨内螺纹式植入物。

4. 试验动物和植入部位

1）试验动物

可选择狗、绵羊、山羊、猪或家兔中的一种，将植入物植入动物骨内。种属间骨生理学差异至关重要，植入前应首先对其进行评价。每一植入期至少采用4只家兔，或其他动物至少2只。

2）植入部位

试验和对照样品应植于相同的解剖部位，试验植入物植于对照植入物的对侧。选择的植入部位应使植入物不易移位。植入部位宜选择股骨和胫骨，但也可考虑用其他部位。

植入部位的数目应是：

（1）家兔每只最多6个植入部位：3个试验样品和3个对照样品。

（2）狗、绵羊、山羊或猪每只最多12个植入部位：6个试验样品和6个对照样品。任何一只动物的植入量不应多于12个。

选择动物群、动物大小和年龄以及植入部位时，应确保植入不会造成试验部位病理性骨折。使用年幼动物时，尤其应注意避免将植入物植入到骺区或其他未发育成熟骨内。

5. 植入步骤

用低转速间歇地在骨上钻孔，操作时用生理盐水和引液器充分灌洗，以免过热使局部组织坏死。植入物直径与骨植入床配合良好对于避免纤维组织向骨内生长至关重要。将股骨或胫骨的皮质露出，钻适量的孔用以植入试验样品。家兔最多制备3孔，较大动物最多制备6孔。植入前，将孔扩至所需直径或用丝锥攻出螺纹。柱状样品用手按压植入，螺纹状样品用器械按预定转矩旋紧到位并记录该转矩。

6. 植入期

为确保组织生物学反应状态一致，应按照植入试验方法通则中的"试验周期"的规定选择植入期。

7. 生物学反应评价

按植入试验方法通则中"生物学反应评价"规定的项目进行评价。

8. 试验报告格式

试验结果的表述和最终试验报告应包括植入试验方法通则中"试验报告"规定的各项目。

思　考　题

1. 外科植入物常用的材料有哪些，目前最常用的是什么材料？
2. 人工关节常用配伍是什么？
3. 为什么要在植入物表面印上代号？代号中数字和字母分别代表什么意思？
4. 骨水泥植入系统和非骨水泥植入系统各适用于什么场合？

第八章 血管支架的检测

§8-1 概 述

随着人们生活水平的不断提高和生活方式的改变，心血管疾病发病率越来越高，世界卫生组织统计显示，全球每年约有 1700 万人死于该疾病，占所有疾病死亡人数的 30% 左右，已成为当今人类的"第一杀手"，而冠心病是对人类最具威胁的心血管疾病之一。目前，冠心病的治疗分为药物治疗、外科手术和介入治疗三大类。其中，介入治疗是近二十余年来发展迅速、疗效显著、创伤小、疗程短的方法，是目前治疗冠心病的主流技术。

冠心病的介入治疗是指以导管为基础应用机械原理针对冠状动脉疾病（冠状动脉狭窄、冠状动脉瘤、冠状动脉瘘等）进行治疗的一种方法，它是在应用导管诊断心脏疾病的基础上发展起来的，是近年来心血管领域中最为突出的进步。目前，所有的冠脉介入治疗方法总体来说通过以下两种机制达到疏通病变血管的目的，一个是管腔重塑，即使病变移位、伸展或粘贴等，冠状动脉腔内球囊成形术（percutaneous transluminal coronary angioplasty，PTCA）及支架植入术（endovascular stent，ES）就是通过此机制来疏通病变血管的。冠状动脉腔内球囊成形术的主要方法是使病变撕裂、碎裂或断裂来扩张血管，达到疏通病变血管的目的。支架植入术除了冠状动脉腔内球囊成形术的机制外，更重要的是通过支撑被扩张的血管，并使撕裂贴紧管壁、封闭夹层、防止血管弹性回缩及负性重塑等机制更有效的疏通血管，减少并发症的发生。另一种机制是去除斑块，即斑块消浊、切除、磨碎或气化。定向冠状内斑块旋切术、斑块旋磨术、冠状内切吸术及冠状内激光血管成形术等是通过切除、磨碎、吸除及气化等机制来去除斑块及或血栓性病变，从而达到减轻血管阻塞程度的目的。这些方法常需辅以冠状动脉腔内球囊成形术或支架植入术来获得更加令人满意的血管开通状态。冠心病介入治疗的发展可分为三个阶段：

第一阶段：冠状动脉腔内球囊成形术。1977 年，Gruentzig 进行了世界上第 1 例冠状动脉腔内球囊成形术，在此后的 20 年中，以此为基础的冠心病介入治疗技术迅速发展，1992 年以前，冠心病的介入治疗仅局限于单纯球囊扩张。人们在认同 PTCA 良好的临床效果的同时，也不可否认其存在着一些尚待解决的问题，如术后的急性血管闭塞、后中远期靶血管再狭窄率高达 30%～50%、弥漫性血管病变、慢性完全闭塞病变以及对于纤维化或钙化病变手术成功率低等，均困扰着介入治疗的发展。

　　冠状动脉腔内球囊成形术的治疗系统主要由球囊扩张导管（balloon dila-tation catheter）和输送系统（delivery system）组成。通过穿刺股动脉或桡动脉等方法将导引导管（guiding catheters）、导丝（guidewire）、球囊扩张导管沿动脉送至冠状动脉相应的狭窄部位，扩张数秒钟至数分钟，消除冠脉狭窄。随着术者经验的积累、球囊性能的日渐精良，PTCA 的成功率也不断增加。

　　第二阶段：冠状动脉支架术。冠状动脉支架术的临床应用基本上解决了介入治疗术后急性血管闭塞的问题，并且通过改善血管的负性重塑使靶血管中远期再狭窄率较单纯球囊扩张术下降了 15% 左右。支架植入术是在 PTCA 的基础上，通过球囊导管将支架送到病变处，并使其扩张后对血管起支撑作用，随着血管支架制作材料及工艺的改进，支架植入术临床应用范围越来越广。统计显示，2000 年，全球共实施心血管介入手术 155 万例，其中 75% 使用了冠状动脉支架。

　　血管支架（stent）是用于治疗冠心病等血管性疾病的一种植入血管狭窄性病变区的金属丝网管状器械，它具有良好的可塑性和几何稳定性，于闭合状态下经导管送至血管病变部位，再用气囊扩张的方法使之张开，从而起到支撑血管壁的作用。早在 1969 年，Dotter 等在狗的周围动脉中植入不锈钢和 Nitinol 钢圈并报道了不同的结果以后，血管支架（endovascular stent，ES）的研究就受到了广泛的重视。但由于支架本身作为异物，有致血栓形成和异物反应性，术后亚急性血栓形成和再狭窄仍是两大主要并发症。因此，研究预防和处理支架术后的再狭窄的发生机制、寻求防治再狭窄的有效措施成为世界上心血管疾病研究的一个热点。

　　第三阶段：药物涂层支架（drug eluting stent，DES）。血管支架术后的再狭窄机制除血管壁在血管扩张后弹性回缩和血栓形成外，损伤所诱导的血管平滑肌细胞过度增殖并向内膜迁移起关键作用，即平滑肌细胞激活、迁移、增殖进而引起内膜增生是支架内再狭窄最主要的因素和病理基础。近年来，各种更加符合血流动力学和更佳适应性的支架正在进行实验研究。由于血管支架植入后，静脉或口服途径的抗凝治疗对防止血管支架腔再狭窄或闭塞的效果不显著，因此，有人想到局部药物治疗方法，即在药物外涂一层药物膜进行药物持久的局部释放来达到治疗目的，从而产生了药物涂层支架。药物涂层支架的临床应用取得了显著的效果，药物涂层支架的再狭窄率约 10%，成为冠心病介入治疗的新的里程碑。

　　药物涂层支架是 20 世纪 90 年代以来，全球各大医疗器械制造商竞相开发的新一代冠状动脉支架产品，它涉及材料科学、生物医药科学，工艺技术极其复杂，目前只有美国 Cordis 公司和波士顿科技公司掌握该项技术。由于疗效更佳，药物涂层支架正逐步取代普通金属冠脉支架。目前，美国的血管支架市场约占全球的 1/2，其中，药物涂层支架的市场份额达 75%。据估计，到 2005 年，全球每年心血管介入手术将达 240 万例，使用支架的比例将达 86%，其中大部分是药物涂层支架。药物涂层支架的适应证也在不断扩大，如在左主干病变、分叉病变、小血管病变、合并糖尿病的病变中均得到应用，但是药物涂层支架的再次形成血栓问题依然不容忽视。

§8-2　球囊扩张导管及输送系统

冠状动脉腔内球囊成形术的目的是修复或重建狭窄或严重阻塞的动脉，主要利用输送系统，将一个球囊扩张导管放入有关的动脉内，气囊充气后，动脉即被扩张而内膜破裂，从而减少了动脉再次狭窄的机会。可见，冠状动脉腔内球囊成形术的治疗系统主要由球囊扩张导管和输送系统两部分组成。球囊扩张导管是整个治疗系统的主体，输送系统是辅助部分。输送系统主要包括导引导管、导丝及附件等，如图 8-2-1 所示。

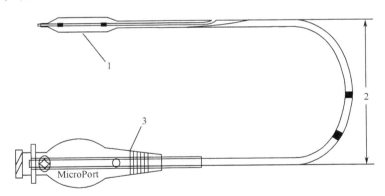

图 8-2-1　球囊成形术治疗系统示意图
1. 球囊；2. 输送通道；3. 附件

一、输送系统

1. 导引导管

导引导管是治疗系统的传输通道，是手术成功的关键，其主要完成的功能有传送后续器械、监测血流动力学参数及注射造影剂等，如图 8-2-2 所示。

图 8-2-2　导引导管

图 8-2-3　导引导丝

1) 导引导管的结构

导引导管的结构可分为四段，三层。四段包括超软的 X 光可视头段、柔软的同轴段、中等硬度的抗折段及牢固的扭控段。三层即最外层是特殊的聚乙烯塑料材质，决定了一种导引导管的形状、硬度与血管内膜的摩擦力，中层是12～16根钢丝编织结构，使导管腔不会塌陷并抗折断，不同产品的编织方式不同，最内层为尼龙 PTFE 涂层，以减少导丝、球囊、支架与导引导管内腔的摩擦阻力，并预防血栓形成。

2) 导引导管的类型

根据形态分类有 Judkins（常用）、Amplaze、Multipurpose、Voda、Q wave、XB。按照管腔直径的大小分为 5F、6F、7F、8F。按照结构分类可分为短头、带侧孔和大腔等。

2. 导引导丝

导引导丝是插入血管并用于定位的柔性器械，如图 8-2-3 所示，其主要作用是引导导引导管和球囊导管沿导丝送入狭窄段。导引导丝分为左房导引导丝和转向操纵导丝。该导丝是由医用不锈钢材料制造而成，基本原理结构是经过加工的钢丝芯在部分或全部外表面套上较细的钢丝绕成的弹簧，并将其牢固地焊接在固定钢丝芯的远端和近端，使导引导丝能保证球囊导管顺利导入体内，现已经基本统一应用直径为 0.014in。

1) 导引导丝的结构

大致分为三部分，柔软尖端、连尖端与轴心杆中间段及近端推进杆段，导丝结构示意图如图 8-2-4 所示。

中心钢丝贯穿整个导丝全长，在远端呈阶梯式，中心钢丝的粗细和变细阶段的长短、方式决定了导丝的支持力、推送力和柔软度。中心钢丝越短，末端锥形

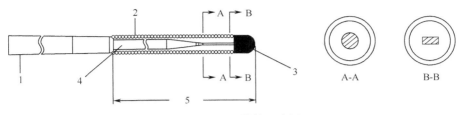

图 8-2-4　导丝结构示意图

1. 近端推送杆；2. 成型丝；3. 尖端帽；4. 中心轴；5. 柔软段

变细越短，导丝支持力、推送性越好，但柔软性差；中心钢丝越细，末端分解变细越长，导丝支持力、推送力越差，柔软性越好。

2）导引导丝的性能

包括调节力及扭控性、柔软性、推动力、支持力。导丝的调节力及扭控性指操作者操纵导丝近端、导丝远端随之扭动的能力，反映导丝尖端的操纵性，主要取决于导丝尖端和中心钢丝结构。导丝的柔软性主要取决于导丝的直径、尖端结构及连接段变细程度。导丝的推动力及导丝通过病变的能力取决于导丝中心钢丝的硬度及中心变细段方式，中心钢丝越粗，变细段越平滑，呈锥型，其推送性越好，柔软，推送力差的导丝操作较安全，因导丝头运动易受阻，不易穿孔，而推送力强，尖端硬的导丝易造成冠脉夹层或穿孔，因此在操作导丝时切记快速用力推动导丝，尤其在做完全闭塞或高度狭窄病变时，应耐心轻柔转动导丝尖端，寻找真腔。导丝的支持力指导丝体部的硬度，与中心钢丝直径、材料有关。

二、球囊扩张导管

球囊扩张导管，也称球囊导管，是冠状动脉腔内球囊成形术的主体部分，在导引导丝的引导下，球囊导管沿导丝送入狭窄段，将狭窄部分扩张。目前，常用的球囊导管基本分为整体交换型、快速交换型两种类型。

（1）球囊导管的结构：整体型的结构分为三部分，包括导管尖端、球囊、推进杆。快速型除了上述三部分外，还包括球囊与连接杆的连接段，如图 8-2-5 和图 8-2-6 所示。

图 8-2-5　球囊导管的整体结构

1. 金属推送杆；2. 导丝穿出处；3. 同轴连接杆；4. 球囊；5. 尖端

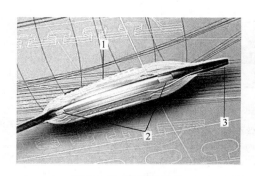

图 8-2-6　球囊的结构
1. 球囊；2. 嵌入标记；3. 尖端

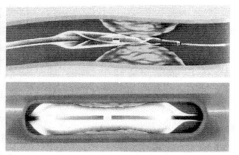

图 8-2-7　球囊扩张前后变化示意图

（2）球囊导管的性能：包括球囊外径、灵活性、跟踪性、推送性及顺应性。球囊尖端取决于外形、材料，长软头利于引导球囊通过扭曲血管，短硬头利于通过严重狭窄病变。球囊材料决定其柔软性及通过病变的性能，材料常用尼龙和特殊的聚乙烯，厚度超薄且低顺应性、耐高压。低顺应性可防止球囊两端过度膨胀造成血管撕裂球囊，但低顺应性材料塑型较差，因此，目前多采用尼龙材料的半顺应性球囊，非顺应性球囊主要输送支架的球囊。连接段主要体现球囊的推送性、灵活性、同轴性和抗折能力。推送杆的材料分为外壳高分子材料中心钢丝加强及钢管推进杆两大类，前者推送力差，但因外带亲水涂层而摩擦力小，后者推送力强但易折断且摩擦力大，目前两种推送杆并存。球囊扩张前后变化见图 8-2-7 所示。

三、冠状动脉腔内球囊成形术操作过程

（1）首先血管造影，了解血管狭窄的程度及长度。

（2）用导丝试通过狭窄段，成功后将导管跟进。通过困难时可换用超滑或较细的导丝和导管。腔静脉闭塞者可试用导丝硬头或房间隔穿刺针穿过，此操作应在双向调线透视下进行，以免假道形成或损伤心包。

（3）导管通过狭窄段后，先注入造影剂显示狭窄后血管情况，然后注入肝素 6250U，插入超长导丝撤出造影导管。

（4）球囊导管沿导丝送入狭窄段。困难时可采用超硬导丝协助，或可先采用小球囊导管对狭窄段进行预扩张，再送入大球囊导管。

（5）确定球囊准确位于狭窄段后即可开始扩张术。用 5mL 注射器抽取稀释为 1/3 的造影剂，注入球囊使其轻度膨胀。透视下可见狭窄段对球囊的压迹，如压迹正好位于球囊的有效扩张段，可继续加压注射，直至压迹消失。一般每次扩张持续 15～30s，可重复 2～3 次。

（6）撤出球囊导管时应用 20mL 注射器将其抽瘪，以利于通过导管鞘，再插入导管进行造影观察。

§8-3　血管支架

血管支架是用于治疗冠心病等血管性疾病的一种植入血管狭窄性病变区的金属丝网管状器械。血管支架具有不同的尺寸，直径从 2.25～5mm 不等，进行血管植入术时，是根据欲植入的血管狭窄部位的大小来选择合适尺寸的支架。支架的主要作用是进入血管狭窄病变部位释放后，使血管形成一个通道，使血流顺畅。虽然血管支架较传统的血管成形术大大降低了再狭窄率，但是由于支架多由金属制造而成，可引起炎症反应，并且其对血管的长期牵拉导致血管内膜的增生，可引起血管再狭窄，因此支架内再狭窄仍然是临床上面临的主要问题。

一、支架的类型

1. 按支架扩展方式分类

依据支架的扩展方式，将支架分为自膨胀式（self-expanding）和球囊膨胀式（balloon expandable）。

1）自膨胀支架

自膨胀支架指在扩张状态下制造，然后缩小并限定在输送系统中，从输送系统中释放出来时会弹回扩张状态。自膨胀支架要求材质有低弹性模量和高屈服应力。自膨胀支架及输送系统如图 8-3-1 所示。

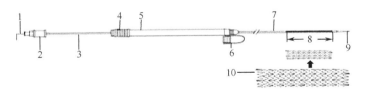

图 8-3-1　自膨胀支架及输送系统图

1. 保护芯；2. 接头；3. 金属管；4. 安全锁；5. 手柄；6. 侧壁冲洗口；
7. 输送器；8. 输送器上的不透 X 线标记；9. 导入器头；10. 黄金眼标记

自膨胀支架的典范有 Magic Wallstent 支架和 Radius 支架。Magic Wallstent（Boston Scimed）支架是由 18～20 根不锈钢交叉编织而成的网状结构，这种支架的释放是通过专门设计在靶病变处释放支架的传输系统完成的。通常是当未膨胀支架达到靶病变处后，依赖支架膨胀张力和血管壁的弹性限制之间的平衡关系，逐渐完成支架的全部释放。只要支架未完全释放，随时可收回远段已释放部分。

由于自膨胀支架自身的高弹性回缩性及短缩率，一般建议选择支架直径应较临近参考段直径大 20％。Radius 支架是 Boston 生产并在美国第一个被批准的自膨胀支架。它是分多段、柔软性好、管状镍钛合金结构，依赖热记忆原理完成自膨胀，与 Magic Wallstent 比较，释放后的短缩率小于 5％，可视性差。与第一代球囊膨胀式比较的临床观察和随机研究结果表明，其植入技术成功率较高，而影像、临床预后相一致。

2）球囊膨胀支架

球囊膨胀支架在球囊充气加压时，产生塑性变形，球囊放气后，支架仍保持扩张状态。球囊膨胀支架的材质应该有低屈服应力（以便在球囊胀开后定形）、高弹性模量（弹性回缩小）。球囊膨胀支架如图 8-3-2 所示。

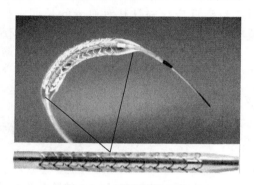

图 8-3-2　球囊膨胀支架

Wiktor 支架、GrossFlex 支架、Palmaz-Schatz（PS）、Crown、MiniCrown 支架及 Multi-Link、Duet、Tristar 支架等都是球囊膨胀支架。Wiktor 支架是 Medtronic 公司生产的，由一缕钽丝围绕球囊缠绕成 U 型结构的支架，该支架形态呈螺旋状正弦曲线波形，分为 Wiktor GX ＼ Wiktor I，目前由于 Medtronic 与 AVE 公司合并，已不再生产。GrossFlex 支架是由 Cordis 公司生产的，由不锈钢丝缠绕成形态为呈螺旋状正弦曲线波形的支架，它的开放环设计和柔软性决定其在扭曲血管或血管远段及分叉病变的应用价值。Palmaz-Schatz（PS）及 Crown、MiniCrown 支架是强生公司生产的第一个被证明支架植入可明显降低再狭窄率的支架。Multi-Link、Duet、Tristar 支架均是美国 Guidant 公司生产的二代球囊膨胀支架。Multi-Link 是激光蚀刻的重叠伴、桥的不锈钢圆柱体，它在具备管状支架辐射张力和金属覆盖率高的同时，更加柔软，但缺点是顺应性球囊和低可视性。Duet 支架增加了刻花厚度，即增加放射支撑和可视性，其传输球囊是小外径、耐高压球囊。Trista 的出现主要是应用了短过度边缘保护技术（STEP）、支架挤压特殊技术（GRIP）及三折技术，改进了支架球囊扩张时对边缘的内膜撕裂、"狗骨头"现象，且防止支架脱落和便于支架球囊扩张后的均匀回卷。

　　2. 按支架的材料分类

　　依据支架的材料种类，支架分为金属支架，聚合物支架，涂层支架。

　　1）金属支架

　　最初使用的支架表面是裸露金属，裸露金属支架虽然满足力学性能要求，但在植入人体后，存在血液相容性不佳等问题。支架表面粗糙度对再狭窄发生有很大的影响，另外，金属支架在血液中会释放出重金属离子，这些重金属离子会促进血栓的形成。

　　2）聚合物支架

　　聚合物支架与血管壁的相容性好于金属支架，可避免后期的内膜增殖，特别是可降解的聚合物支架。生物可降解物质在生物体内通过水解反应逐渐降解，在完成机械性支撑作用后降解成无毒产物，通过呼吸系统和泌尿系统排出体外。高分子支架不足之处是 X 射线示踪性不理想。由于聚合物材料的密度低于金属材料，不能像金属支架那样可以在 X 射线下清晰显影，通常是借助输送器的金属定位标志做参照，治疗后复查不方便。在支架的两端加装不透 X 线的金属标志物，旨在加强透视下识别的改进方法正在研究中，效果尚不明显。

　　3）涂层支架

　　将具有良好生物相容性的材料通过特殊涂覆技术包被于金属支架表面，隔绝金属支架与血管组织的接触，抑制血小板的聚集。主要的涂层支架有金属涂层支架、生物可降解膜被覆金属支架，此外还有 PC 涂层支架、碳化硅涂层支架、碳分子涂层支架、多聚物涂层支架、静脉覆盖支架等。金属覆盖通过电镀或离子轰击法来调整金属支架的表面成分，这是早期的支架表面改性技术。金属有较高的表面电位并吸附负性粒子，有致血栓特性，实践证明，金、银、铜覆盖支架并不能解决新生内膜增殖和致血栓形成的问题。生物可降解膜被覆金属支架是在金属支架表面被覆一薄层生物可降解物质膜，使其既具有金属支架机械性能，又具有生物可降解物质的血栓源性小、炎性反应轻微和减少内膜增殖优点，提高了支架的生物相容性。研究较多的是纤维蛋白被覆的支架，纤维蛋白是一种具有良好生物相容性的可降解聚合物，可以减少新生内膜增生及减少异物反应，使局部血管结构保持完整，减少再狭窄的发生率。

　　磷脂酰胆碱（phosphatidyl choline，PC）是人类细胞膜外层的主要脂质组成部分，具有电中性、高亲水性、无毒和在生理 pH 下稳定的特性。PC 涂层模仿人体自然细胞膜的化学特性，可降低摩擦系数，减少支架表面纤维蛋白原的结合和血小板的激活与粘附，从而减低支架植入后的急性/亚急性血栓形成。

碳化硅涂层可减少支架的血栓形成。碳分子涂层可阻止金属支架释放重金属离子而诱导的血小板激活，同时，可使支架表面更光滑，以增强支架的生物相容性，减弱其抗原性而防止血栓形成。自体静脉移植覆盖支架由传统支架上覆盖静脉血管内皮细胞构成，可能是 PTCA 的理想支架，可减少支架致血栓特性和局部组织反应，仅引起轻度内膜增生反应。

二、血管支架性能

评价支架的性能主要从生物相容性、顺应性、传送性、柔软性、辐射张力、覆盖性及可视性等方面进行。生物相容性是支架材料本身的抗血栓和抗腐蚀的性能；顺应性是支架植入后沿血管轴向弯曲程度；传送性是支架顺利传送到病处多种因素的影响；柔软性是未膨胀支架沿纵轴方向弯曲的能力；辐射张力是防止血管壁弹性回缩的支架性能测定参数；覆盖性是支架完全在辐射状或纵轴向覆盖病变的能力；可视性是支架的透光性取决于支架的材料、厚度、结构造影机影像清晰度。

三、血管支架植入过程

支架植入过程包括压握、扩张和定位 3 个阶段，如图 8-3-3 和图 8-3-4 所示。支架植入时，首先要将支架压握于球囊导管上，此时支架在径向均匀压缩力作用下，发生大的塑性变形和屈曲，必然会在支架内部产生残余应力，势必对支架扩张后的应力应变产生影响。在将压握有支架的球囊导管输送到病变处时，支架会在血管弯曲较大处发生弯曲，因此支架必须具有一定的柔韧性。同时，支架会和血管内壁摩擦接触，以及血流作用，所以应确保支架压握于球囊上时要有足够大的压握强度，以确保在输送过程中支架不会从球囊上脱落。

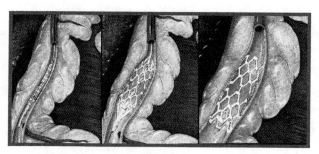

撑开前　　　　　　撑开中　　　　　　撑开后

图 8-3-3　球囊膨胀支架植入过程示意图

在将压握有支架的球囊导管输送到病变处后，支架随着球囊加压开始扩张。通常支架两端末梢部分扩张得最快，会对血管壁造成损伤，因此，在设计支架时应当采用能降低支架末梢扩张速度的结构。同时，在支架扩张过程中，球囊材料

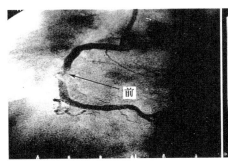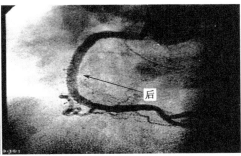

图 8-3-4　支架植入前后变化

往往会穿过支架的网孔，从而阻碍支架正常的扩张，最终随着球囊压力逐渐增加，支架会沿径向向外扩张到与血管内壁接触，最后，对球囊泄压抽出球囊，支架在病变处支撑起狭窄的血管，此时支架发生塑性大变形，内部产生应力，这些将影响支架的疲劳寿命。支架的几何结构、压握和扩张参数、球囊特性以及血管内壁斑块的本构关系和几何参数都将影响支架的扩张效果。这个阶段是临床上植入手术成功的关键，也是考验支架扩张性能满足使用要求的关键阶段，因此该阶段是研究的热点，也是研究的重点。

四、血管支架生产工艺流程

性能优良的支架应具备生物相容性好、扩张性能好、支撑力好、顺应性好、易弯曲、表面积小和符合流体力学等特性，而支架材料、结构和加工工艺对这些特性起决定性的作用。目前，支架材料大都选用 316L 医用不锈钢及合金等，因此，支架的结构设计和制作工艺对于支架整体性能的影响就更加突出。

血管支架生产工艺流程包括球囊成形、支架切割等 8 个操作，流程图如图 8-3-5所示。

图 8-3-5　血管支架生产工艺流程图

五、血管支架研究进展

国外心血管支架的研究与使用始于 20 世纪 80 年代，并迅猛发展，除了支架制造商自身机构的研究工作外，还有很多研究机构从事支架相关领域的研究，例如，斯坦福大学心血管生物力学实验室（Stanford Cardiovascular Biomechanics Lab）致力于血管支架及相关医疗器械的研究和评估、计算机辅助医疗计划以及血流动力学研究等方面。目前，国内外医用支架研究主要集中的方面包括：应用新工艺、新思想的医用支架的设计、加工；医用支架及其制造材料的生物相容性研究；医用支架的应力、应变、位移等力学测试研究；医用支架在体内的成像技术研究；医用支架工作过程中的生物力学分析等方面。

我国对心血管支架的研制从 20 世纪末才开始，对支架的研制刚刚起步，目前，由常兆华带领的海归人员组成的团队正致力于开发、研制和生产具有我国自主知识产权的血管支架等微创医疗器械，在国内外享有很高的盛誉。

在医用支架扩张过程模拟和机械性能测试方面具有代表性的研究有：Chua 等人研究的扩张过程中，球囊和支架之间的相互作用以及不同加载速度对支架扩张性能、短缩量和最后应力分布的影响；Migliavacca 等人研究的多种不同结构的支架在不同金属覆盖率的情况下，对支架扩张压力以及翘曲量等的影响；Petrini 等人研究了支架波形环之间的链接形式对支架柔韧性的影响；Duzmoulin 等人应用有限元方法分析了不同类型球囊扩张支架的机械特性；Squire 采用动物实验手段，对因支架扩张而导致血管发生的损伤进行了测试。在支架植入后的血流动力学方面具有代表性的研究有：Perktold 等人采用有限元法模拟了颈动脉分支模型中的牛顿流体的运动规律，并研究了求解血流和血管机理的弱耦合流体结构之间相互作用的有限元法；Natarajan 等人应用计算流体动力学和试验手段，研究了受支架支撑的血管内病变处局部的血流动力学；Etave 等人研究了支架在脉动循环载荷作用下，对其寿命的影响；Wentzzel 等人对支架植入后血管形状的改变以及血管壁所受剪切力进行了研究；当前，采用计算方法来研究直接从医学图像（如磁共振成像）重建的血管模型是血流动力学研究的热点，在血管动力学软件工具方面，斯坦福大学虚拟血管实验室的 Taylor 等人开发出包括建模、网格划分、三维脉动流体求解、科学可视化和定量数据提取的软件系统。众多的研究者都将有限元技术应用于支架的设计当中，主要涉及支架结构优化设计、扩张过程仿真、植入后的血流动力学和支架寿命研究等方面。

在支架植入后，血管壁因其自身的扩张和收缩而产生周期性位移，该位移会对支撑它的支架产生周期性地扭曲作用，使支架每年要经历几亿次周期性载荷作用，从而使支架逐步产生疲劳损坏，甚至坍塌。同时，由于支架的植入，不仅会改变病变处局部血流的流动规律，而且还会产生生物化学反应。因此，血流动力学和生物相容性有待进一步研究。

§8-4 药物涂层支架

随着冠状支架术的广泛发展，在支架植入术明显降低球囊成型术再狭窄的同时，支架内的再狭窄成为一个非常重要的问题，已严重限制了冠心病的介入治疗的发展。尽管不断的采用了切割球囊、血管内放射治疗、旋磨等措施，但仍不能很好的解决支架内再狭窄的问题，药物涂层支架就进一步解决了再狭窄问题。

　　药物支架（drug eluting stents）是将药物通过一定的工艺处理涂在支架上，当支架植入体内后，药物能够持续高浓度的释放，使药物能够在"靶位"达到有效治疗浓度，在支架支撑血管的同时，涂层中的药物选择性地抑制内膜平滑肌细胞的过度增生和迁移，从而有效避免血管再度变窄。临床统计显示，使用普通金属冠脉支架的血管再狭窄发生率约为 20%～35%，而使用药物涂层支架的血管再狭窄发生率不到 10%。

一、支架内再狭窄的机制

　　影响血管再狭窄的主要因素有病人的特异因素（如遗传因素，糖尿病等）、病变因素（如血管腔径、病变长度、斑块负荷等）和过程因素（如血管损伤程度、残余内膜撕裂、支架数量、最小支架直径、面积）。

　　导管诱导的血管机制性损伤主要表现为：内皮裸露及中层的牵张反应；损伤修复始于炎症反应期，表现为血小板、生长因子及平滑肌细胞的激活；增殖期，以平滑肌细胞、纤维母细胞迁移，增殖至损伤区；重构期，内皮细胞成熟，胶原合成，代替了细胞外基质中的纤维组织。内膜细胞循环的增殖过程如图 8-4-1 所示。

图 8-4-1　细胞循环的增殖过程

G_0. 细胞静止期；G_1. 新蛋白质产生期；G_2. 细胞分裂预准备期；

S. 细胞复制 DNA；M. 细胞分裂期；#. 限制点

二、药物涂层支架的结构及制备

　　1. 药物涂层支架的基本结构

　　药物涂层支架的基本结构包括支架杆、基本涂层和外涂层。基本涂层指的是底层和载药层，外涂层主要指的是控制释放层，如图 8-4-2 所示。药物释放有两种类型：快中速释放型，即药物在支架植入后 2d 天内大部分释放入组织中；另一个是缓慢释放型，药物在支架植入后逐渐持续释放入血，最长时间可以达到 6 个月左右，典型的药物释放过程如图 8-4-3 所示。

　　2. 药物支架的制备

　　（1）药物和载体层应满足的条件有：药效、药代、机械性要求；药物释放的可预测性、药物浓度的可控性及释放时间；在消毒、球囊扩张后，涂层支架自然改变，无机械性损伤。所带药物特性应满足对复杂再狭窄中多个成分的抑制。内膜增殖类似于肿瘤细胞的生长，可应用抗肿瘤药物。抗增殖用药疗效不理想。抗分裂药物不能抑制平滑肌和内皮厚度。

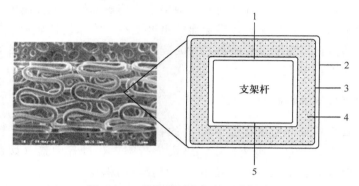

图 8-4-2　药物涂层支架的基本结构
1. 血管壁侧；2. 控制释放层；3. 载药层；4. 底层；5. 管腔侧

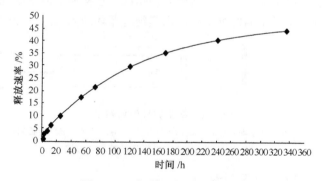

图 8-4-3　典型的药物释放过程

（2）药物的种类有：血小板功能抑制剂，如阿司匹林、苯酚咪唑、潘生丁、抵克力得等；抗凝血药物，如肝素、水蛭素、华发令等；抗增殖药物，如紫杉醇、雷帕霉素等。

（3）支架加载的药物可以通过扩散机制或随着聚合物的降解而释放，其释放主要有 3 种方式：药物混合于聚合物中，以弥散方式释放，待其排空后聚合物才开始降解；药物非共价结合于聚合物中，聚合物表面发生水解，交链断裂，释放药物；药物与聚合物间为共价结合，只有当共价键断裂，药物才开始释放，持续时间较长。

（4）药物支架带药方式可分为物理包覆法和机械镶嵌法。物理包覆法就是将药物载体聚合物和被载药物通过溶解于有机溶剂达到共混，然后将裸露的金属支架经过此共混溶液的浸洗，将这种载药生物涂层涂覆在金属支架上，再经过热处理将溶剂去除，就得到药物支架。机械镶嵌法就是在不用聚合物的情况下直接将药物包在支架上，通过表面处理（如酸洗等），使金属支架表面有一些小的凹陷，这些小的凹陷使支架携带更多的药物。使用过程中，这些药物从支架上直接释放，但此种支架由于释放的时候不像物理包覆方法制备的支架那样可以控制，因此，药物释放所能维持的时间以及药物释放所能达到的浓度能否满足治疗的需要都需要做进一步的研究。

三、药物涂层支架的类型

1. 雷帕霉素涂层支架

雷帕霉素（sirolimus）是一种大环内酯抗生素，最初发现它具有抗真菌和免疫抑制活性，它可抑制同种异基因活体的动脉瘤形成，现已用于治疗肝肾和心脏移植的抗免疫排异。雷帕霉素与细胞 FKBP12 结合，拮抗其他的 FKBP12 组制剂，阻止酶 TOR（雷帕霉素的靶酶）的形成，上调 P27 水平，通过 G_1-S 转移水平阻断细胞循环来抑制视网膜细胞瘤蛋白（pRb）的磷酸化，以抑制平滑肌细胞和其他细胞从增殖周期的 G_1 期向 S 期转化，使细胞分裂处于静止状态。雷帕霉素支架如图 8-4-4 所示。

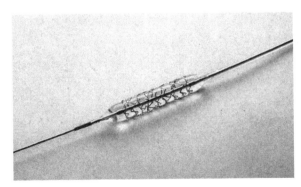
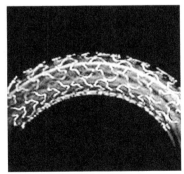

图 8-4-4　雷帕霉素涂层支架　　　　　　　图 8-4-5　紫杉醇涂层支架

2. 紫杉醇涂层支架

紫杉醇（Taxol）是从紫杉（红豆杉）树皮中提取的一种抗肿瘤药物。1993年，美国 FDA 批准将此药用于临床治疗卵巢癌等恶性肿瘤，有显著疗效。一些试验显示，Taxol 能显著抑制血管平滑肌细胞增殖和血管内膜增生，有显著抑制动物模型血管内支架植入后支架再狭窄的作用。它可促进微管聚合，抑制微管降解，

使细胞分裂停滞在 G_2/M 期，直至细胞死亡。紫杉醇涂层支架如图 8-4-5 所示。

药物涂层支架的应用开辟了冠脉介入治疗的新纪元，但尚未解答的问题较多，寄希望于目前正在进行中的多个临床研究结果，新技术为冠脉介入治疗现状中诸多复杂病变（如长病变、小血管、慢性闭塞、分叉、左主干等病变）的治疗提供了更广阔的空间。今后，药物涂层支架的发展可以考虑应用不同种类的药物，并结合其他局部药物释放、局部基因治疗等方式共同抑制内膜增殖，防治再狭窄的发生。假如药物涂层支架的再狭窄真的消失，仍然有大量人需植入金属支架，而且药物涂层支架真正应用于临床常规治疗还需一段时间的疗效和安全性的验证，方可逐渐向实现无再狭窄的时代迈进。

§8-5　动脉支架的检测方法

标准 BS EN14299：2004 规定了无菌动脉支架的术语的基本要求及对其进行评价的试验方法，该标准适用于主动脉、脑动脉和其颈部动脉、冠状动脉、脑内动脉、外周动脉、肺动脉、大动脉的上端和内脏动脉上的动脉支架和血管架体，它也包括用于治疗动脉瘤和动脉狭窄，和其他血管异常的血管假体，也适用于作为封堵用的覆膜支架。

一、常用术语

动脉支架：用于支撑动脉导管的可植入管状结构，包括血管内假体。

裸露支架：无覆膜或无涂层的支架。

颈部脑动脉：包括颈内动脉的颅外部分及椎动脉。

挤压性：支架在发生塑性形变前耐受负荷的能力。

输送系统：用来将植入物送达目的位置然后撤出的系统或装置。

直接放置：在未进行球囊预扩张的情况下将支架放置。

"狗骨头"效应：在支架直接放置过程中，因球囊近端或远端扩张超出支架扩张直径而出现的哑铃状残缺。

内漏：血管动脉瘤修补术所引起的并发症，血流持续性流出血管内假体管腔但仍在动脉瘤囊内或位于被移植治疗的血管附近，内漏分为以下几类：

Ⅰ类：发生于假体周围且位于连接区的近端或远端。

Ⅱ类：由并行分支动脉的回流所引起的。

Ⅲ类：由移植物结构缺陷、密封不充分或移植物各部分不正确连接所造成的。

Ⅳ类：由移植物自身的渗透性所导致的内漏，经常会引起动脉瘤囊内整体性的轻度变红。

　　血管内假体：放置于血管管腔内的血管假体，例如，支架移植物，部分或全部位于血管管腔内以在血管的两部分之间形成一内部通道或分流通路。

　　植入物：动脉支架或血管内假体。

　　支架的自由表面区域：在支架所构成的圆柱体表面上，非支架材料所占表面的百分比。

　　支架弹性回缩：支架在完全充气的输送系统中的原始直径与系统放气后支架释放的最终直径的变化量，以在完全充气的输送系统中测量的支架直径的百分率表示。

　　MRI 适应性：当植入物在以下特定的 MRI（磁共振）环境中使用时，应有与 MRI 相容的能力，已被证明不会明显影响诊断信息质量，并且也不会因 MRI 环境而影响其自身功能。

　　标称尺寸：制造商所声明的已扩张释放的支架所具备的直径和长度。

　　外包装：套在单元包装外的包装，设计应能防止由储存和（或）运输引起的损坏。

　　通过性：支架在植入后保持管腔畅通的能力。

　　径向支撑力（适用于自扩张支架）：支架的弹性能力，改变支架直径的力。

　　参照装置：用来比较试验方法和（或）结果的支架/输送系统。

　　自扩张支架：该支架直径在无塑性形变的情况下可自行由扩张前尺寸增长到扩张后尺寸。

　　上主动脉：主动脉上动脉起始于主动脉弓向上延伸至颈动脉分叉及椎动脉起始处。这一区域内包括所有供应头部和上肢的动脉，即无名动脉、锁骨下动脉及颈动脉。

　　单元包装：维持无菌状态的包装。

　　腹腔动脉：腹腔动脉包括腹动脉及其分支、肾动脉、肠系膜上动脉、肠系膜下动脉及髂骨内动脉。

二、材料

　　动脉支架使用材料适用于 EN12006－3（无源外科植入物-心脏及血管植入物的特殊要求——第 3 部分：血管内装置）条款 6，同时认为支架输送系统因与循环血液的接触时间小于 24h 被认为是一外部装置。材料及最终产品对腐蚀的敏感度应在实际或仿真环境中评价。

三、设计评价

　　相关设计属性的测试应在一种仿真其预期使用环境的条件下进行（包括诸如温度、几何尺寸等），制造商应详细列出测试条件和样品尺寸选择的合理性，并且制造商应以文本形式给出参照相关标准对测试结果所得的评价。

1. 尺寸

支架扩张后的长度应在标称环境中测量，支架的内径可由其外径与其壁厚度计算而得。使用合适的测量技术测量支架的外径，测量时，应选择支架两端及中部三个部位测量，每个部位应在相互垂直的两个方向上各测量一次，对所有测量结果计算出平均值。

（1）对于非圆柱外形支架（如椭圆或圆锥形支架），应描述其外形。

（2）对于支架设计属性因支架扩张而造成直径变化时，相应的长度及直径应加以测量。

（3）对于自扩张型支架，其扩张范围（最小与最大扩张直径）应给予测量。

支架的工作范围应以文本形式给出，试验结果应与记录并应在制造商所声称的公差范围内。

2. 可见性

支架的可见性，包括在 X 光透视下（荧光透视法），应能进行测定与评价，而且试验条件应以书面方式提供，动脉支架应能在临床使用有效的成像技术条件下可见。

3. 力学性能测试

1）抗挤压能力

对每一个标称直径及每种支架规格，支架直径的改变都应作为一种功能来测量，该功能利用圆周作用力或径向力作用于支架直至参数变形被支架完全塌陷。

2）径向支撑力（适用于自扩张支架）

对于标称直径，施加在自扩张支架的力应当作为支架直径或位移的一种功能来测量，当然要选用合适的测量方法。

3）球囊扩张型支架的回缩

支架的回缩应给予测量并以百分数形式给出结果。该试验测试时需要注意制成支架的材料性能，材料在支架直径通过机械手段由展开前尺寸增长到展开后尺寸时是否产生的塑性形变。并且，试验应在无外力作用在支架上时进行，支架应装在支架预期使用的标称尺寸的气囊上，装有支架的气囊应充气至标称气压，测量在充气的气囊上的已展开的支架的尺寸，气囊放气后测量支架的直径，实际直径的测量准确度应不低于标称直径的 1%。

支架的回缩率按下面公式计算：

支架回缩率＝[（充气后直径－最终直径)/充气后直径]×100%

式中，支架回缩率为支架从其在输送系统完全充气时的直径到输送系统放气后支架展开时直径的变化量，以对应于其在输送系统完全充气时直径的百分数表示；充气后直径为气囊完全充气后支架的外部直径；最终直径为气囊放气后支架在稳定条件时的外部直径（显示达到稳定的最小直径）。

对于每一支架，要计算其近端、中间和远端的支架回缩率，如果展开的和回缩的支架不是圆形和同心圆形，则应该用提供的回收率数据对其做出解释。由每一尺寸支架的所有数据计算其支架回缩率的平均值和标准偏差。

4. 疲劳测试

支架抗疲劳测试用于证明将来其裸露于体内环境时不会导致装置失败。疲劳试验应包括 380×106 个周期（相当于 10 年）的体外试验，如果植入物在体内预期少于 10 年，可以进行较短时间的疲劳试验，但需经过认证。

评价植入物长期的形态上和结构上的完整性，这包括植入物所有零部件的完整性和它们之间的连接以及彼此间的接触区域和它们与血管的接触区域，测试应在模仿体内径向、轴向和其他载荷的条件下进行。所施加的力应等同于生理载荷的周期性持续应力，需施加于至少六个待测支架上。在试验状态下支架的变形和预期植入状态下仿真最危险的生理载荷情况，使支架的变形至少一样大。测试频率的选择应该能使支架的直径位移在测试期间保持在所要求的界限内。材料机械性能的疲劳寿命影响限制了最高测试频率。例如，在高频下，支架有可能不出现预期的位移。另外，测试频率可能还受测试仪器的限制。当在某些频率下测试时，有可能引入次声波。待评估的支架，其尺寸和规格的选择应该能在疲劳失效和其他失效模式下表现最大潜力，同时该评估应以合适的工程分析为基础，例如应力/疲劳分析。

球囊扩张支架的测试应该在室温下进行，而热敏自扩张支架的测试应该在 (37 ± 2)℃下进行。支架尺寸和测试频率的选择需要验证。

5. 强度

强度试验主要包括血管内假体的爆破强度、纵向抗拉强度、加工吻合强度及缝合保持强度（如果适用），试验应在最终产品上进行，如果适当，也可分开在移植物材料上进行。

（1）植入物与其覆膜系统（例如粘结、缝合）处的连接强度。

（2）纵向抗拉强度：纵向抗拉强度用于评定连接元件的分开力。

（3）磁共振成像（MRI）适应性评定。

当支架用在特定的磁共振成像（MRI）下，制造商应评定产品的 MRI 适应性。应以文本的形式列出试验条件和结果。制造商应确定：① 磁共振成像对支

架的影响程度，如升温、支架移位等；② 支架存在导致磁场扭曲而产生的伪影

　　注：在有充足证据的情况下可用文献参考代替实际数据。

　　6. 支架的自由表面区域

　　制造商应给出支架无任何覆盖区域的自由表面或开放区域，而且其应该以总面积的百分数来表示。

　　7. 渗透性及多孔性

　　决定与支架相适应的多孔性、水的渗透性和进水压力。对于选定特性的测量，应该提供验证。

四、临床前评价

　　包括支架和输送系统（适用于自扩张和球囊扩张支架）。在条件允许的情况下，所有的试验都应在一个模拟血管的模型中进行，因为输送系统要在预期特定的使用条件下进行临床应用评价，如果湿度和/或温度会影响试验结果，试验应在温度为（37±2）℃，100%的相对湿度环境或水中进行。制造商应确定破坏输送系统连接处及材料的力的大小。结果应对输送系统与支架分开的力和从导引导管中撤出输送系统的力进行比较评定。试验方法和结果应以文本形式列出。

　　1. 尺寸

　　制造商必须说明并列出输送系统每一部分及其附件的所有尺寸以及轮廓，应能使其顺利安全送入、释放并撤出。

　　2. 可弯曲性

　　制造商需证明其装置有足够的可弯曲性以便通过血管/动脉结构而不会影响装置的功能，也不会产生扭结，同时确定最小的弯曲半径，即支架在无扭结的情况下适应环境的最小半径。

　　3. 扭转能力

　　评价输送系统在设计范围内能够提供足够的弯曲以将植入物送达末端的能力。

　　4. 推送性

　　确定输送系统在不被弯曲和挤压的情况下被操作者推进和定位的能力。

5. 跟踪能力

确定输送系统跟随导丝前端沿着管路（包括狭窄的、迂曲的管路）跟进的能力。导丝特征应列出，对于模拟输送系统有困难通过的部分应给予评价并被列出。

6. 外形因素/开口状（适用球囊扩张植入物）

对任何一个预安装的球囊扩张支架，制造商应评估球囊在通过弯曲的模拟动脉血管时，支架在其近端和远端与球囊径向分离的可能性，同时也应对在支架放置时存在的球囊破坏的可能性进行评估。对支架外径和球囊外径的距离应加以测量，该距离越大，支架在通过弯曲时被粘到动脉壁的可能性越大。如果这一测试结果不令人满意，制造商应排除直接用此装置安装支架。

7. 分离力（适用球囊扩张支架）

对任一预安装的球囊扩张支架，制造商应确定将压握后的支架与未扩张的球囊分开的力的大小，测试在支架的近端和远端都应进行：① 在一个直的输送系统中；② 在已通过一个弯曲的仿真动脉管路的直的输送系统中。

8. 球囊试验

该试验适用 EN ISO10555-1（无菌、一次性使用血管内导管——第 1 部分：通用要求）和 EN ISO10555-4（无菌、一次性使用血管内导管——第 4 部分：球囊扩张导管）的要求，下述试验应在仿真的真实条件下的完整系统中进行。

1）球囊充气

应确定把球囊充气至最大推荐充气压力时所需的最短时间，使用如下设备：① 充满（37±2）℃水的水浴槽；② 温度计；③ 装有临床使用的适当液体的加压装置；④ 秒表；⑤ 与球囊/支架联合体尺寸相适应的管路；⑥ 导向管。

试验应遵循下述步骤：① 在模拟导管中定位导向管；② 将模拟导管放入水浴中，至少 80% 的管路和全部的球囊要浸入水中；③ 浸泡至少 2min 使其相称；④ 给放入支架的模拟导管加压至最大推荐充气压力；⑤ 测量给球囊充气至最大压力需要的最短时间；⑥ 给球囊放气。

2）球囊放气

测量球囊放气所需时间及评定撤出已放气球囊的能力。使用下列设备：① 充满（37±2）℃水的水浴槽；② 温度计；③ 装有临床使用的合适液体的加压装置；④ 秒表；⑤ 与球囊/支架联合体尺寸相适应的管路；⑥ 导向管。

试验应遵循下述步骤：① 在模拟导管中定位导向管；② 将模拟导管放入水

浴中，至少 80％的管路和全部的球囊要浸入水中；③ 给放入支架的模拟导管加压至最大推荐充气压力；④ 给球囊放气；⑤ 测量球囊完全放气所需要的时间；⑥ 评定从支架中抽回已放气球囊的能力。

　　3）最大推荐充气压力（针对非适应球囊）

　　确定最大推荐压力。当球囊破裂时应确认裂缝是纵向的，使用下列设备：① 充满（37±2）℃水的水浴槽；② 温度计；③ 装有液体的加压装置；④ 秒表；⑤ 与球囊/支架联合体尺寸相适应的管路；⑥ 压力监测装置；⑦ 导向管。

　　试验应遵循下述步骤：① 以渐进的充气速率给导管加压直至球囊破裂；② 测定平均破裂压；③ 测定最大推荐压力（有合适安全余量的平均破裂压力）。

　　4）球囊疲劳率

　　测定至最大推荐充气压力的充气循环次数参考 EN ISO 10555－4：1997（无菌、一次性使用血管内导管——第 4 部分：球囊扩张导管）的附录 A，所使用设备包括：① 充满（37±2）℃水的水浴槽；② 温度计；③ 装有水的加压装置；④ 导向管。

　　试验应遵循下述步骤：① 将导管的充气口与加压装置相连接；② 将导管放入水浴中一段时间并滞留在水中；③ 给导管加压至最大充气压力；④ 维持该压力 10s；⑤ 给球囊放气；⑥ 重复上述③～⑤步骤 10 次。

　　如果球囊破裂或其他的失败情况发生，记录充/放气的次数和失败方式。

　　5）"狗骨头"效应

　　直接支架放入法是一种在临床应用中越来越多的植入过程，撑开动脉粥样硬块的同时释放支架，这就要求球囊充气至较高的压力（可达 15bars）。在这种情况下，超出支架的球囊两端若其直径充气至大于支架的直径，则可能会导致对动脉的损伤。对任一预安装的球囊扩张型支架，制造商应评定在充气至最大推荐压力下释放支架时，球囊两端的直径（近端和远端）与支架的差异。如果"狗骨头"效应出现，制造商应排除直接放置支架的方法。

　　6）止血性

　　考虑整个系统血量流失最小化的能力，这就要求（但不局限）以下条件：① 尺寸不匹配；② 密封不完全；③ 其他泄露。

五、临床前评价：动物试验

　　临床前体内试验的目的是评价支架的展开和获得短期临床性能数据与支架在体内的非预期的不良事件。试验应该评价支架临床研究的可行性。具体达到的目的有：① 评价传送系统进入目标位置的能力；② 评价传送系统的操作性、可视性以及支架的可视性；③ 确认支架展开的准确性和有效性；④ 描述退出传送系统的能力；⑤ 评价支架尺寸的合适性；⑥ 评价传送系统和外壳介入的功能止血性；⑦ 在植入过程和展开时应敏锐地确认支架的位置、尺寸、结构和材料完整性；⑧ 评价外植体与相关组织/器官的组织学和病理学；⑨ 不良事件。

1. 方案

动物模型的选择应考虑能恰当地证明支架的预期用途，确保在最大程度上与人体条件的相容性。若动脉支架增加新的性能或有新的用途，应至少进行 25 个支架的评价，并且对于其中的大多数支架，要在至少植入 6 个月后进行再次检查。如果结果证明满意，可进行短期的研究。对于血管内支架，至少要对 6 个支架进行至少 6 个月植入后的再次评价。对于未曾在血管植入物中使用过的材料，要进行长期的跟踪观察。此外，对所有支架要至少进行两次的至少 3 个支架的中期临时性评价，中期评估的时间选择由所选动物模型的特征决定，以获取相关终止的信息，包括相关临床资料：支架的血栓形成情况、支架的内皮生成情况、管腐蚀、支架内狭窄和动脉再狭窄等，还应记录标记或支架的可视情况以及移动阻力。

试验中要对动物要进行定期性的检查，对于生病的动物要记录生病的原因以及与植入物的相关联情况。试验期间死亡的动物要立刻进行尸检，应提供外植体和适当组织/器官的组织学和病理学评价。

2. 资料记录

对于每一个植入支架的动物至少要记录下述资料：

(1) 标志资料：① 动物来源；② 动物标志；③ 性别；④ 出生日期；⑤ 体重。

(2) 手术前资料：① 健康状况证明，包括适当的血液学检验；② 用药情况（如预防疾病的抗生素）。

(3) 手术资料：① 手术日期；② 手术操作者姓名；③ 植入过程的描述，包括支架的编号标志、支架原位直径和长度、选择参数的裕度量、所使用的全身性的抗血小板/抗凝血剂药物；④ 输送系统插入以及支架展开的准确性和有效性；⑤ 输送系统的可操作性、可视性及植入物的可视性；⑥ 输送系统退出的效能；⑦ 尺寸的适合程度及尺寸方案；⑧ 失血量及位置；⑨ 定位、结构和材料完整性以及支架的功能情况；⑩ 与手术相关的不良事件。

(4) 手术后资料：① 用药情况，包括影响血凝的药物；② 对支架的裂缝、完整性、功能、位置的观察，观察方法及日期；③ 不良事件，发生日期、治疗及结果；④ 任何与方案有较大偏离的情况。

(5) 最终资料：① 对支架的裂缝、完整性、功能、张开和位置的观察，观察方法及日期；② 支架及部件在尺寸、化学、物理性能方面的大致改变；③ 外植体和适当组织/器官的组织学和病理学评价。

3. 试验报告及附加信息

方案中所提到的所有动物的结果（包括最后分析没有采用的）都要进行记录和记入报告。试验报告应包括下述内容：

（1）研究方案。

（2）下述内容选择的合理性：① 动物种类；② 植入位置；③ 植入周期；④ 评价方法；⑤ 观察间隔；⑥ 样本大小（如动物和植入物的数量）。

（3）结果总结：① 动物的可数性，包括排除数据的合理性；② 目标成功率；③ 不良事件；④ 早期死亡或处死的理由总结；⑤ 操作者对支架张开容易性、可视性和可操作性情况的意见；⑥ 任何偏离方案的情况；⑦ 对外植体和适当组织/器官的组织学和病理学的总结，包括有代表性的图片、显微图片和相应的植入周期；⑧ 对支架位置、结构和材料完整性的任何改变以及支架功能的总结；⑨ 研究的结论；⑩ 质量保证和数据审核过程的总结。

六、临床评价

临床评价的目的是评定输送系统的性能、评估动脉支架的短期进入安全性和功能，这一评价并不能用于证明支架的长期性能。

在允许上市之前，每一个新支架或支架新的临床应用前都要进行临床评价。有可能影响安全和性能的重要设计改变应该需要临床评价。对于先前评价范围之外的支架尺寸也应该需要临床评价。而且在临床评价开始之前，支架应该满足本标准要求的所有适当的临床前测试。具体达到的目的应该包括下述内容：① 评价输送系统到达目标位置的能力；② 评价输送系统的可操作性、可视性和支架的可视性；③ 确认展开的准确性和有效性；④ 评价输送系统的退出能力；⑤ 评价支架型号的合适程度；⑥ 评价输送系统和装置附件的功能止血性；⑦ 整个过程敏锐地确认支架的位置、结构和材料完整性以及其性能；⑧ 监视对身体的伤害情况和装置位移（整个过程）；⑨ 报告早期和后期的变化及其原因；⑩ 评价任何外植体和适当组织/器官的组织学和病理学；⑪ 所报告的不良事件。

1. 研究方法设计、资料记录及最终报告

评价临床效果的实验方法应该预先加以说明和验证，而且应当考虑使用一个适当的控制方法。所有被植入支架/输送系统的病人，无论是试验者，还是对照者，包括那些最终分析所排除的病人，都应记入报告。最终报告应包括当前所有病人的随访记录，以及所登记的最后一个病人按方案要求详细说明的随访记录，病人随访间隔应至少包括一个评估基准，即对研究机构取舍和对试验结束的评估。

实际时间、随访的病人数目以及实验方法评估的选择，其目的是为了得到与支架可能存在问题相关的较为理想的临床数据；支架的临床研究应该是有目的和多中心的；应给出合理的试验数目，一个合理的统计学病人数目应在临床假设的基础上获得，计算所登记的病人数目应考虑共同发病率对病人群体平均寿命的影响；病人随访期的决定与临床评价的目标有关；血管内假体和动脉支架的临床观察期对于每个病人一般是 12 个月，但是建议一个研究性观察期的完成一般至少为动脉支架 24 个月，血管内假体 48 个月。

2. 资料记录

研究中至少应记录每位患者的下述资料，不包括下面提供的对照人群。

（1）识别资料：① 病人识别；② 性别；③ 出生日期；④ 评价者姓名；⑤ 评价机构。

（2）手术前资料：① 风险因素，如高血压、糖尿病、高脂血症、抽烟者、肥胖患者、麻醉风险及任何其他心血管风险因素，及严重程度和当前治疗情况；② 既往血管性干预总结，包括非外科手术干预和先前的植入物；③ 干预的剧烈程度（即急症或可选择性的）；④ 诊断标准，包括临床评估和损伤的客观评价、目标处血管特征及相关因素（如尺寸、钙化程度和展开处的角度等）。

（3）手术资料：① 植入医生姓名；② 手术日期；③ 植入物识别资料，包括型号、植入物的可跟踪性、尺寸和规格等；④ 详细的手术过程，包括任何附加的血管手术操作；⑤ 用药情况；⑥ 评价可操作性、可视性、展开及退出情况；⑦ 渗漏情况的评价；⑧ 明显性、定位及植入物完整性的评价；⑨ 报告的临床事件；⑩ 出院日期。

（4）基础资料：① 注解支架关于临床目标的位置；② 对于非动脉瘤，记录与非动脉瘤的组织接触的支架长度；③ 植入操作后，支架的长度；④ 支架的内腔直径。

（5）手术后资料：① 每一次随访日期；② 从上一次随访以来的血管干预情况；③ 临床评价（对照组和治疗组的评定方案可不同），包括临床评定、植入物功能的客观评定（渗漏、移位、显著性、狭窄百分率、元件完整性）和预期损伤特征及植入物定位的客观评定；④ 与植入物相关药物，如抗凝血或抗生素等；⑤ 报告性的临床事件，主要有事件、发生日期、严重性、处理方法、结果，记录与假体有关的并发症（即并发症是否涉及到假体），记录并发症与假体的关系（即并发症是由假体、病人还是技术因素引起）。

（6）患者退出本项研究：① 日期；② 研究完成了多少个月；③ 终止的原因（失去随访，死亡等）。

3. 最终报告

最终报告应包括：

（1）研究方案。

（2）报告临床事件的说明。

（3）选择下述内容的理由：① 研究的规模；② 对照组的选择；③ 测量方法；④ 使用的统计学分析模型；⑤ 病人随访间隔。

（4）结果总结：① 病人可数性，包括排除资料的理由；② 与方案严重和/或相关的偏离，未完成研究病人的总结（如失去随访或死亡）；③ 早期和后期所报告的临床事件的总结（早期指不到 30d 或者超过 30d 后优先排除），以支架分类进行总结，以及对输送系统性能进行总结；④ 整个过程植入物性能的总结（如渗漏、位移、显著性、元件完整性、形状改变等）；⑤ 整个过程损伤特征总结（如动脉瘤尺寸的改变）；⑥ 整个过程与植入物性能相关的损伤特征的总结（如与泄露相关的动脉瘤尺寸改变）；⑦ 血管干涉总结；⑧ 早期或以后转为开放外科手术的总结；⑨ 早期和以后死亡的总结，病理学总结，如有可能，包括有代表性的图片和显微图片；⑩ 测试组和对照组的对比结果；⑪ 研究结论。

七、制造

EN12006－3：1998（无源外科植入物-心脏及血管植入物的特殊要求——第3 部分：血管内装置）的条款 8 适用。

八、灭菌

EN12006－3：1998（无源外科植入物-心脏及血管植入物的特殊要求——第3 部分：血管内装置）的条款 9 适用。

九、包装

EN ISO11070（无菌一次性使用血管内导管导丝）的条款 10 的要求和下列条款适用。每一支架都应包装于一单元盒内，单元盒内所有物品都应是无菌的，每一单元盒还应有一外包装盒。

以下是制造商提供的信息：

（1）单元包装：① 无输送系统的支架，每一单元包装应以文字、段落、符号或图案的方式至少标注下列信息：内容物描述；制造商名称与地址；名称及商用名称（若适用）；型号；批号或序列号；灭菌方法及"无菌"标记；一次性使用；终止使用日期；警告或参照手册（符号）；尺寸，即长度及展开后释放的标称外部直径（可标范围）；透水性，若适用。② 有输送系统的支架，每一单元包装应以文字、段落、符号或图案的方式至少标注下列信息：支架信息除了无输送系统的支架的所有信息外，还有输送系统信息，至少包括：尺寸，即需要的最小导引器和导引管尺寸（适当的内部和外部直径）；球囊导管的推荐压力。

（2）外包装盒。每一外包装盒上不仅应标有单元包装的所有信息，而且要有适当的存贮与运输的要求指南。

（3）随包装或置于包装内的使用指南。每一单元包装或内容物相同的外包装应包含支架使用的指南，其应包括下述内容：① 使用适应证；② 禁忌证、注意事项及警告；③ 推荐的无菌操作及装置准备方法，包括任何预处理及植入技术；④ "无菌、一次性使用"应以显著形式标明；⑤ "勿再次灭菌"或"再次灭菌"信息；⑥ 添加剂和/或溶解性成分的说明，若使用；⑦ 推荐的存贮方法，若适用；⑧ 渗水性，若适用；⑨ 如果与先前版本的使用指南有重大改变，则应在使用指南或利用其他形式指明该不同之处，让使用者注意；⑩ 植入物的 MRI 适应性；⑪ 可视化的方法推荐。

思　考　题

1. 药物涂层支架的作用原理是什么？
2. 简要说明球囊扩张导管及输送系统的组成及各部分的作用。
3. 根据支架的扩展方式来分，支架有哪些类型？
4. 血管支架性能如何评价？
5. 如何检测球囊的性能？

第九章 空心纤维透析器的检测

§9-1 概　述

透析器又名人工肾，利用透析器可以除掉血液中的尿素、肌酐等有毒物质。透析器的工作原理有透析型、过滤型和吸附型几种。透析器所用聚合物材料可制成平膜、管型和中空纤维等形状，这些材料绝大部分为纤维素，如铜氨法再生纤维素、乙酸盐纤维素，其余还有丙烯氰、聚甲基丙烯酸甲脂、乙烯、乙酸乙烯酯共聚物等。透析器用的中空纤维非常细，把它们成千上万地束集在一个圆筒形容器中，血液在空心丝中心流动，透析液在空心丝外侧流动，通过膜壁进行渗析。据统计，仅日本每年就有3万多病人依靠人工肾维持生命。

血液透析是一种较安全、易行、应用广泛的血液净化方法之一。透析是指溶质通过半透膜，从高浓度溶液向低浓度方向运动。血液透析包括溶质的移动和水的移动，即血液和透析液在透析器内借助半透膜接触和浓度梯度进行物质交换，血液在膜内、透析液在膜外形成双向流动，使血液中的代谢废物和过多的电解质向透析液移动，透析液中的钙离子、碱基等向血液中移动，如图9-1-1所示。人们把白蛋白和尿素的混合液放入透析器中，管外用水浸泡，这时透析器管内的尿素就会通过人工肾膜孔移向管外的水中，白蛋白因分子较大，不能通过膜孔。这种小分子物质能通过而大分子物质不能通过半透膜的物质移动现象称为弥散。临床上用弥散现象来分离纯化血液使之达到净化的目的。

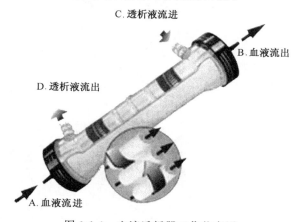

图 9-1-1　血液透析器工作状态图

透析器具有选择性透析的能力，一些小分子物质，如尿素（分子量 60）、肌酐（分子量 113）、葡萄糖（分子量 180）等，这些小分子可以自由的通过透析膜。有些大分子则不可通过通透膜，如白蛋白（分子量 68000）、球蛋白（分子量 150000）和一些有形成分，如红细胞、白细胞、病毒和细菌等。

尿的成分中大部分是水，要想用人工肾替代肾脏就必须能从血液中排出大量的水分，人工肾能利用渗透压和超滤压来达到清除过多水分的目的。现在，所使用的人工肾（即血液透析装置）都具备上述功能，对血液的质和量进行调节，使之近于生理状态。

1967 年，美国 GORDESDOW 公司首次研制出空心纤维透析器，并成功应用于临床试验，70 年代后期，透析器向中空纤维化、小型化、家庭化及随用型方面发展，出现了血透、血滤等各种复合疗法。例如，将不同的透析膜综合组装在一个透析器内清除不同分子的尿毒素，这样可获得更佳的透析效果。

空心纤维透析器如图 9-1-2 所示，是由苯乙烯-丙烯氰共聚物注塑成型的外壳与空心纤维透析膜构成，长度为 25cm，直径为 3～5cm，外壳与透析膜之间采用离心浇注法用聚氨酯进行密封，透析膜由一万根左右的内径为 $200\mu m$、壁厚为 $8\mu m$ 的空心纤维管组成。血液流经空心纤维管内，透析液从管外流过，透析器面积在 $0.4～1.8m^2$ 之间，$0.4～0.7m^2$ 为儿童患者使用，$1.0～1.8m^2$ 为成人患者使用。一般地说，预充血量为 30～120mL。透析器质量主要由透析膜来决定，故对透析膜有严格的要求：① 具有良好的生物相容性；② 具有适当的超滤渗水性；③ 容易透过小分子和中等分子量的溶质，不允许蛋白质分子通过；④ 有足够的湿态强度；⑤ 对人体安全无害。

图 9-1-2　空心纤维透析器

铜仿膜由铜氨纤维素制成，为半渗透膜，水凝胶类型的膜，有较高的聚合度，因其高度亲水性而使该产品具有优异的扩散和渗透功能。铜仿膜透析器的使用已有三十多年的历史，具有良好的磷酸清除率，但对中等分子量的尿毒素透过性较差，可造成白细胞暂时性下降，首次使用会产生过敏反应。

　　醋酸纤维膜由醋酸纤维素制成，醋酸纤维透析膜由于融纺工艺，尺寸稳定，膜面光滑，可进行高温消毒灭菌，但具有与铜仿膜相同的缺点，血液相容性有待提高。

　　血仿膜为合成改良型的纤维膜，其亲水组的片段部分经过一定方法的化学置换，不但扩大了与人体的生物相容性，而且对细胞和补体系统的影响程度减少到了很小的程度。营养不良在血液病人中很普遍，并且与死亡发生率有很大的关系，营养不良可能与蛋白质摄入量供不应求有关，已证明血液和血透膜的相互作用会导致肌蛋白的分解，增加血中的氨基酸，这可能由于膜内毒素或透析液中其他因子的刺激使得单核白血球的胞质分离。血仿膜使肌蛋白释放氨基酸的量最少。此外，血仿膜化学、物理方面的高稳定性，使它可用现在广泛运用的各种方式消毒，如环氧乙烷、γ射线（湿、干）、蒸气（湿、干）等。

　　聚砜膜对血液中有毒物质的透过性比一般高分子膜高 2～3 倍，而除水性却能保持在允许的范围内，其最具代表性的是 Fresnius 聚砜膜透析器，该透析器残留血量少，用 Fresnius 聚砜膜透析器透析病人的血细胞减少量也小。

　　综上所述，铜仿膜透析器、血仿膜透析器和聚砜膜透析器都具有自身的特点和优势，故在血液透析过程中要根据不同的病人进行选择。中空纤维透析器体积小，质量轻，血流阻力、超滤量可以根据需要控制，但由于血液通路极细，易发生凝血，不适用于透析中不能完全肝素化的患者。

§9-2　一次性使用中空纤维透析器检测标准

　　标准 YY0053—91 规定了一次性使用无菌空心纤维血液透析器（以下简称透析器）的产品分类、技术要求、试验方法、检验规则、标志、包装、运输、贮存的要求。本标准适用于一次性使用无菌空心纤维血液透析器，本产品配合血液透析装置供急慢性肾功能衰竭等患者进行血液透析用。

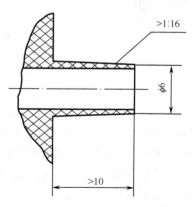

图 9-2-1　透析器血室出入口尺寸

一、产品分类

　　（1）透析器的型式为空心纤维型，透析器的基本参数应符合下列规定：① 透析器有效透析面积不低于公称面积 90％；② 透析器血室容量应符合表 9-2-1 的规定；③ 透析器血液流率应大于 200mL/min；④ 透析器透析液流率应大于 500mL/min。

表 9-2-1　透析器血室容量

规格	血室容量
1.1m²	80mL
0.6m²	60mL

（2）透析器的基本尺寸应符合下列图样规定：① 透析器血室出入口尺寸应符合图 9-2-1 中的规定；② 透析器透析液腔室出口尺寸应符合图 9-2-2 中的规定。

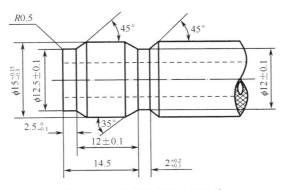

图 9-2-2　透析液腔室出口尺寸

二、技术要求

（1）透析器应符合本标准的要求，并按规定的程序所批准的图样及文件制造。透析器的外壳应透明，表面光洁，液体通道内不得有肉眼可见的杂质。

（2）透析器的化学性能：透析器浸渍液的微量金属含量中，铅、锡、锌、铁和镉的含量总和不得超过 5mg/kg，其中，镉的含量应低于 0.1mg/kg。

（3）透析器的生物性能：透析器中与血液相接触的材料应无异常毒性，透析器中与血液相接触的材料应无溶血反应，透析器应无菌、无致热源。

（4）透析器的物理机械性能：透析器血室应能承受 100kPa 的压力，透析器透析液腔室应承受的压力为：① 正压：100kPa；② 负压：低于大气压 93.3kPa。

（5）透析器密封性能良好，应无泄漏现象。

（6）透析器的透析性能：透析器的尿素、肌酐模拟血液透析 4h 下降率应不小于 90％。透析器的超滤率应符合表 9-2-2 的规定。

表 9-2-2　透析器的超滤率

规格	超滤率/(mL/kPa·h)
1.1m²	26.3
0.6m²	13.5

（7）透析器用环氧乙烷气体灭菌，灭菌后 14d，环氧乙烷残留量应不大于

10ppm。透析器经灭菌后，在遵守贮存规定条件下，从灭菌之日起有效期为两年。

（8）透析器在 0～50℃温度范围内不应有变形和破裂。

三、试验方法

1. 透析面积

$$S = \pi DLn \times 10^{-6}$$

式中，S 为有效膜面积，m^2；D 为空心纤维内径，mm；L 为空心纤维有效长度，mm；n 为空心纤维根数。

2. 血室容量检验

在常压下将灌注满透析器中的蒸馏水注入 100mL 量筒中计量，应符合表 9-2-1 的规定。

3. 化学性能试验方法

（1）试液制备：取灭菌后的产品按公称纤维面积浸渍，以 $1m^2$ 约用 80mL 生理盐水的比例灌注满透析器血室，在（37±1）℃放置 24h，然后稀释至 1000mL 备用（以下简称浸渍液）。

（2）试验步骤：取上述浸渍液，按《中华人民共和国药典》1990 年版二部附录重金属检验法或分光光度法中原子吸收分光光度法进行。推荐使用原子吸收分光光度法测定微量金属含量。

4. 生物性能试验

（1）取上述浸渍液，按《中华人民共和国药典》1990 年版附录异常毒性检验法进行异常毒性检验，应符合无异常毒性的要求。

（2）透析器溶血试验，按 GB/T 16886 方法进行，溶血率应不超过 5％。

（3）取上述浸渍液，按《中华人民共和国药典》1990 年版附录无菌试验方法进行无菌试验，应无菌。

（4）取上述浸渍液，按《中华人民共和国药典》1990 年版附录热源检验法进行热源试验，应无热源。

5. 物理性能试验

1）原理

将水注入器件后，使器件承受正压，观察是否有泄漏或其他故障，如合适，使器件承受负压，观察是否有泄漏或其他故障。

以样品最大跨膜压力梯度（66.5kPa）向器件灌注（37±1）℃牛或猪血 7h，器具安装如图 9-2-3 所示。用（37±1）℃的水冲洗血液腔室及透析液腔室，施加气压 100kPa 正压 10min，记录压力并用目力检查器件，如合适，施加气压为 93.3kPa 负压 10min 后，记录压力并用目力检查器件。

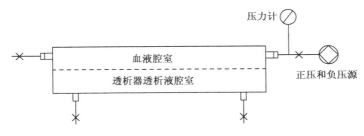

图 9-2-3　透析器检测安装图

2）结果表示

（1）正压测试：压力下降超过 1% 时，则结构材料有泄漏或出现故障，测试为不合格。

（2）负压测试：负压减弱超过 1% 时，则结构材料有泄漏或出现故障，测试为不合格。

6. 透析器尿素、肌酐下降率和超滤率试验方法

1）尿素、肌酐下降率测定

标准模拟液配制：分别精确称取尿素 150mg，肌酐 10mg，尿素以蒸馏水约 20mL 溶解，肌酐以少量 0.1N 盐酸加蒸馏水微热溶解，然后将各溶解后的溶液并入同一的 100mL 容量瓶中，稀释至刻度摇匀备用。

显色剂的配制：

（1）尿素显色剂。

对二甲氨基苯甲醛的配制：精确称取 2.5g 分析纯对二甲氨基苯甲醛，溶解在无水乙醇中，稀释至 50mL 左右，加入 5mL 95%～98% 硫酸，以无水乙醇稀释至 100mL 容量瓶刻度线，摇匀，溶液呈黄色，贮存冰箱中。

（2）肌酐显色剂。

精确称取苦味酸（三硝基苯酚）1.5g，以 100mL 水加热溶解，冷却后瓶底有结晶析出（已饱和），取上层黄色清液存于暗处备用。

将上述苦味酸饱和溶液 5 份与 10% 氢氧化钠溶液 1 份配制成体积比为 5：1 的溶液，应在使用时现配，否则会有结晶析出。

标定方法：在 10mL 苦味酸清液滴加 1% 酚酞指示剂一滴，用 0.1N 氢氧化钠滴定至呈粉红色，若用去 5.2～5.4mL 氢氧化钠，证明苦味酸清液已达饱和，

10％氢氧化钠溶液应存于塑料瓶中保存。

　　2）标准曲线的绘制

　　（1）尿素标准曲线的绘制。

　　各吸取 4mL 标准模拟液，分别加水稀释成各种浓度的应用液，然后各取 2mL 应用液并加入 2mL 尿素显色剂，空白液则以 2mL 水加 2mL 尿素显色剂配成。

　　在 37℃ 恒温水槽中加热 15min，冷却后注入光径为 1cm 比色皿中进行比色，用 430μm 波长测定其光密度 E，然后以浓度为横坐标、光密度为纵坐标绘制标准曲线。

　　（2）肌酐标准曲线的绘制。

　　各吸取不同量的标准模拟液，分别加水，稀释成各种浓度的应用液，然后各取 4mL 应用液加 2mL 显色剂，空白液则以 4mL 水加 2mL 显色剂配成。

　　上述各试液在 37℃ 水槽中加热 15min，冷却后加入光径为 1cm 比色皿中，用 510μm 波长测定光密度 E。然后以浓度为横坐标、光密度为纵坐标作图绘制标准曲线。

　　计算公式如下：

$$尿素总的下降率 = \frac{透析前尿素浓度 - 透析后尿素浓度}{透析前尿素浓度} \times 100\%$$

$$肌酐总的下降率 = \frac{透析前肌酐浓度 - 透析后肌酐浓度}{透析前肌酐浓度} \times 100\%$$

　　模拟透析采用近似临床治疗条件，用 6000mL 模拟液进行透析，所用负压为 13.3kPa，模拟液流率应为 200mL/min，透析液流率应为 500mL/min，在此条件下工作，每隔 1h 补充水液至刻度线，4h 后进行取样测试（模拟透析系统如图 9-2-4 所示）。

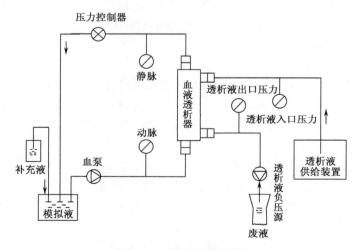

图 9-2-4　模拟透析系统

3）超滤率测定

标准模拟液配制同上。

测定方法：用模拟液 6000mL 置于玻璃容量瓶中，并标有刻度线，在近似于临床条件下（模拟液流率为 200mL/min，透析液流率为 500mL/min，负压为 13.3kPa）进行测定，每隔半小时用量筒补充溶液至刻度线，并记录补充溶液量，连续 4h 取得总超滤量，计算出每小时超滤量。

$$超滤率 = \frac{补充溶液总量}{超滤总时间}$$

7. 环氧乙烷残留量测试方法

1）试液制备

取灭菌后 14d 的透析器一只和 1000mL 注射用水备用。按临床条件以 400mL 注射用水冲洗血室，同时用注射用水充满透析液室，然后把 100mL 注射用水灌满透析器血室，余液溢出，用塞子封住四个出入口，在 (37±1)℃ 条件下放置 6h。对血室溶液加压，使之全部注入玻璃盛器，以 10cm² ∶ 1mL 的比例稀释至透析器公称面积所需的溶液量，作待测液备用。

例：透析面积 1m²，则测试液应稀释至 1000mL，待测液在室温下保存时间最长不超过 24h。

2）环氧乙烷测试

　　仪器：气相色谱仪。

　　方法：顶端空间法。

　　条件：柱温 70℃，进样口及检测器温度 100℃。

　　灵敏度：$10^2 × 2$（或视具体仪器而定）。

　　进样量：1mL（气体），反应瓶容积约为 60mL。

3）标准储备液的制备

用 10mL 玻璃注射器直接从一环氧乙烷钢瓶中抽取 10mL 左右的环氧乙烷纯气体（注意密封），另用 1mL 注射器从上述 10mL 纯环氧乙烷气体中抽取 1mL，直接注入 100mL 容量瓶中（该容量瓶中已预先用注射用水标到刻度，用翻口橡皮塞封口），摇匀。

4）标准溶液的配制

从上述储备液中分别取 1.1mL、2.2mL、3.3mL，分别注入三个反应瓶中，再分别加水至 10mL，用翻口橡皮塞封口。

取上述已制备好的待测试液（样品液）10mL 于另一反应瓶中，用翻口橡皮塞封口。

测定：将上述已制好的三个标准溶液，在 60℃ 水浴中恒温 30min，从反应瓶上端空间中抽取气体 1mL 进样，各重复 3～5 次（每一个标液），取其平均值。从上述标准溶液结果中，绘制标准曲线。

用同样方法测定样品液，并将测定结果从对应的标准曲线上查得环氧乙烷的含量（或用计算法也可），含量单位 mg/mL。

8. 透析器耐温检验

将透析器放入 0℃冰箱中 3min，然后放入 50℃恒温箱中 3h，取出后恢复至室温进行观察，并做压力试验，应符合在 0～50℃内无变形和破裂。

四、检验规则

透析器须经制造厂技术检验部门进行检验，合格后方可提交验收，透析器的逐批检验应符合 GB2828 有关规定。透析器逐批检查采用一次正常检查，其检查分类、检查项目、合格质量水平（AQL）和检查水平按表 9-2-3 的规定。

表 9-2-3　透析器逐批检查分类、检查项目、合格质量水平（AQL）和检查水平

检查分类	A	B	C
试验组	I	II	III
检查项目	化学性能、毒性、溶血反应、无菌、无致热源	血室能承受 100kPa 的压力；透析液室应承受的压力；正压 100kPa，负压低于大气压 93.3kPa；变形和破裂	有效透析面积、血室容量、出入口尺寸、透析液腔室出入口尺寸、外壳、标志、包装
AQL	全部合格	2.5	6.5
检查水平		S-1	II

注：①A、B 两类由生产厂分别提供测试报告和检验记录。

②每一消毒批应提供灭菌测试报告。

③每生产批应提供毒性、热源测试报告。

对初次检验不合格的再提交检查时，一般只检查导致拒收的试验组，并采用加严检查。在修正缺陷时，若影响到其他试验组，需再检查哪些项目，由质量部门和接受方决定。

周期检查：透析器的周期检查应符合 GB2829 的规定。在下列情况下应进行周期检查：① 连续生产中做定期检查；② 在工艺、配方或材料有重大变动时；③ 上级质量监督部门规定抽查时；④ 新产品投产或老产品转产时。

透析器的周期检查采用一次抽样方案，其检查分类、不合格质量水平（RQL）和判别水平按表 9-2-4 规定。

周期检查应在逐批检查合格后进行，周期检查不合格的处理按 GB2829 规定

执行。

表 9-2-4　透析器的周期检查分类、不合格质量水平（RQL）和判别水平

检查分类	A	B	C
试验组	I	II	III
检查项目	化学性能、毒性、溶血反应、无菌、无致热源	所有物理性能 透析性能 环氧乙烷残留量	标志、包装
RQL	30(Ac=0,Re=1)	65(Ac=1,Re=2)	
判别水平	1	1	1
检查周期	每年一次	每半年一次	每半年一次

五、标志、包装、运输、贮存

每只透析器在外壳明显位置应有下列标志：制造厂名称、产品名称、生产批号、灭菌方法、血液和透析液流动的方向、透析面积、最高使用压力、有效期二年、一次性使用。

每只透析器应装入复合薄膜袋包装封口，密封后再装入有型槽的纸箱或盒，箱内应有使用说明书和检验合格证各一份。

使用说明书应有下列内容：制造厂名称、产品名称、规格、血室容量；灭菌方法和无致热源说明；一次性使用说明；注意事项和警告；推荐的抗凝血措施；膜的材料名称、规格；清除率、超滤率曲线图；推荐使用步骤；最高使用压力、最大流量。检验合格证上应有下列标志：制造厂名称；产品名称、型号；检验员代号；检验日期。

每20只透析器装一瓦楞纸箱，箱上应有下列标志：制造厂名称或地址；产品名称和型号；数量；毛重；体积（长×宽×高）；生产批号；灭菌日期；"小心轻放"、"切勿重压"、"怕湿"、"怕热"、"易碎"字样或标志，按 GB191 执行。箱上的字样和标记应保证不因历时较久而模糊不清。

运输要求按订货合同规定，包装后的透析器应贮存在室温、相对湿度不超过80％、无腐蚀气体并通风良好的室内。

§9-3　可复用透析器复用操作规范

由于透析器价格昂贵，对患者来说，造成了很大的经济压力，因此，国内外许多透析中心对透析器进行重复使用。大量研究表明，重复使用透析器不仅能降低透析费用，而且复用的透析器对病人的不良反应小，生物相容性好，减少首次

使用综合征，同时也降低废弃透析器的垃圾处理量，从而减少环境污染。

据 1990 年报道的数据显示，美国 70％的透析单位复用透析器，75％的病人在复用透析器的单位接受治疗，1997 年，美国复用透析器的医疗机构已达 82％，复用次数可达 15 次以上。在欧洲透析器复用率较低，荷兰、日本等少数国家透析器是不允许复用的，韩国从 1985 年开始复用透析器，中国等发展中国家，由于透析资源相对短缺，大部分透析中心都复用透析器。

然而，透析器的复用过程伴随着清洗和消毒等处理程序，清洗剂和消毒剂的化学成分、清洗和消毒的充分性和效率等随着其处理方法的不同对复用透析器的质量影响甚大，虽然已有现代化的透析器复用清洗机问世，但在临床环境下对使用过的透析器进行消毒和清洗很难像工业生产那样对过程进行严格控制。因此，复用透析器的质量与安全性成为临床血液透析工作者十分关注的问题。透析器性能和生物相容性随着制造透析器膜材料和复用方法的变化而变化，加之世界各国对透析器复用的认同程度差异较大，所以国际上没有统一的对复用透析器的检测标准。1986 年，美国医疗仪器促进学会（Association for the Advancement of Medical Instrumentation，AAMI）制定了透析器复用的标准，2000 年，美国 NKF-K/DOQI 血液透析充分性工作组建议复用透析器的单位遵循 AAMI 推荐的标准，美国国家标准学会（American National Standards Institute，ANSI）于 2002 年 11 月 7 日推荐实行并于 2003 年 3 月 21 日（修订）核准通过了 AAMI 标准。我国卫生部也于 2005 年 8 月 11 日颁布了《血液透析器复用操作规范》，首次在我国对透析器的复用提出了规范化的操作要求，促使我国各医院透析器的复用水平不断提高，对保证人民用械安全具有重要意义。

一、范围

《血液透析器复用操作规范》描述了合理复用血液透析器的基本要求，其目的是保证复用血液透析器的安全性和有效性。本规范只适用于依法批准的有明确标志的可重复使用的血液透析器，由具有复用及相关医学知识的主管血液透析的医师决定复用血液透析器，医疗单位应对规范复用血液透析器负责。本规范可能未涵盖复用过程中所有可能遇到的不能预知的危险因素，且不涉及血液透析器首次使用的情况。

二、需说明的医疗问题

（1）复用前应向患者或其委托人说明复用的意义及可能遇到的不可预知的危害，可选择是否复用并签署知情同意书。

（2）乙型肝炎病毒标志物阳性患者使用过的血液透析器不能复用；丙型肝炎病毒标志物阳性患者使用过的血液透析器在复用时应与其他患者的血液透析器

隔离。

（3）艾滋病病毒携带者或艾滋病患者使用过的血液透析器不能复用。

（4）其他可能通过血液传播传染病的患者使用过的血液透析器不能复用。

（5）对复用过程所使用的消毒剂过敏的患者使用过的血液透析器不能复用。

三、复用记录

所有复用记录都应符合医学记录的标准，需注明记录日期及时间并签名。

（1）血液透析器复用手册：每个血液透析医疗单位须根据本规范设立血液透析器复用手册，血液透析器复用手册应包括有关规定、复用程序和复用设备说明等。

（2）复用记录：包括患者姓名、性别、病案号、血液透析器型号、每次复用的日期和时间、复用次数、复用工作人员的签名或编号以及血液透析器功能和安全性测试结果。

（3）事件记录：记录有关复用的事件，包括血液透析器失效的原因及副反应。

四、复用人员资格与培训

（1）资格：从事血液透析器复用的人员必须是护士、技术员或经过培训的专门人员。复用人员经过充分的培训及继续教育，能理解复用的每个环节及意义，能够按照每个程序进行操作，并符合复用技术资格要求。

（2）培训内容：透析基本原理，血液透析器性能及评价，消毒剂的理化特性及贮存、使用方法、残存消毒剂导致的副作用，透析用水标准及监测，透析充分性，复用对血液透析器的影响，以及评价血液透析器能否复用的标准。

（3）培训资料档案：记录有关培训内容，包括题目、参加者姓名、培训的日期和时间以及考核结果。

（4）血液透析治疗单位负责人对复用人员的技术资格负责。

五、复用设备及用水要求

复用设备必须合理设计，并经测试能够完成预定的任务。

1）水处理系统

复用应使用反渗水，供复用的反渗水必须符合水质的生物学标准，有一定的压力和流速，必须满足高峰运行状态下的设备用水要求。

（1）消毒：水处理系统的设计应易于整个系统的清洁和消毒，消毒程序应包括冲洗系统的所有部分，以确保消毒剂残余量控制在安全标准允许的范围内。

（2）水质要求：应定期检测复用用水细菌和内毒素的污染程度，应在血液透析器与复用系统连接处或尽可能接近此处进行水质检测。细菌水平不得超过200CFU/mL，干预限度为50CFU/mL；内毒素含量不得超过2EU/mL，干预限度为1EU/mL。当达到干预限度时，继续使用水处理系统是可以接受的，但应采取措施（如消毒水处理系统），防止系统污染进一步加重。

（3）水质细菌学、内毒素检测时间：最初应每周检测1次，连续2次检测结果符合要求后，细菌学检测应每月1次，内毒素检测应每3个月至少1次。

2）复用系统

（1）复用设备：复用设备必须确保以下功能：使血液透析器处于反超状态，能反复冲洗血室和透析液室；能完成血液透析器性能及膜的完整性试验；用至少3倍血室容积的消毒液冲洗血液透析器血室及透析液室后，可用标准消毒液将其充满，以确保血液透析器内的消毒液达到有效浓度。

（2）维护：血液透析器复用设备的维护应遵循复用设备厂家和销售商的建议，并与之制定书面维修程序及保养计划。厂家和销售商有责任承诺设备在安装正确的条件下运行正常。

（3）血液透析单位根据自身条件可选用自动复用或半自动复用设备。

六、复用间环境的安全要求

（1）复用间环境：复用间应保持清洁卫生，有通风排气设施，通风良好，排水能力充足。

（2）贮存区：已处理的血液透析器应在指定区域内存放，应与待处理的血液透析器分开放置，以防混淆导致污染甚至误用。

（3）个人防护：每一位可能接触患者血液的工作人员均应采取预防感染措施。在复用过程中，操作者应穿戴防护手套和防护衣，应遵守感染控制预防标准，从事已知或可疑毒性或污染物溅洒的操作步骤时，应戴面罩及口罩。

（4）复用间应设有紧急眼部冲洗水龙头，确保复用工作人员一旦被化学物质飞溅损伤时能即刻有效地冲洗。

七、血液透析器标志

（1）要求：血液透析器复用只能用于同一患者，标签必须能够确认使用该血液透析器的患者，复用及透析后字迹应不受影响，血液透析器标签不应遮盖产品型号、批号、血液及透析液流向等相关信息。

（2）内容：标签应标有患者的姓名、病历号、使用次数、每次复用日期及时间。

八、血液透析器复用过程

血液透析器复用前必须先给血液透析器贴标签，然后按复用程序操作，参见附录中的血液透析器半自动复用程序和血液透析器自动复用程序。

（1）运送和处置：透析结束后，血液透析器应在清洁卫生的环境中运送，并立即处置。如有特殊情况，2h 内不准备处置的血液透析器可在冲洗后冷藏，但 24h 之内必须完成血液透析器的消毒和灭菌程序。

（2）冲洗和清洁：使用符合标准的水冲洗和清洁血液透析器的血室和透析液室，包括反超滤冲洗。稀释后的过氧化氢、次氯酸钠、过氧乙酸和其他化学试剂均可作为血液透析器的清洁剂。注意：加入一种化学品前必须清除前一种化学物质。在加入福尔马林之前，必须清除次氯酸钠，次氯酸钠不能与过氧乙酸混合。

（3）血液透析器整体纤维容积（total cell volume，TCV）检测：检测血液透析器的 TCV，复用后 TCV 应大于或等于原有 TCV 的 80%。

（4）透析膜完整性试验：血液透析器复用时应进行破膜试验，如空气压力试验。

（5）消毒和灭菌：清洗后的血液透析器必须消毒，以防止微生物污染。血液透析器的血室和透析液室必须无菌或达到高水平的消毒状态，血液透析器应注满消毒液，消毒液的浓度至少应达到规定浓度的 90%。血液透析器的血液出入口和透析液出入口均应消毒，然后盖上新的或已消毒的盖。消毒程序不能影响血液透析器的完整性。为防止膜损伤，不要在血液透析器内混合次氯酸钠和福尔马林等互相发生反应的物质。

（6）血液透析器外壳处理：应使用与血液透析器外部材料相适应的低浓度消毒液（如 0.05% 次氯酸钠）浸泡或清洗血液透析器外部的血迹及污物。注意：采用某些低浓度消毒液反复消毒，有可能导致血液透析器的塑料外壳破损。

（7）废弃血液透析器处理：废弃的血液透析器应毁形，并按医用废弃物处理规定处理。

（8）复用血液透析器贮存：复用血液透析器经性能检验、符合多次使用的检验标准后，应在指定区域内存放，防止与待复用血液透析器或废弃血液透析器混淆。

（9）复用后外观检查：① 外部无血迹和其他污物；② 外壳、血液和透析液端口无裂隙；③ 中空纤维表面未见发黑、凝血的纤维；④ 血液透析器纤维两端无血凝块；⑤ 血液和透析液的出入口加盖，无渗漏；⑥ 标签正确，字迹清晰。

（10）复用次数：应根据血液透析器 TCV、膜的完整性试验和外观检查来决定血液透析器可否复用，三项中有任一项不符合要求，则废弃该血液透析器。采用半自动复用程序，低通量血液透析器复用次数应不超过 5 次，高通量血液透析器复用次数不超过 10 次。采用自动复用程序，低通量血液透析器推荐复用次数不超过 10 次，高通量血液透析器推荐复用次数不超过 20 次。

九、血液透析器使用前检测

参见附录中的血液透析器半自动复用程序和血液透析器自动复用程序。

（1）外观检查：① 标签字迹清楚；② 血液透析器无结构损坏和堵塞；③ 血液透析器端口封闭良好、充满消毒液（由血液透析器颜色、用试纸或化学试剂确认该血液透析器已经过有效浓度消毒液的消毒和处理）、无泄漏；④ 存储时间在规定期限内；⑤ 血液透析器外观正常。

（2）核对患者资料：确保血液透析器上的姓名和患者记录中身份信息一致，血液透析器上的标签和患者的治疗记录也应确保无误。

（3）冲洗消毒液：冲洗程序应经验证能确保将血室和透析液室填充的消毒液浓度降至安全水平。

（4）消毒剂残余量检测：可根据消毒剂厂商的说明，采用敏感的方法（如试纸法等）检测消毒剂残余量，确保消毒剂残余量低于允许的最高限度。注意：消毒剂残余量检测后 15min 内应开始透析，防止可能的消毒液浓度反跳。如果等待透析时间过长，应重新清洁、冲洗、测定消毒剂残余量，使之低于允许的最高限度。

十、血液透析器使用中的监测

（1）透析中监测：应观察并记录患者每次透析时的临床情况，以确定由复用血液透析器引起的可能的并发症。

（2）与复用有关的综合征：① 发热和寒颤：体温高于 37.5℃ 或出现寒颤，应报告医师。不明原因的发热和/或寒颤常发生在透析开始时，应检测透析用水或复用水的内毒素含量及消毒液残留量。② 其他综合征：若透析开始时出现血管通路侧上肢疼痛，医师应分析是否由于已复用血液透析器中残余的消毒液引起。若怀疑是残余消毒剂引起的反应，应重新评估冲洗程序并检测消毒剂残余量。

（3）血液透析器失效处理原则：如血液透析器破膜或透析中超滤量与设定值偏离过多，应评估并调整复用程序；如患者出现临床状况恶化，包括进行性或难以解释的血清肌酐水平升高，尿素下降率（URR）或 Kt/V（K 为血液透析器尿素清除率，t 为透析时间，V 为体内尿素分布容积）降低，应检查透析操作程序，包括复用程序。

（4）临床监测：定期检测 URR 或 Kt/V，如果结果不能满足透析处方的要求，应加以分析并评估。

十一、透析结束后处理

回冲程序：回冲生理盐水，使血液透析器中的残留血液返回患者体内，不应使用空气回冲血液。患者脱离透析管路后，用剩余的生理盐水反复循环冲洗血液透析器数分钟。

十二、质量控制

（1）质量控制标准：工作人员应监控所有复用物品、复用材料、复用程序、复用操作和结果。

（2）记录：记录有关研究分析、意见和质量控制检查方面的结果，从而为客观的分析提供资料。临床资料是提示复用程序质量的最重要指标，根据记录进一步改进复用操作规范。

（3）血液透析治疗单位应接受有关机构对血液透析器复用过程及质量控制的监督和检查。

附　　　录

一、血液透析器半自动复用程序

（1）结束血液透析，首次复用前贴上血液透析器复用标签。

（2）使用反渗水冲洗血液透析器血室 8～10min，冲洗中可间断夹闭透析液出口。

（3）肉眼观察血液透析器有无严重凝血纤维，若凝血纤维超过 15 个或血液透析器头部存在凝血块，或血液透析器外壳、血液出入口和透析液出入口有裂隙，则该血液透析器应废弃。

（4）标记血液透析器使用次数及复用日期及时间，尽快开始下一步程序。

（5）冲洗。按如下步骤进行：①血液透析器动脉端剪下。②由动脉至静脉方向，以 $1.5～2.0\text{kg/m}^2$（或 $3～4\text{L/min}$）压力冲洗血室。③透析液侧注满水，不要有气泡，夹闭透析液出路 15min。④放开透析液出口，同时以 $2.0\ \text{kg/m}^2$ 压力冲洗血室 2min，此期间短时夹闭血室出路 3 次。⑤重复过程③及④共 4 次，每次变换透析液侧注水方向。

（6）清洁。血液透析器如无凝血，可省略此步骤。根据透析膜性质选用不同的清洁剂，可选用 1％次氯酸钠（清洁时间应＜2min）、3％过氧化氢或 2.5％Renalin。清洁液充满血液透析器血室，用反渗水冲洗。

（7）检测。①TCV 检测：血液透析器 TCV 应大于或等于初始 TCV 的 80％。②压力检测：血室 250mmHg 正压，等待 30s，压力下降应＜0.83mmHg/s；对高通量膜，压力下降应＜1.25mmHg/s。

（8）消毒。

①常用消毒剂有过氧乙酸、福尔马林等。

②将消毒液灌入血液透析器血室和透析液室，至少应有 3 个血室容量的消毒液经过血液透析器，以保证消毒液不被水稀释，并能维持原有浓度的 90％以上，血液透析器血液出入口和透析液出入口均应消毒，然后盖上新的或已消毒的盖。

③供参考的常用消毒剂的使用要求如表 A.1 所示，其使用方法建议按血液透析器产品说明书上推荐的方式进行。

表 A.1　常用消毒剂的要求

消毒剂	浓度/%	最短消毒时间及温度*	消毒有效期/d**
福尔马林	4	24h,20℃	7
过氧乙酸	0.25~0.5	6h,20℃	3
Renalin	3.5	11h,20℃	14~30

　*复用血液透析器使用前必须经过最短消毒时间消毒后方可使用。　**超过表中所列时间，血液透析器必须重新消毒方可使用。

　　(9) 准备下一次透析。①检查血液透析器。②核对患者资料。③冲洗消毒液：血液透析器使用前须用生理盐水冲洗所有出口。④消毒剂残余量检测：血液透析器中残余消毒剂水平要求：福尔马林 $<$5ppm（5μg/L）、过氧乙酸$<$1ppm（1μg/L）、Renalin $<$3ppm（3μg/L）。

二、血液透析器自动复用程序

　　血液透析器自动复用程序与半自动复用程序相似，包括反超滤冲洗、清洁、血液透析器容量及压力检测、消毒等。每种机器使用特定的清洁剂及消毒剂，具体操作程序应遵循厂家及销售商建议，以下复用程序仅供参考。

　　(1) 结束血液透析，首次复用前贴上血液透析器复用标签。

　　(2) 用生理盐水 500mL 冲洗血液透析器血室，夹闭血液透析器动脉及静脉端，关闭透析液出口，开始自动复用程序（如复用程序不能立即进行，应将血液透析器进行冷藏）。

　　(3) 自动清洗。①将血液透析器血室及透析液室出口分别连接于机器上。②使用清洗液冲洗血室一侧（从动脉到静脉）。③反超滤冲洗透析膜。④冲洗透析液室部分。⑤再次冲洗血室部分（分别从动脉到静脉及从静脉到动脉，共 2 次）。

　　(4) 自动检测：包括 TCV 检测及压力检测，参见血液透析器半自动复用程序

　　(5) 自动消毒。①用消毒液冲洗透析液室部分；②用消毒液冲洗血室部分（从静脉到动脉）；③将消毒液充满透析液室；④将消毒液充满血室。

　　(6) 准备下一次透析。

三、名词解释

　　血液透析：使用血液透析机及其相应配件，利用血液透析器的弥散、对流、吸附和超滤原理给患者进行血液净化治疗的措施。

　　血液透析器：由透析膜及其支撑结构组成的血液透析器件，为血液透析的重要组成部分。

　　血液透析器功能：指血液透析器的溶质转运、吸附和超滤脱水功能。

　　血液透析器血液出入口：在透析过程中将患者血液引出体外进入血液透析器一端（动脉端）为血液透析器血液入口；血液从血液透析器另一端（静脉端）进入体内为血液透析器血液出口。

　　血液透析器透析液出入口：透析液从血液透析器一端侧孔（通常在静脉端）进入透析液室为透析液入口；透析液从血液透析器另一端侧孔出来为透析液出口。

　　血液透析器复用：对使用过的血液透析器经过冲洗、清洁、消毒等一系列处理程序并达到规范要求后再次应用于同一患者进行透析治疗的过程。

　　致热原：引起透析患者发热的物质，主要包括革兰阴杆菌内毒素及其碎片、肽聚糖和外毒素等。内毒素不能通过透析膜，但是它的碎片可以通过透析膜，引起患者发热、寒战等症状。

　　内毒素：指革兰氏阴性杆菌产生的一类生物活性物质，主要为脂多糖（LPS），其相对分子量 10 000~1 000 000 D，可以引起机体发热等反应。通常用 LAL（limulus amebocyte lysate）方法检测其含量。

　　冲洗：用反渗水冲洗血液透析器血室和透析液室，旨在冲洗掉两室内的血迹及其他杂质。

反超：在透析过程中，水及溶质从透析液室转移到血室的过程称为反超。

消毒：通过化学或物理的方法使各种生长的微生物失活的过程。

消毒剂：杀灭微生物的制剂。血液透析器复用时常用的消毒剂为过氧乙酸、福尔马林及其他专用制剂。

消毒剂的清除：用生理盐水通过血液透析器的血室和透析液室冲掉室内的消毒液，并达到允许的标准浓度。

消毒液浓度反跳：消毒液容易渗透到血液透析器的固体成分上，当用溶液清洗消毒液时，溶液中消毒液的浓度可以很低，如果停止冲洗，由于血液透析器内的消毒液从固体成分向溶液弥散，残留消毒液的浓度会反跳升高，并因此进入人体引起消毒液相关反应。

整体纤维容积（total cell volume，TCV）：指溶液完全灌满血液透析器中空纤维及血室两个端头的容量，其容量即表示血液透析器整体纤维容积。

思　考　题

1. 血液透析器的材料主要有哪些，目前常用的透析器的材料是什么？
2. 血液透析器的物理性能如何测试？
3. 血液透析器有效透析面积如何计算？
4. 血液透析器复用过程中可采用哪些消毒剂？有哪些要求？
5. 复用的透析器需要检测哪些指标？

第十章　人工晶体的检测

§10-1　概述

人工晶体（intraocular lenses）是采用人工合成材料（如硅胶、聚甲基丙烯酸甲脂、玻璃等）制成的光学透镜，其形状、屈光力和功能都类似人眼的晶状体，因此，可以取代天然晶状体的作用。

人工晶体的形态，通常是由一个圆形光学部和周边的支撑襻组成，光学部的直径一般在 5.5～6mm 左右，这是因为在夜间或暗光下，人的瞳孔会放大，直径可以达到 6mm 左右，而过大的人工晶体在制造或者手术中都有一定的困难，因此，主要生产厂商都使用 5.5～6mm 的光学部直径。支撑襻的作用是固定人工晶体，形态有很多，基本的可以是两个 C 型线状支撑襻。

人工晶体材料必须具备以下条件：非水溶性、化学惰性好、稳定性好、无致癌作用、生物相容性好、耐受性好、弹性强度稳定、无膨胀性、无过敏及变性反应、不引起凝血、耐温好、易消毒、易于加工成型、光学性能好、在眼内长期放置而不改变屈光力；人工晶体的襻应尽量轻而柔软，减少对支持组织的压力和损伤。人工晶体经过了数十年的发展，材料主要是由线性的多聚物和交联剂组成。通过改变多聚物的化学组成，可以改变人工晶体的折射率、硬度等等。最经典的人工晶体材料是聚甲基丙烯酸甲酯（PMMA），这种材料是疏水性丙烯酸酯，只能生产硬性人工晶体，硅凝胶是常用的软性晶体材料。襻部材料包括尼龙、聚丙烯和 PMMA 等。

§10-2　人工晶体的分类

在二战中，人们观察到某些受伤的飞行员眼中有玻璃弹片，却没有引起明显、持续的炎症反应，于是想到玻璃或者一些高分子有机材料可以在眼内保持稳定，由此发明了人工晶体。第一枚人工晶体是由 John Pike、John Holt 和 Hardold Ridley 共同设计的，于 1949 年 11 月 29 日，Ridley 医生在伦敦 St. Thomas 医院为病人植入了首枚人工晶体。经过五十多年的发展，人工晶体技术至今已形成了一整套设计、加工、销售产业。经过几代人的不懈努力，人工晶体制作工艺和临床应用技术几乎达到完美无缺的境地。目前，人工晶体主要有下述九类：

一、有晶体眼人工晶体

这种人工晶体主要有 3 种，即前房型人工晶体、虹膜固定型人工晶体（如 Verisyse）和后房型人工晶体（phakic PC 人工晶体），用于眼内屈光手术。通常，人工晶体最佳的安放位置是在天然晶状体的囊袋内，也就是后房固定型人工晶体的位置，在这里可以较好的保证人工晶体的位置居中，与周围组织没有摩擦，炎症反应较轻。但是在某些特殊情况下，眼科医师也可能把人工晶体安放在其他的位置。例如，对于校正屈光不正的患者，可以保留其天然晶状体，进行有晶体眼的人工晶体（PIOL）植入；或者是对于手术中出现晶体囊袋破裂等并发症的患者，可以植入前房型人工晶体或者后房型人工晶体，并用缝线固定。

二、专为小切口白内障手术设计的人工晶体

这种人工晶体能够最大程度的减少三种像差，即球面像差、慧差和视野扭曲，并可减少眩光。目前有 UltraChoice1.0（Thinoptx）和 Acri Smart（Acri. Tec. Germany）两种类型。UltraChoice1.0 为亲水性丙烯酸酯材料的人工晶体，可通过 1.0mm 的切口植入。

三、可矫正散光的折叠型人工晶体

其特点是采用硅凝胶材料制造，光学部前表面为球面，后表面为环面，锐边缘设计。襻为高分子量的 PMMA 材料的 Z 襻。可矫正散光的盘状平板式硅凝胶人工晶体，于 1998 年获得美国食品药品管理局（FDA）的认定，最新产品是 HumanOptics 的 MicroSil Toric MS 6116TU。

四、多焦点人工晶体

目前，通过美国 FDA 和获得我国 SFDA 注册证的多焦点人工晶体有两种：Array 和 ReSTOR。其中，Array 是美国 AMO 公司研发的，于 1999 年 5 月在我国上市，其特点是双凸面的光学部具有 5 个同心圆的带状折射区，属折射性多焦点设计，可提供远、中、近全程视力；ReSTOR 是美国 Alcon 公司研发的，于 2005 年 5 月在我国上市，属衍射性渐进式多焦点人工晶体，术后脱镜率可达 81%～93%。多焦点人工晶体植入者可以获得和单焦点人工晶体同样的远视力，而近视力和中间距离视力则优于单焦点人工晶体。多焦点人工晶体植入者的焦点深度范围增大，戴镜率明显降低，但存在术后眩光、对比敏感度降低等缺陷，临床应用并不理想。

五、可调节人工晶体

代表产品有 CrystaLens AT-45、HumanOptics 公司 1CU 人工晶体等。HumanOptics 1CU 的特点是为一片式双凸面人工晶体，亲水性丙烯酸酯材料，可经 2.75mm 小切口植入，屈光指数为 1.46。人工晶体为全方形边缘设计，独特的可调节四襻，植入囊袋内后能够随睫状肌舒缩而使人工晶体前后移动，从而调节人工晶体光学部的前后焦点，达到可调节看远或看近的效果。但随着时间的延长，晶体前、后囊膜的机化将使其前后移动的距离受到限制，1CU 晶体的远期调节效果有待观察。

六、蓝光滤过性人工晶体

Acrysof Natural 通过共价键结合的方式在材质上增加了黄色载色基团，可以同时滤过紫外线和蓝光，减少了有害蓝光进入眼内，比标准的 UV-阻断性人工晶体对视网膜多一重保护。临床实践证明，与透明人工晶体组相比，术后视力两组间无差异，而蓝光滤过性人工晶体可以减轻白内障患者术后畏光、视物发白等症状，对预防老年性黄斑变性可能起重要作用。

七、可矫正球面像差的人工晶体

Tecnis Z-9000 人工晶体是一种新型的可矫正球面像差的人工晶体，将 Z-sharp 技术与 911 型人工晶体相结合，在低照明度下能够增加对比敏感度，改善高空间频率的分辨率。使用材料为硅凝胶，前表面经过特殊的修饰，为扁长而非传统的球面设计。Mester 和 Packer 比较了 Tecnis Z-9000 型 IOL 和 SI-40NB 型 IOL 对术后视功能的影响，结果显示，术后 3 个月的最佳矫正视力、暗光下对比敏感度，Tecnis Z-9000 型 IOL 组均优于 SI-40NB 型 IOL 组。另有报道，Tecnis Z-9000 型 IOL 组裸眼视力术后 1 个月即明显优于传统硅凝胶和丙烯酸酯 IOL，表明 Tecnis Z-9000 型 IOL 在白内障术后减少像差、改善视功能方面有明显优势。

八、光调节人工晶体

其特点是在白内障术后，使用非侵入性光调整人工晶体度数。在手术后 2～4 周，将术眼暴露于冷光源下，使用低强度光施行远视、近视、散光的调整。该种人工晶体耐受性好，术后人工晶体度数的精确调整可避免因人工晶体度数错误而置换人工晶体。目前，尚未用于临床。

九、可植入式微型望远镜式人工晶体（IMT-IOL）

可针对弱视及黄斑变性的低视力进行矫正，它将物像放大 3 倍，但是有报道显示术后角膜内皮细胞可减少 3%～8%。

随着人工晶体植入技术的成熟，人工晶体的性能越来越向接近理想的自然晶体方向发展。以单纯解决目标视力（远视力或近视力）为目的的人工晶体植入，已经不能满足人们对高质量视力的要求，迫切希望有适合各种特殊要求的人工晶体问世。人工晶体总的发展趋势是在临床医师和研究人员的通力合作下，其材料与设计日趋多样，为达到现代社会对视觉质量的要求，将会不断有新的产品问世。

§10-3 人工晶体检测标准及方法

标准 YY0290—1997 规定了人工晶体的性能和设计、材料、制造、灭菌、包装和有效期、标签、检验报告等内容，该标准适用于手术植入人眼内前段的所有类型的人工晶体，但不包括角膜植入物。

一、常用术语

前房人工晶体 [anterior chamber(intraocular)lens]：整个放入前房的人工晶体。

囊内人工晶体 [intracapsular(intraocular)lens]：整个放入眼睛囊袋的后房人工晶体。

襻 (loop)：主体的边缘部分延伸，帮助透镜在眼内定位。

多焦人工晶体 (multifocal intraocular lens)：在不同区域提供两个或更多个屈光度的人工晶体。

多件式人工晶体 (multi-piece intraocular lens)：由分离的襻和主体组成的人工晶体。

单件式人工晶体 (one-piece intraocular lens)：用相同材料或不同材料构成的襻和主体，且襻是完整主体的一部分。

折合焦距 (reduced focal length)：焦距除以周围介质的折射率。

近轴焦距 (paraxial focal length)：第二主平面和近轴焦点的距离。

光焦度 (dioptric power)：模拟眼内状态下，波长 546.07nm 近轴光的折合焦距的倒数。

光学偏心 (optic decentration)：由于襻压缩导致晶体侧向移位，以纯光学区的几何中心与人工晶体总直径的柱状中心之间的距离来度量。

光学倾角（optic tilt）：压缩至预定直径时的光轴与没有压力情况下光轴之间的夹角。

总直径（overall diameter）：与人工晶体的襻或光学部分组成相切的、包围人工晶体柱状体的直径，该柱体的轴与人工晶体光轴一致（如图10-3-1所示）。

定位孔（positioning hole）：便于临床操作的通孔或不通的孔（如图10-3-1所示）。

纯光学区（clear optic）：与人工晶体光轴同心且仅在此范围内人工晶体特征符合光学设计原则的直径范围内的区域（如图10-3-1所示）。

主体（body）：包含光学部分在内的人工晶体中心部分（如图10-3-1所示）。

拱顶高度（vault height）：垂直于光轴、虹膜近侧的晶体顶点平面与垂直于光轴、未加压时最接近虹膜人工晶体平面的距离（如图10-3-1所示）。

骑跨高度（sagitta）：垂直于光轴的未加压的人工晶体的最前点和最后点所处的平面间的最大距离（如图10-3-1所示）。

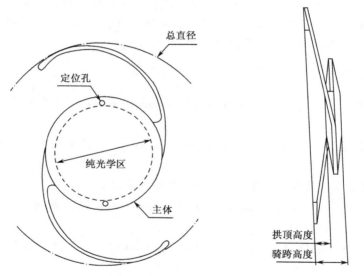

图10-3-1　总直径、定位孔、纯光学区、主体、拱顶高度以及骑跨高度示意图

二、光学性能及其测试方法

1. 分辨率的测量

1）设备

运用与图10-3-2相同的光学系统，它具有以下特性：

（1）经校正的平行光管，其焦距至少10倍于待测人工晶体；

（2）目标为美国空军 1951 年的分辨率板（如图 10-3-2 所示），用 (546 ± 10)nm 单色光源照明；

（3）分辨率板在平行光管的焦平面上；

（4）光栏孔径 (3.0 ± 0.1)nm，放置在待测人工晶体前，最大距离不超过 3nm；

（5）介质环境为空气；

（6）显微镜物镜数值孔径大于 0.3，且能放大 10～20 倍。

（7）通过目镜观察显微镜成像时，放大约 10 倍。

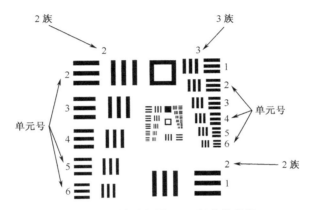

图 10-3-2　美国空军 1951 版分辨率板

2）步骤

把人工晶体放置在光学系统内，使其中心定在光轴上。通过移动显微镜物镜聚焦分辨率板的像，在目镜中观察到尽可能全面的图像，粗的或细的图案均需很好聚焦。不再重新对焦情况下，确定最细的图案（族、单元），在白色背景下，该图案在水平和垂直方向均有三个明显分开的黑条，对一些缺陷（如纹痕、鬼影和模糊等）进行检查。

3）计算

图样（如图 10-3-2 所示）可分辨的空间频率 $v(\text{mm}^{-1})$ 由下式给出：

$$v = 2^{G+(E-1)/6} \times F/f \tag{10-3-1}$$

式中，G 为图案组数；E 为图案单元；F 为平行光管的焦距，mm；f 为人工晶体的焦距，mm。

衍射极限空间截止频率 $\omega(\text{mm}^{-1})$ 由下式计算：

$$\omega = 2n\sin u/\lambda \tag{10-3-2}$$

式中，n 为环境介质的折射率；λ 为光波长，mm；u 为孔径角。

对于小的角度，表达式可简化为

$$\omega = nd / f\lambda \qquad (10\text{-}3\text{-}3)$$

式中，d 为平行光管孔径光栏直径，mm。

有效分辨率 RE 可表示为空间截止频率的百分比，如下所示：

$$\mathrm{RE} = \frac{(F\lambda) \times 2^{G+(E-1)/6}}{nd} \times 100\% \qquad (10\text{-}3\text{-}4)$$

当环境介质为空气时，上式三个主要参数的数值分别为：$n=1$，$d=3\mathrm{mm}$，$\lambda=0.000546\mathrm{mm}$。

2. 调制传递函数（MTF）的测量

1）原理

将人工晶体置于模型眼内，用单色光测量调制传递函数（MTF）。在 GB4315.1 和 GB4315.2 中给出了 MTF 仪器和测量的方法。

2）设备

（1）模型眼。

典型的模型眼如图 10-3-3 所示，模型眼的尺寸和玻璃型号如表 10-3-1 所示。

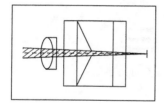
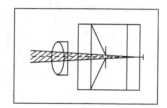

(a) 无人工晶体　　　(b) 在正确位置上有 30m⁻¹ 的 PMMA 人工晶体
（注意将像面移近放置有人工晶体的后面
窗口，但仍在其后）

图 10-3-3　模型眼

表 10-3-1　模型眼设计　　　　　　（单位：mm）

表面序号	表面半径	间隙	直径	材料/介质
1	24.590	5.21	16	ZK618551*（SSK4）
2	−15.580	1.72	16	ZF8*（SF8）
3	−90.200	3.0	16	空气
4	平面	6.0	32	BaK7*（BK7）窗口
5	平面	6.25	32	液体
6	平面	10.0	3.0	孔径光栏液体
7	平面	6.0	32	BaK7*（BK7）窗口
8	平面	9.25	32	空气
9	平面			像面

* 为中国光学玻璃牌号，括号内为对应的德国光学玻璃牌号。

模型眼具有下列性能：① 人工晶体前表面放置于模型角膜焦点前 27～28mm 处平面的空间介质的折射率看作是 1.336；② 模型角膜来的会聚光束照在人工晶体中心圆环（3.0±0.1）mm 处；③ 人工晶体放置在两个平面窗口之间的液体介质中；④ 在模拟眼内状态条件下，人工晶体和液体介质折射率的差应在 0.005 以内；⑤ 模型角膜实际上应无像差，因而系统的像差是由人工晶体产生的。

（2）光具座。

依照 GB4315.2 的要求，将模型眼放置于光具座上来测量调制传递函数（MTF），光源波长为（546±10）nm。

利用上述设备进行测试时，如果人工晶体尺寸与模拟眼内状态情况没有明显偏差，则可在环境湿度下进行测试。否则，测试应在模拟眼内状态条件下进行。

3）步骤

放置模型眼于光具座上，确保人工晶体在正确的位置测量调制传递函数（MTF），在 100mm^{-1} 时聚焦以获得最大的调制传递函数（MTF），并记录该值。

3. 光焦度的测量

人工晶体模型眼内状态光焦度可用多种方法测试，除了在模拟眼内状态下直接测试光焦度之外，还有许多方法可将一般实验室条件下的测量值换算成光焦度，下面概述三种适用于球面透镜的方法。

1）从测量的参数计算

（1）尺寸参数。

可以用专门的球径测试仪或干涉仪来测量半径，透镜中心厚度可用千分尺或类似设备测得，光焦度可由如下厚透镜公式计算：

$$D = D_f + D_b - (d/n_{IOL}) \times D_f \times D_b \qquad (10\text{-}3\text{-}5)$$

式中，D 为人工晶体处于环境介质中的光焦度，m^{-1}；D_f 为人工晶体前表面的光焦度，m^{-1}；D_b 为人工晶体后表面的光焦度，m^{-1}；d 为人工晶体中心厚度，m；n_{IOL} 为人工晶体光学材料处于模拟眼内状态下的折射率。

D_f 从下式中算出：

$$D_f = (n_{IOL} - n_{med})/r_f \qquad (10\text{-}3\text{-}6)$$

式中，n_{med} 为环境介质的折射率（房水为 1.336）；r_f 为人工晶体前表面半径，m。

D_b 从下式中算出：

$$D_b = (n_{med} - n_{IOL})/r_b \qquad (10\text{-}3\text{-}7)$$

式中，r_b 为人工晶体后表面半径，m。

以上公式假定前后表面中心已对准。

（2）人工晶体材料的折射率。

运用此方法时，须通过独立的方法获得模型眼内状态条件下的 n_{IOL}，且精确到小数点后第 3 位。

　　2）从后焦距中计算

　　一套光学装置如图 10-3-4 所示，后焦距可通过以下方法获得：首先将物镜聚焦在像上，然后聚焦在人工晶体的后表面上（或相反面上），用与物镜相连的线性量具测量两位置之间的距离。

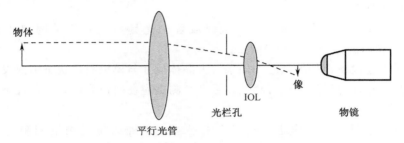

图 10-3-4　人工晶体测试的光学系统原理

　　物体放置于平行光管的焦平面上，消色差透镜的焦距是待测人工晶体焦距的10 倍或 10 倍以上，光栏孔径至少 3mm。

　　需要进行下述两项校正以获得近轴焦距：

　　首先，须加上从第二主平面到人工晶体后顶点的距离－A_2H''，它可由下式计算：

$$-A_2H'' = (D_f/D) \times (n_{med}/n_{IOL}) \times d \qquad (10\text{-}3\text{-}8)$$

如果测量在空气中进行，则 $n_{med}=1$。

　　其次，由于存在球差，焦点（"最佳焦点"）在近轴焦点前（假设是球镜）如下距离处：

$$F' = LSA/2 \qquad (10\text{-}3\text{-}9)$$

式中，LSA 为轴向球差，单位为 mm，LSA 的具体数值可由光线迹线算出。

　　式（10-3-9）是一个简化式，要得到更精确的球差校正，可通过从离焦到最佳像平面的光学设计软件包求得。

　　对后焦距（BEL）加上这两个修正，就获得了近轴焦距，模拟眼内状态屈光度可由下式算出：

$$D_{air} = n_{med}/f_{air} \qquad (10\text{-}3\text{-}10)$$

式中，f_{air} 为近轴焦距，m。在空气中测量时，$n_{med}=1$。

　　用下式计算比率 Q，把室温下空气中的 D 值乘以 Q 得到模拟眼内状态的 D：

$$Q = D_{aq}/D_{air} \qquad (10\text{-}3\text{-}11)$$

式中，D_{aq} 为在前房液体中的光焦度；D_{air} 为在空气中的光焦度。D_{aq} 和 D_{air} 可从式（10-3-5）中算出，其中，人工晶体尺寸采用名义值，n_{med} 和 n_{IOL} 采用相应的适当值。

　　上述过程假设在式（10-3-8）、式（10-3-9）和式（10-3-10）中用名义尺寸和折射率获得足够精确的校正，这个假设应加以验证。

由于明显的膨胀会影响人工晶体的尺寸，故在此情况下，上述方法就不能使用。同时，测量应在模拟眼内状态条件下进行。

表 10-3-2 给出了修正值的实例。

表 10-3-2　主平面到顶点、球差、与光学形状关系

人工晶体光焦度和材料折射率的典型修正值，根据量的设定看下述假定的折射率。

假定折射率　　　　　　　　　　　　　　　　假定的尺寸/mm

空气:1　　　　　　　　　　　　　　　　　　人工晶体光学直径:6

房水:1.336　　　　　　　　　　　　　　　　人工晶体边缘厚度:0.3

PMMA(聚甲基丙烯酸甲酯)　　　　　　　　　孔径光栏:3

——室温下:1.418

——模拟眼内状态温度:1.4915

硅凝胶

——室温下:1.418

——模拟眼内状态温度:1.415

r_f	r_b	d	BEL	球差 $-A_2H''$	Defcs	LSA/2	D_{air}	D_{aq}
mm	mm	mm	mm	mm	mm	mm	m^{-1}	m^{-1}
PMMA 对称双凸透镜								
31.069	−31.069	0.59	31.35	0.20	0.06	0.06	31.64	10.00
20.695	−20.695	0.74	20.77	0.25	0.09	0.09	47.36	15.00
15.504	−15.504	0.89	15.46	0.30	0.11	0.12	63.00	20.00
12.386	−12.386	1.04	12.31	0.35	0.08	0.15	78.00	25.00
10.304	−10.304	1.19	10.13	0.41	0.11	0.17	93.86	30.00
PMMA 平凸透镜								
15.550	平面	0.59	31.10	0.40	0.04	0.04	31.70	10.00
10.367	平面	0.74	20.47	0.06	0.50	0.06	47.55	15.00
7.775	平面	0.90	15.09	0.60	0.08	0.09	63.41	20.00
6.220	平面	1.07	11.80	0.72	0.10	0.11	79.26	25.00
5.183	平面	1.26	9.59	0.84	0.08	0.13	95.12	30.00
PMMA 凹凸透镜								
9.742	25.917	0.60	30.51	0.64	0.13	0.13	31.97	10.00
7.427	25.917	0.76	20.01	0.70	0.12	0.13	48.00	15.00
6.003	25.917	0.93	14.68	0.80	0.13	0.14	64.08	20.00
5.309	25.917	1.12	11.47	0.91	0.09	0.16	80.21	25.00
4.343	25.917	1.33	9.24	1.05	0.08	0.18	96.42	30.00
硅凝胶对称双凸透镜								
15.775	−15.775	0.88	18.63	0.30	0.10	0.12	52.56	10.00
10.500	−10.500	1.18	12.25	0.42	0.10	0.17	78.31	15.00
7.858	−7.858	1.49	9.05	0.54	0.08	0.22	103.41	20.00
6.269	−6.269	1.83	7.09	0.67	0.08	0.27	127.62	25.00
5.205	−5.205	2.20	5.73	0.83	0.08	0.31	150.59	30.00

注:表中给出离焦是以作比较,在 100mm^{-1} 最大 MTF 处的离焦(Defcs)可通过一定的光学设计软件计算。Defcs 和 LSA/2 在光学上作为矢量处理,但表中作为数值给出,D_{air} 和 D_{aq} 用离焦来计算。

3）从测量放大率计算

放大率 M、物高 h、像高 h' 与平行光管焦距 F 和人工晶体焦距 f 关系如下式所示：

$$M = h'/h = f/F \tag{10-3-12}$$

通过初始校准，测定 h 和 F，对每个人工晶体 h' 测量得出，f 将计算得出，这就是聚焦平行光管的原理。

三、机械性能及其测试方法

1. 要求

对于植入后不改变尺寸的人工晶体，在（23±2）℃ 和（50％±10％）RH 的条件下测定性能，其他人工晶体所有性能都将在模拟眼内状态下（温度允差 ±2℃）进行。每次测试都要记录溶液的精确成分。

对于折叠或其他光学变形这一类临床操作的人工晶体，需在测试前进行上述操作，以保证人工晶体在操作后仍能保持关键性能。由于晶体厚度是操作中的关键因素，因此，被测样品中应包括光焦最大值和最小值。本标准中所定义的机械和光学性能必须被测量。折叠或变形应模拟实际操作，并至少保持 3min，应采用与临床试用相同的方法和仪器或其他等效物进行折叠或变形，人工晶体应能恢复其初始和设计形状。恢复过程中，人工晶体应保持下述第 2 条所规定的眼内加压状态，温度允差为 ±2℃。在释放折叠和变形 24h 后，人工晶体仍要符合相应的机械和光学要求。

要完成下述的每一个测试，至少要对 3 个批次的人工晶体进行测试，假如光焦度影响性能测试，那被测样品组应包括低、中、高光焦度，每组试验的最小样本数应为每批次 10 片，每批次应能代表出售的人工晶体，在各种情况下均应说明所用抽样的准则。

除多片式后房人工晶体外，所有的人工晶体总直径允差为 ±0.20mm，多片式后房人工晶体，总直径允差为 ±0.30mm。

拱顶高度的允差如下：

（1）前房人工晶体：±0.15mm。

（2）带聚丙烯襻的后房人工晶体：±0.35mm。

（3）其他人工晶体：±0.25mm。

骑跨高度的允差如下：

（1）前房人工晶体：±0.25mm。

（2）带聚丙烯襻的后房人工晶体：±0.45mm。

（3）其他人工晶体：±0.35mm。

纯光学区的允差：±0.10mm；

主体大小的允差：±0.10mm，对椭圆形人工晶体，主体大小是以短轴×长轴表征；

定位孔直径的允差：$^{+0.05}_{0.00}$mm。

2. 压缩力的测量

在下述位置测试并记录压缩力：① 植入囊袋的人工晶体，在直径 10mm 处；② 植入囊沟的人工晶体，在直径 11mm 处；③ 囊袋和睫状沟两者植入的人工晶体，在直径 10mm 和 11mm 的两处；④ 前房型人工晶体应在产品说明所规定的最小和最大加压直径处。

1）原理

当人工晶体被限位于预定直径且主体可以自由移动时，测量襻产生的压缩力。

2）装置

图 10-3-5 和图 10-3-6 是测量装置简图，包括：

（1）表面半径（5.00±0.02)mm 或（5.50±0.02)mm 的两个测座，为使襻的转动阻力减到最小，应采用合适的低摩擦材料。

（2）测量压力仪表的精确度为±0.1mN。

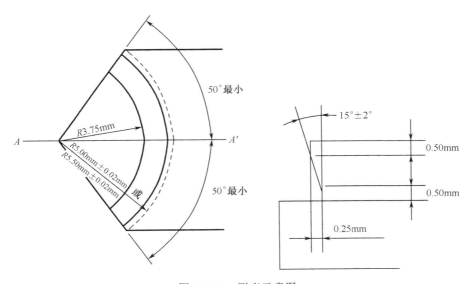

图 10-3-5　测座示意图

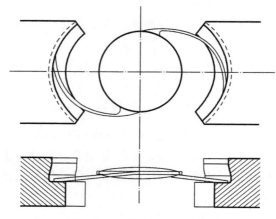

图 10-3-6　压缩力测试示意图

3）步骤

（1）测试时，如果人工晶体位于竖直位置，则将导致由于人工晶体的质量影响引起的襻之间的压力不对称分布，故测试时应使人工晶体位于水平位置。

（2）调节两块测座的距离使之与人工晶体的总直径近似相等，将人工晶体放在测座上。

（3）使人工晶体保持在无压缩状态，以便在压缩状态下压力线可平分接触角，或在多点接触时使得压缩状态压缩线最大程度等分接触角（如图 10-3-7 所示，图中 C 为测座曲率中心）。

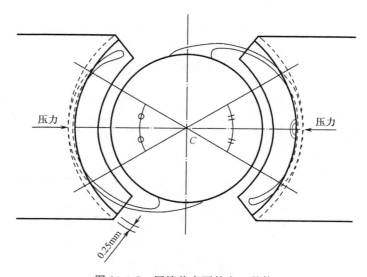

图 10-3-7　压缩状态下的人工晶体

（4）将测座靠拢至测试直径。

（5）将人工晶体稳定 10～30s 后，读取压缩力。

4）精度

重复性（r）和再现性（R）是压缩力（F）的函数，若压缩力单位为 mN，各实验室间测试分析得到：

$$r = -0.4 + 0.46 \times F$$

$$R = -0.4 + 0.55 \times F$$

由于测量具有人为的因素，故这种各实验室间测试的方法会产生一定差异。

5）结果

检验报告至少应包括以下内容：

（1）直径；

（2）样品的标志；

（3）人工晶体的数目；

（4）数据的算术平均值和标准偏差；

（5）检验日期。

3. 压缩力下轴向位移的测量

在下述位置测试并记录压缩力下的轴向位移：① 植入囊袋的人工晶体，在直径 10mm 处；② 植入囊沟的人工晶体，在直径 11mm 处；③ 囊袋和睫状沟两者植入的人工晶体，在直径 10mm 和 11mm 的两处；④ 前房型人工晶体应在产品说明所规定的最小和最大加压直径处。

1）原理

以未压缩的状态作参考，当人工晶体被压缩到预定直径时，测量沿光轴方向位移。

2）装置

（1）内径允差在 ±0.04mm 内，有一放置人工晶体襻的平面和可供观察人工晶体的侧面边框，并用低摩擦材料制造从而使环的转动阻力降至最小的圆柱形孔座（如图 10-3-8 所示）。或者是两个共面半径允差在 ±0.02mm 内，用低摩擦材料制造从而使环的转动阻力降至最小的托座，如上述压缩力测量装置所述。

（2）轮廓投影仪，精确到 0.01mm。

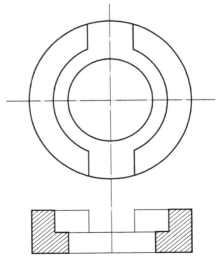

图 10-3-8　用于测量压缩力下轴向位移
圆柱测座示意图

3）步骤

（1）在人工晶体处于无压缩状态下，用图 10-3-9 的轮廓投影仪测量距离 I_0。

（2）将人工晶体置入孔座并不加过度压力地手动调节至居中（亦可用视觉），或者将人工晶体置入两块托座并将托座合拢至上述压缩力测量步骤的（2）、（3）和（4）所描述的直径（将人工晶体放入孔座会引入如同植入时一样的在襻上的不对称力。然而，日常中再植入人工晶体后，外科医生总是手动调节人工晶体中心，这就是在第一种方法中允许手动调中心的原因）。

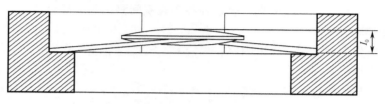

图 10-3-9　正常直径下的圆柱测座

（3）用图 10-3-10 所示的轮廓投影仪测量距离 I_0。

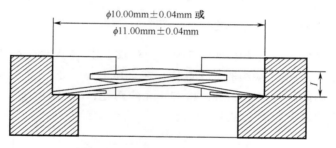

图 10-3-10　压缩状态下的圆柱测座

（4）计算轴向位移 $I - I_0$，如果轴向移位为正值，则表示人工晶体移植后向视网膜方向移动。

4）精度

重复性和再现性，分别要求为 0.2 mm 和 0.3 mm。

5）结果

检验报告至少应包含以下内容：

（1）直径；

（2）样品的标志；

（3）人工晶体的数目；

（4）数据的算术平均值和标准偏差；

（5）检验日期。

4. 光学偏心的测量

在下述位置测试并记录人工晶体在预定直径内的光学偏心：① 植入囊袋的人工晶体，在直径 10mm 处；② 植入囊沟的人工晶体，在直径 11mm 处；③ 囊袋和睫状沟两者植入的人工晶体，在直径 10mm 和 11mm 的两处；④ 前房型人工晶体应在产品说明所规定的最小和最大加压直径处。

1）装置

（1）内径允差在±0.04 mm 内，有一放置人工晶体襻的平面，并用低摩擦材料制造从而使襻的转动阻力降至最小的圆柱形孔座。或者两个表面半径允差为±0.02mm，用低摩擦材料制造从而使襻的转动阻力降到最小的托座，如上述压缩力测量装置所述。

（2）轮廓投影仪，精确到 0.01mm。

2）步骤

（1）放置人工晶体于孔座内，保证襻放在座底部（如图 10-3-11 所示）。根据视觉用手操作不施加过度的力在人工晶体中心，或放置人工晶体在两块砧之间，靠拢测座至上述压缩力测量步骤的（2）、（3）和（4）所描述的直径。

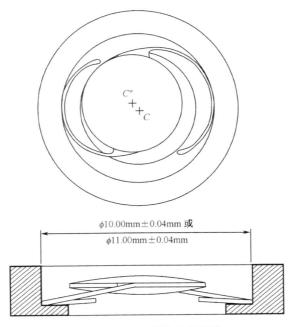

图 10-3-11　光学偏心的测量
C. 测座中心；C″. 光学中心

（2）用图 10-3-11 所示的轮廓投影仪测量光学偏心 CC''。

3）精度

重复性和再现性为 0.2mm。

4）结果

检验报告至少应包括以下内容：

（1）直径；

（2）样品的标志；

（3）人工晶体的数目；

（4）数据的算术平均值和标准偏差；

（5）检验日期。

5. 光学倾角的测量

在下述位置测试并记录人工晶体在预定直径内的光学倾角：① 植入囊袋的人工晶体，在直径 10mm 处；② 植入囊沟的人工晶体，在直径 11mm 处；③ 囊袋和睫状沟两者植入的人工晶体，在直径 10mm 和 11mm 的两处；④ 前房型人工晶体应在产品说明所规定的最小和最大加压直径处。

1）装置

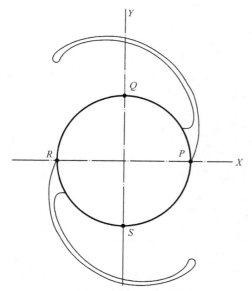

图 10-3-12　光学倾角的测试点

（1）直径允差在 ±0.04mm 内，有一放置人工晶体襻的平面和可供观察的人工晶体的侧面边框，用低摩擦材料制造从而使襻的转动阻力降至最小的圆柱形孔座。或者两块具有表面半径允差为 ±0.02mm，用低摩擦材料制造从而使襻的转动阻力降至最小的托座，如上述压缩力测量装置所述。

（2）带高度测量的精确度为 0.01mm 的显微镜。

（3）装有位置刻度达 0.01mm 的 X/Y 位移工作台。

2）步骤

（1）如图 10-3-12 定义的人工晶体直角坐标系 X-Y，坐标原点是光学中心，与光轴平行且包容光学部分的平行平面之间的最短距离的方向是 X 轴。

（2）标出两直角坐标轴与晶体边缘的 4 个交叉点（如图 10-3-12 中的 P、Q、R、S）。

（3）将人工晶体置入上述光学倾角测量装置中心（1）所述的托座内，确保襻坐落在基面上，并不加过度压力地手动调节人工晶体至居中位置（亦可用视觉）。或者将人工晶体置入上述光学倾角测量装置中心（1）所述的两块托座，并将托座台合拢至上述压缩力测量步骤的（2）、（3）和（4）所描述的直径。

（4）用带高度规和 X/Y 刻尺移动工作台的显微镜，测量 Q 和 S 两点间的水平和垂直距离（图 10-3-13 中的 w 和 h）以及 P 和 Q 两点间的水平和垂直距离。

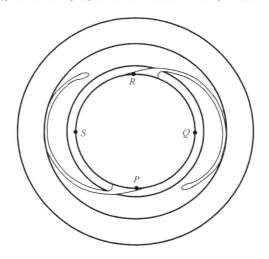

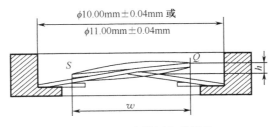

图 10-3-13　光学倾角的测量

（5）计算 QS 线和 PR 线的斜率（图 10-3-13 中的 h/w）。

（6）由下式计算光学倾角 α：

$$\alpha = \arctan^{-1}\left[(t_1^2 + t_2^2)^{1/2}\right] \tag{10-3-13}$$

式中，t_1 为 QS 线斜率；t_2 为 PR 线斜率。

3）精度

重复性和再现性分别为 $1°$ 和 $2°$。

4）结果

检验报告至少应包括以下内容：

（1）直径；

（2）样品的标志；

（3）人工晶体的数目；

（4）数据的算术平均值和标准偏差；

（5）检验日期。

6. 接触角的测量

在下述位置测试并记录接触角：① 植入囊袋的人工晶体，在直径 10mm 处；② 植入囊沟的人工晶体，在直径 11mm 处；③ 囊袋和睫状沟两者植入的人工晶体，在直径 10mm 和 11mm 的两处；④ 前房型人工晶体应在产品说明所规定的最小和最大加压直径处。

1）原理

测量人工晶体在预定直径内，支撑眼组织与襻的完全接触的状态。

2）装置

（1）直径允差在 ±0.04mm 内，有一放置人工晶体襻的平面和可供观察的人工晶体的侧面边框，用低摩擦材料制造从而使襻的转动阻力降至最小的圆柱形孔座。或者两个表面半径允差为 ±0.02mm，用低摩擦材料制造从而使襻的转动阻力降至最小的托座，如上述压缩力测量装置所述。

（2）测角仪，精确到 0.5°。

3）步骤

（1）将人工晶体置入托座，确保襻坐落在基面上，不加过度的压力手动调节人工晶体至居中位置（亦可用视觉）。或者将人工晶体置入两块托座并将托座台合拢至上述压缩力测量步骤的（2）、（3）和（4）所描述的直径。

（2）测量接触角，即襻和托座壁（或平台）的间隙为 0.25 mm 的两点间的夹角。如果襻有多重接触，记录每个襻的接触角值之和（如图 10-3-14 所示）。

4）精度

重复性和再现性分别为 3°和 8°。

5）结果表示

检验报告至少应包括以下内容：

（1）直径；

（2）样品的标志；

（3）人工晶体的数目；

（4）数据的算术平均值和标准偏差；

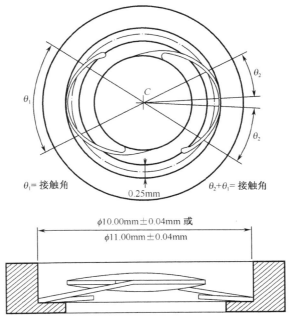

θ_1= 接触角

0.25mm

$\theta_2+\theta_1$= 接触角

ϕ10.00mm±0.04mm 或
ϕ11.00mm±0.04mm

图 10-3-14　接触角的测量
C. 测座中心

（5）检验日期。

7. 压缩力衰减的测量

在下述位置测试并记录压缩力衰减：① 植入囊袋的人工晶体，在直径 10mm 处；② 植入囊沟的人工晶体，在直径 11mm 处；③ 囊袋和睫状沟两者植入的人工晶体，在直径 10mm 和 11mm 的两处；④ 前房型人工晶体应在产品说明所规定的最小和最大加压直径处。

1）原理
在规定时间标准状态下人工晶体在预定直径内，测量其残余压力。

2）设备
内径允差在 ±0.04mm 以内、具有模拟眼的状态下环固定基准的圆柱体孔座。
将装有人工晶体的测座在模拟眼内条件下，浸入精度为±2.0℃的热浴中。

3）步骤
（1）使用以前未做过任何测试、包括襻未被压缩和变形的人工晶体。
（2）用第 2 条所描述的方法测量压缩力。

（3）在压缩力测量后 30min 内，将人工晶体放在孔座内并置入热浴 24h±30min。

（4）用第 2 条所描述的方法，将人工晶体与孔座分离，分离后(20±50)min 测量压缩力。

4）精度

该方法的精度不能严格估值，但如上述压缩力测量的精度中所示，两次压缩力的测量具有相同的精密度。

5）结果

检验报告至少应包括以下内容：

（1）直径；

（2）样品的标志；

（3）人工晶体的数目；

（4）浸入前数据的算术平均值和标准偏差；

（5）浸入后数据的算术平均值和标准偏差；

（6）检验日期。

8. 动态疲劳耐久性的测试

在下述位置进行疲劳耐久性试验：① 植入囊袋的人工晶体的测试面距光学区中心 5.0mm 的压缩距离处；② 植入囊沟的人工晶体的测试面距光学区中心面 5.5mm 的压缩距离处；③ 囊袋和睫状沟两者植入的人工晶体的测试面距光学区中心 5.0mm 的压缩距离处；④ 前房人工晶体的测试面距光学中心的压缩距离，应是制造商的产品说明书所提供的最小和最大压缩直径的相应压缩距离。

本试验只是针对襻在植入时处于压缩状态的人工晶体进行的，频率在 1～10 Hz 之间。所有的襻应能承受压缩距离范围幅值为±0.25mm、周期为 250000 的近似正弦变形而不断裂。

1）原理

压缩人工晶体到预定尺寸后，给襻加周期性压缩负荷进行疲劳测试。

2）设备

图 10-3-15 是一个简略装置图，包括：一个夹子，一个带减少襻摩擦阻力的低摩擦材料平面的测试板，一个可以产生 250000 个周期、0.5mm 的振幅、方向垂直于测试板、近似正弦压缩负载的装置。

3）步骤

（1）夹住晶体使光轴平行于测试板，且使之如上述压缩力测量步骤中的第（3）条所规定的压缩线等分接触角。

（2）压缩人工晶体到相应尺寸。

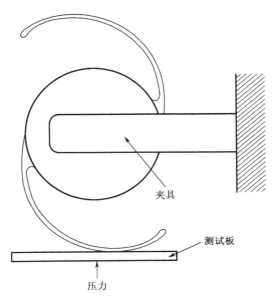

夹具

测试板

压力

图 10-3-15　测量动态疲劳耐久性装置示意图

（3）在触脚下，完成 250000 周期性压缩，振幅为 0.5mm。

（4）观察襻是否断裂。

4）结果

检验报告至少应包括以下内容：

（1）压缩尺寸；

（2）样品的标志；

（3）人工晶体的数目；

（4）每种类型襻的数目；

（5）每种类型襻的断裂数目；

（6）检验日期。

9. 襻抗拉强度的测量

1）原理

测定襻和晶体的接合点能承受共线拉力的最大值。

2）设备

拉伸计的分辨精度是±0.01N，伸展速率是 1～6mm/min。

3）步骤

（1）夹紧晶体，以便拉力方向在襻和晶体的接触点正切于襻（如图 10-3-16 所示）。

（2）在 1～6mm/min 之间设置伸展速率，开启张力计。

（3）拉人工晶体直到襻断裂，或襻与片分离，或拉力达到 0.25N。如果襻在夹紧处断裂，则结果作废。

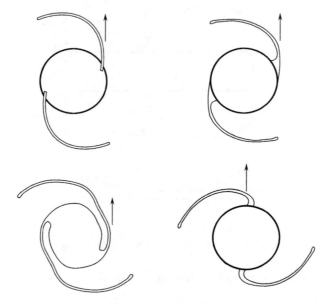

图 10-3-16　拉力方向

4）结果

检验报告至少应包括以下内容：

（1）样品的标志；

（2）人工晶体的数目；

（3）每种类型襻的数目；

（4）对于每种类型的襻，拉力小于 0.25N 时襻断裂的数目；

（5）检验日期。

四、生物相容性

1. 人工晶体生物学评价的原则

根据 GB/T 16886.1 对人工晶体的整体生物学评价，应考虑以下因素：

（1）制造材料；

（2）设计添加剂、加工污染物和残留量；

（3）可滤物质；

（4）降解产物；

（5）成品中其他成分及其相互作用；

（6）成品的性能和特性。

对于每一种人工晶体的测试材料应取得下列物理-化学试验（见第 2 条）的结果：

（1）浸提物和水解稳定性；

（2）紫外可见光照射稳定性；

（3）Nd-YAG 激光照射稳定性。

还要取得下列生物学试验（见第 3 条）的结果：

（1）细胞毒性试验；

（2）遗传毒性试验。

若试验材料在遗传毒性试验中反应出明显的阳性结论，则不能用于临床。另外，若有必要，还应给出下列体内生物学试验结论：

（1）眼植入试验；

（2）非眼植入试验；

（3）致敏试验。

对试验材料进行的生物相容性评价以及所记录的文档应符合 YY/T 0287 或 YY/T 0288 的规定。

2. 物理-化学试验

1）目的

本试验的目的为：

（1）量化因合成过程可能产生的残留物和因人工晶体加工可能产生的杂质；

（2）量化因合成水解作用可能产生的降解产物；

（3）量化可提取添加剂和其他可滤物；

（4）确保试验物质在各个过程（如灭菌、激光照射或老化过程）中可能产生的毒性物质不会降低其生物相容性。

2）浸提物和水解稳定性试验

在任何条件下均应对以下内容进行检查：① 应对浸提介质定性和定量分析所有可能的浸提成分，如加工污染物、残留单体、所有添加剂和其他可浸提成分。② 在浸提前后，试验材料均应称重，并计算出质量的变化。③ 在浸提前后，应对试验材料用 10 倍光学显微方法和 500 倍扫描电子显微方法进行检查。对照浸提后的物质，应保证浸提或水解不会引起其表面质量的变化（例如气泡、树枝晶、破损和裂纹）。④ 应记录试验材料在浸提前后的紫外和可见光谱范围的光学透过曲线，保证浸提或水解没有造成光谱透过率的明显改变。

（1）浸提物试验。

① 仪器。

用两种不同的浸提介质，水溶剂和油溶剂或极性溶剂，根据试验材料而定，在（50±2）℃下浸提（72±1）h。若发现浸提物不能接受，则应在（37±2）℃、（72±1）h 条件下重复试验。

② 试验材料和方法。

若用成品无菌人工晶体作为试验材料，则取 180 片并测定其总质量。按照10g 试验材料 100mL 介质的比例，将其分别置于装有不同介质的试管中。

若用等同材料为试验材料，则将其切割成小块，使得其表面积与质量之比等同于人工晶体成品。

③ 分析。

为分析浸提液，将试管从培养箱中取出，并在室温下平衡 2h±15min。在室温下摇晃并离心浸提液，用注射器吸取溶液中央的上层清液，并置于用于进行定性和定量分析的第二支试管。对进行了同样培养步骤的无试样溶剂空白样品进行相应的定性和定量分析。浸提后，冲洗试验材料并让其干燥，称其质量并计算质量的改变量。从每一浸提条件随机取出五片人工晶体，用 YY0290.2 规定的方法测定光谱透过率，然后，在放大 10 倍时，用光学显微镜检查其表面质量，最后用扫描电子显微镜以 100 倍检查。为避免鬼像，在分析以前，对吸水性材料的硅橡胶试验先进行脱水。将透过谱线与未经处理的材料的光谱对比，记录其变化。比较未经处理材料的显微结果，以检查表面质量的改变，例如，气泡、树枝晶、破损和裂纹。

（2）水解稳定性试验。

按照上述第（1）条浸提物试验所规定的方法进行试验，但浸提条件作如下改变：

① 培养温度：（37±2）℃和（50±2）℃。

② 培养时间：一半试验材料为（30±2）d，另一半试验材料为（90±2）d。

3）降解风险

（1）光稳定性试验。

由于人工晶体位于角膜和房水后，会受到太阳光的照射，因此需要进行光稳定性试验。在太阳光光谱中，不能被角膜和房水吸收、因光化学降解而对人工晶体有潜在损害的近紫外辐射部分的大小近似等于全部紫外（UV-A）辐射的40%～50%。

① 试验要求。

照射过程中，浸泡试验材料的盐溶液应进行迁移成分的分析。比较照射前后试验物质的紫外可见光谱，应无明显变化。此外，对于前房人工晶体，还应比较经照射与未经照射的试验材料，在机械性能方面无明显改变。

② 概述。

确定以下参数：

a. 模拟眼内状态下波长范围为 300～400nm 的紫外（UV-A）段，在人工晶体处为漫射光条件（I_1）光强：0.5mW/cm²。

b. 在日光中每天曝露时间（x）：3h。

c. 模拟眼内状态曝露（T_1）：20 年。

d. 强度因子（n）：1（即考虑到阳光充足区域的最大辐射强度）。

e. 体外试验周期（T_2，d），与光源在 300～400nm 光谱范围体外强度 I_2 有关，可由下式计算得到：

$$T_2 = 365 \times T_1 \times \left[\left(\frac{I_2}{I_1} \right)^n \times \left(\frac{24}{x} \right) \right]^{-1} \tag{10-3-14}$$

例如：若 $I_2=10$mW/cm²，其他参数与上述一致，则 $T_2=45.6$d。

在北回归线附近的太阳辐射区域，国际公认的太阳光强度估计值平均为 1kW/m²＝100mW/cm²。300～400nm 的近紫外波长部分约为全部强度的 6.5%，即 6.5 mW/cm²。

估计角膜和房水吸收 40%～50% 的紫外（UV-A）段光谱，则当阳光最大强度时，人工晶体所处的 300～400nm 的强度为 3.25mW/cm²。

漫反射强度为上述值的十分之一，因此，体外人工晶体的辐射强度为0.3mW/cm²。

③ 试验材料。

试验需要使用 15 片试验材料。

④ 设备和材料。

试管，5mL。

氙弧灯，带有能滤除 300nm 以下波长光的滤光片。

生理盐水。

⑤ 试验步骤。

将试验材料浸泡于装有约 2mL 生理盐水的试管内，再将试管置于氙弧灯光线中持续所需时间（即 T_2），并保证在照射过程中试管内的试验材料保持在(37±2)℃。

照射源的强度可以逐个选择，但应在 10～30mW/cm² 范围内，且不应造成聚合物过度的快速降解。同时，应注意防止微生物污染，以避免在照射过程中试管内滋生微生物。

⑥ 试验评价。

在计算所得的时间结束时，测定盐溶液迁移成分。

按照 YY0290.2 的方法，测定 5 片经照射和 5 片未经照射的样品的紫外/可见光谱特性，并对比其差异。对于前房人工晶体，按照 YY0290.3 的方法，测定其机械性能。

（2）Nd-YAG 激光照射试验。

① 要求。

浸泡人工晶体的生理盐水应进行所释放的添加剂分析，并应无细胞毒性。

② 目的。

确定 Nd-YAG 激光照射对试验材料的物理和化学影响，是为了保证该材料能承受对植入人工晶体的病人所通常进行的 Nd-YAG 激光治疗。

③ 试验材料。

试验需要 5 片试验材料。

④ 设备和材料。

器皿，装有近 2mL 生理盐水。

Nd-YAG 激光，置能量为 5mJ。

⑤ 试验步骤。

将人工晶体材料浸没于器皿中并保持（37±2）℃。用 Nd-YAG 激光 50 个单脉冲照射（能量水平 5mJ）。每一脉冲均在人工晶体的不同位置重新调焦，使其平均地分布在人工晶体光学区中央 3mm 处，聚焦于人工晶体的后表面。对其余 4 片人工晶体重复进行。

器皿内的生理盐水容量建议约为 2mL，同时要注意防止微生物污染，以避免器皿内的微生物生长。

分析盐溶液的析出附加物，如紫外吸收物，并找出可能的材料改变物质。此外，采用 GB/T 16886.5 的方法，进行试验器皿培养试验盐溶液的细胞毒性试验。

3. 生物学试验

1）概述

所有生物学试验均应有适当的阳性或阴性对照才有效。试验步骤和检验报告以及结果观察和运用处理均应符合 GB/T 16886 的相关部分和经济合作与发展组织（OECD）化学药品试验指南。

2）细胞毒性试验

细胞毒性试验应按照 GB/T 16886.5 的规定进行，并且要满足其各项要求。

3）遗传毒性试验

（1）概述。

人工晶体材料遗传毒性的潜在危险试验是一项基本试验。在已经证明该材料无遗传毒性，或者通过适当的分析方法能确实分辨其浸提成分且这些成分均为已知无遗传毒性的情况下，可以不需要进行该试验。

（2）样品制备。

用两种不同的浸提液浸提试验材料，一种为生理盐水，另一种为油溶剂或极性溶剂，例如二甲基亚砜（DMSO）。

（3）步骤。

按照物理-化学试验中的浸提物试验所规定的条件进行浸提。

用 GB/T 16886.3 的方法进行浸提液的遗传毒性试验。

4）致敏试验

（1）概述。

本试验的目的是评定试验材料在豚鼠身上产生皮肤过敏的可能性。GB/T 14233.2—1993 第 9 章中给出了如何进行致敏试验的一般性指南，本部分规定了进行人工晶体试验的专用试验条件。

（2）试验材料和样品制备。

使用现成提供的试验材料，即无菌成品，在浸提前不再清洗。

（3）试验。

按 GB/T 14233.2—1993 第 9 章的要求进行。

5）动物植入试验

（1）概述。

动物试验应减少到最合理的情况，应根据最新的科学研究领域的进展情况评估所选用的动物试验方法的合理性。

（2）非眼植入试验。

① 原理。

这一试验的目的是为证实组织对试验材料的组织相容性。

② 试验材料。

无菌人工晶体成品，或中心厚度为 0.8～1.0mm 的无菌仿制材料。直接按植入要求植入，而不预先清洁。

用高密度聚乙烯或其他认可的合适阴性对照塑料作为阴性对照材料，其尺寸与试验材料相当。

③ 植入步骤。

按照 GB/T 16886.6 的步骤进行植入。

④ 试验动物。

正确选择试验程序和动物的种类（见 GB/T 16886.6）。

若使用了小鼠，则每一动物仅植入一片。其他动物则每一动物最多植入三片，例如二片试验材料和一片对照。

⑤ 植入时间。

植入 4 周后，按照 GB/T 16886.6 的规定进行结果评定。

（3）眼植入试验。

① 原理。

本试验是为了证明试验材料和眼组织在植入动物眼内后的组织相容性。

② 研究设计。

根据选用物种的可能淘汰率，确定足够数量的动物，使得在一年的试验期后保证有六只对照眼和六只试验眼。这些接受试验材料的动物的一只眼睛植入试验材料，另一只眼睛植入人工晶体对照样品。人工晶体对照样品的材料和形状已在动物试验中证明良好的组织相容性，且在临床使用中已被证明与组织高度相容至少 5 年。

③ 试验材料。

按照设计和生产方式将试验材料加工成人工晶体的形状。由于人类与动物的眼睛大小不同，因此可以根据动物的解剖学位置而定制人工晶体的支撑部分。

④ 眼内手术观察。

进行眼内手术观察时应检查以下方面：

a. 试验材料和角膜内皮的接触；

b. 前房变浅；

c. 前房出血；

d. 虹膜损伤；

e. 使用时晶体支撑部分的置放和光学部分的位置/居中情况；

f. 总的来说并不普遍的异常手术问题。

⑤ 手术后评价。

在植入后一天进行肉眼观察。在第 7 天、第 4 周、第 3 个月、第 6 个月、第 9 个月和第 12 个月进行裂隙灯显微镜观察。观察应至少包括以下现象：使用时纤维蛋白、前房散辉、细胞、粘连、血管新生、角膜水肿、人工晶体透明度、支撑部分的位置和晶体居中状况。

⑥ 摘出眼睛的评价。

在跟踪期限结束时，用人道的方法杀死动物并摘出眼睛。同样，摘出在研究期间非因手术创伤或手术并发症而死去的动物的眼睛。

立刻将摘出眼浸入中性缓冲液配制的戊二醛进行固定和保存。对半剖开摘出眼，检查其内部。记录所有可见的不正常现象和植入物的位置/居中并拍照。

通过检查人工晶体和组织间的支撑和接触区对眼前端和后端进行组织病理学评价。

⑦ 取出晶体的评价。

至少检查两片人工晶体，检查其细胞残留（巨大细胞、巨噬细胞等）和尤其在襻固定点和任何定位孔内的纤维蛋白沉积。

除了检查光学表面能被清洁而不损伤外，还要按照 YY0290.2 的方法至少检查另外两片人工晶体光学性能。

五、有效期和运输试验

1. 范围

本标准规定了人工晶体的稳定性试验，在贮存和销售无菌人工晶体的过程中，需要通过稳定性试验来确定晶体有效期，稳定性试验的目的是为了确定在指定的一系列环境条件的影响下，经过足够长的时间后，人工晶体仍然保留原来的特性。

在试验期限内，用于制作人工晶体的材料与用于保证晶体所需环境的包装一起，都必须做稳定性试验。人工晶体的稳定性试验是用来测定材料特性，对给定的人工晶体材料、包装材料和生产过程进行试验，只需对一种类型人工晶体进行试验。

2. 原理

人工晶体的稳定性试验应当能够确定有效性和包装的适宜性，以及推荐运输和存贮环境。

稳定性试验的设计应当基于那些已知特性的材料，这些材料已用于生产人工晶体或推荐用于生产人工晶体。在贮存和加速老化研究后，获得这些材料的浸提量和种类等信息，对评审新的人工晶体材料是非常重要的。

试验必须证明与有效性、安全性和可接受性有关的评估参数是在初始制造规范以内。

3. 要求

1）一般要求

人工晶体的贮藏稳定性是全面评价新型人工晶体、包装材料及生产过程中最重要的因素，为了评估贮存稳定性，应当进行样品及容器的老化试验，为此，在试验开始前应当准备好一份试验方案。

实际上，到新型人工晶体投放市场时，贮存试验所需的相当长的测试时间还未达到，因此，一般可以接受加速试验的结果，最大限度为 5 年的寿命可以由一个实际时间试验或不考虑人工晶体材料的加速试验来确认。

在整个寿命测试中标签和贮存容器必须保持完好无缺，并且所有的印刷字样可辨认。如果产品责任人希望可以重新对人工晶体成品灭菌，则稳定性试验应反映出成品能够承受的灭菌次数，若希望重新灭菌一次，那么人工晶体成品在稳定性研究前应当接受两次灭菌。

成分、材料、材料供应商、生产条件（包括灭菌过程）的改变，或包装设计、包装材料的改变可能影响有效期时，应当重新进行稳定性检验。

2）材料和方法

（1）试验试样。

试验样品应能代表正常生产的人工晶体，批号数量和试样的屈光度范围取决于人工晶体的材料是否是新的或已知的（如表10-3-3所示）。

表 10-3-3　有效期测试表

IOL 类型（晶体材料）	晶体襻材料	人工晶体成品批次	IOL光焦度范围	每一个测试类型的测试项目（最少 10 个人工晶体）	
				真实寿命稳定性 加速稳定性 变化稳定性	运输稳定性
PMMA	PMMA	1	中度	标签 尺寸 表面和材质均匀性 封口和密封完整性[3] 微生物屏障[2]、[3]	标签 表面和材质均匀性 封口和密封完整性[3] 微生物屏障[2]、[3]
	聚丙烯、聚酰亚胺或PVDF[1]	1	中度	标签 尺寸 表面和材质均匀性 可浸提性[a] 细胞毒性[c] 封口和密封完整性[3] 微生物屏障[2]、[3]	标签 表面和材质均匀性 封口和密封完整性[3] 微生物屏障[2]、[3]
硅酮	硅酮、聚丙烯、聚酰亚胺、PMMA 或 PVDF[1]	2	低度 中度 高度	标签 尺寸 表面和材质均匀性 光焦度 图像质量 光谱透过率 恢复性能	标签 表面和材质均匀性
			中度（附加）	可浸提性[a] 细胞毒性[b] 封口和密封完整性[3] 微生物屏障[2]、[3]	封口和密封完整性[3] 微生物屏障[2]、[3]

续表

IOL 类型 (晶体材料)	晶体襻 材料	人工晶体 成品批次	IOL 光焦度范围	每一个测试类型的测试项目(最少 10 个人工晶体)	
				真实寿命稳定性 加速稳定性 变化稳定性	运输稳定性
聚-HEMA	聚-HEMA、 硅酮、 聚丙烯、 聚酰亚胺、 PMMA 或 PVDF[1]	2	低度 中度 高度	标签 尺寸 表面和材质均匀性 光焦度 图像质量 光谱透过率 恢复性能	标签 表面和材质均匀性
			中度 (附加)	可溶生物含量[a] 细胞毒性[b] 封口和密封完整性[3] 微生物屏障[2],[3]	封口和密封完整性[3] 微生物屏障[2],[3]
新类型(包括所有表面修改的人工晶体)	所有	3	低度 中度 高度	标签 表面和材质均匀性 光焦度 图像质量 光谱透过率 尺寸 压力 襻拉伸试验 动态疲劳试验 恢复性能(可折叠晶体)	标签 表面和材质均匀性
			中度 (附加)	可提取物容量[a] 细胞毒性[c] 封口和密封完整性[3] 微生物屏障[2],[3] 特定的表面特性(表面晶体)	封口和密封完整性[3] 微生物屏障[2],[3]

1)没有列出襻材料的人工晶体属其他种类;

2)10 个阴性反应、1 个阳性反应;

3)可使用没有人工晶体的包装材料。

a)浸提方式参见测定浸提物含量的分析方法;

b)如果浸提物含量有明显增加;

c)如果浸提物含量有明显增加或有新的成分出现。

新材料的人工晶体的试验抽样量不得少于三组,对于已知的材料(例如聚甲基丙烯酸甲酯、硅硐和水凝胶/聚甲基丙烯酸羟乙酯）可用较少批量（如表 10-3-3 所示）。

　　在某种特定情况下，表 10-3-3 中列出的多种测试可在同一人工晶体中完成（如屈光度、像质、光谱透过率可以在同一人工晶体中测定），以减少总体所需样品数量。

　　（2）测试方法。

　　在稳定性试验中所用的测试方法应遵从本标准所列的引用标准，如果产品责任人希望用其他方法时，应当证明该方法的合法性，并在检验报告中给出，以证实改变的可行性。

　　3）产品稳定性试验

　　（1）实时有效期和包装完整性试验。

　　表 10-3-3 中所列的测试用于对一种特定类型人工晶体的研究。新类型的人工晶体，对决定人工晶体特性的测试应考虑附加参数，若表 10-3-3 中所列的试验没有被执行，产品责任人应当说明不完成试验的原因。对表 10-3-3 的包装材料进行添加剂和涂层成分的变化试验时，应考虑由于包装材料相互作用所引起的变化试验。

　　表 10-3-3 中所列的试验，成批的人工晶体至少有一片应从初始开始执行，并且每年至少重复一次，直到检测者要求的失效日期（最长 5 年）为止，其他的人工晶体成品的稳定性试验至少在初始和失效日期时进行测试。

　　实际寿命稳定性研究的程序如下：

　　在测试中记录样品参数（如表 10-3-3 所示），初始测量条件（见 YY0290.3），并且在样品包装上用单一号码来区分不同的样品。

　　把样品放入可控制温度的房间中贮存［（25±3）℃、相对湿度 60％±10％］，记录下确切的温度、湿度和数据。在整个试验过程中，温度和湿度以及它们的变化范围也应连续监测。

　　定期抽取足够数量的人工晶体，平均分成各光焦度组（如表 10-3-3 所示），在原始包装和初步测试条件下放置到平衡，然后测定和记录参数，在规定试验后，人工晶体不应再进行测试。

　　测定的参数应当受到 YY0290 相应部分的限制，假若在 YY0290 中无特定限制，所得的结果应在人工晶体成品内部控制标准的范围内，决不允许偏差超过初始测定参数平均值的±3 个标准偏差范围。

　　（2）加速寿命试验。

　　在加速条件下的研究虽然能会增加一些分解，但可推论得知在正常贮存条件下的寿命，加速研究的适用环境温度应在 42～45℃范围内，相对湿度大于 40％，真实寿命时间可用测试时间乘上系数 1.8^2（3.24）计算所得，假若最大寿命推断为 5 年，那么最大加速研究时间为 19 个月。在加速研究中的测试点应与真实寿命中测试频率相对应。

除了环境不同，加速研究与真实寿命研究以相同方式进行，在重新测量之前，把晶体平衡至与初始测量相同条件下是非常重要的。

4）运输试验

考虑到在运输中人工晶体的温度变化，产品责任人应测试人工晶体在高温及低温（54.4℃和－17℃）时的特性，分别进行 24h 的试验。

表 10-3-3 中列举了运输试验项目，初始及终止测试都可运用。

完整的装有人工晶体的运输容器也要有抗偶然冲击及振动的能力，按 GB/T 12085.3－31－01 和 GB/T 12085.3－36－01 的测试方法，在这些试验后，包装和产品都需进行测试。如果在试验中产品未受损坏，容器仍然有保护人工晶体的能力，那么包装好的产品就认为是通过试验。

5）测定浸提物含量的分析方法

（1）原理。

采用不同溶剂对人工晶体进行浸提来确定人工晶体浸提物含量的百分比。

所提供的浸提方式使用了普通的索格利特仪器，同样也提供了处理人工晶体时，特殊的、必要的防护，并且给出了适用的溶剂范围。浸提可采用水和至少一种适用的有机溶剂。在选择有机溶剂时，应当考虑溶剂对物质基体的影响，在人工晶体新材料的研制中，若溶剂会引起材料的可逆性膨胀，则可提供与超时浸提可能性相关的数据资料。

（2）试剂。

① 蒸馏水或去离子水，均应符合 GB/T 6682 中 3 级水的要求。

② 分析纯或更纯的有机溶剂，如表 10-3-4 所示。

③ 沸腾石料或防剧沸颗粒。

④ 灵敏的干燥剂。

表 10-3-4　人工晶体浸提时所用溶剂的选择指导

人工晶体类型	溶剂	注解
水凝胶型	水	模拟人眼内的轻度浸提
人工晶体	N-乙烷	无极性溶剂的轻度浸提
	乙醇或甲醇	主要无交叉键物质的浸提（膨胀和软化物质）
	甲基氯化物或三氯甲烷	全无交叉键物质的浸提（膨胀和软化物质）
硬质和硅酮人工晶体	水	模拟人眼内的轻度浸提
	N-乙烷	无极性溶剂的轻度浸提
	亚甲基氯化物或三氯甲烷	全无交叉键物质的浸提（膨胀和软化物质）

（3）仪器。

① 浸提仪器，包括冷凝器、圆底瓶和加热罩，部分由实验标准的硅酸硼玻璃品制成。

② 浸提套筒，可由穿孔不锈钢、多孔玻璃、纸或其他合适的物质制成，装以脱脂棉塞或其他合适的封闭物。

③ 干燥仪器、真空炉或其他适用的干燥设备。

④ 分析天平，精度为 0.1mg 或更高。

（4）试样。

试样必须为人工晶体成品，并且应有足够量的试样。浸提前，干试样的净重不低于 200mg。

对于亲水的晶体材料，最初的水合作用和晶体浸提应当与普通产品使用相同的方式，并在检验报告中说明溶液的成分。

（5）测试步骤。

干燥人工晶体样品，最好在真空条件下，在（60±5）℃时至恒重。在浸提阶段要确保人工晶体干重不低于 200mg，浸提前人工晶体干重精确到 ±0.1mg（W_1）。

将干的人工晶体放入浸提套筒中，若需要则把沸腾石料也放入瓶中，然后装入足量的溶剂（大约 70%），如表 10-3-4 所示，把浸提套筒放入仪器中，然后塞住瓶口。浸提器和冷凝器放在加热罩中。

把人工晶体移出浸提套筒前将溶剂冷却至室温，在上述稳定的温度下干燥人工晶体。浸提后，人工晶体干重精确到 ±0.1mg（W_2）。

（6）结论。

用下述最初干燥质量的百分比来表示浸提物的含量：

$$浸提物含量 = \frac{W_1 - W_2}{W_2} \times 100\% \qquad (10\text{-}3\text{-}15)$$

式中，W_1 为没有浸提物前的晶体质量；W_2 为浸提后的晶体质量。

亲水性人工晶体的水合作用与含有无机盐溶剂的溶解是相同的，亲水样品在做测试前应当提供已知溶解成分，因为当用水作浸提溶解液时，水合媒质的无机盐含量将引起检测结果的偏差。为了精确计算盐含量对结果的影响，晶体中的水含量应当知道或测量出。按照 ISO10339 中提出的相应方法，在开始实验前，在常温下，24h 内至少更换水两次，从而使晶体得到均衡。

（7）检验报告。

应包括以下内容：① 样品的描述和材料的组成；② 样品批号；③ 人工晶体浸提数量；④ 人工晶体浸提前后的质量；⑤ 用于人工晶体的浸提溶剂及其纯度等级；⑥ 对亲水材料，水合溶液的成分；⑦ 从人工晶体中浸提物质百分比含量；⑧ 检验实验室名称，检验时间和认可标志。

6）检验结论

人工晶体的稳定性和运输测试的检验报告应有效，检验报告应包括容器型号、贮存条件和测试持续时间。每个人工晶体成品的初始结论、贮存期间的结论和在预定有效期结束时的结论应当用图表列出。

检验报告应包括对产品可能变化的描述、使用材料及产品的机械性能和光学性能。

还应包括以下内容：

（1）检验结论；

（2）人工晶体标签的复印件；

（3）生产批号、批量大小、生产日期及产品责任人的姓名；

（4）包装细节，包括所用材料和容器及密封的描述；

（5）检验实验室的名称、检验日期和批准签字。

产品责任人对要在标签上提到的结论、有效期、贮存和运输的说明，都应在检验报告中做出解释。

4. 测试方法和抽样

应根据相关标准进行试验。如果标准中没有指明试样的数量，则每个测试最少使用 10 个人工晶体。

5. 标记和标签

包装必须印标记，贴标签。

1）标签

人工晶体的包装上应有表 10-3-5 所规定具体内容的标签。

2）包装内资料

包装内资料必须在人工晶体贮存容器之内，阅读包装内资料应不必破坏其无菌包装。包装内的资料应至少包含以下内容：

（1）制造者的名称和地址；

（2）晶体的详细描述，包括晶体的材料及灭菌方法；

（3）适应证；

（4）禁忌证；

（5）并发症；

（6）警告语；

（7）使用说明；

（8）从原包装物中取出人工晶体的说明；

（9）关于若人工晶体保持无菌的包装物已被开启或破坏则不得使用和不得重复使用的警告；

（10）储运条件；

（11）定制晶体；

（12）注册号。

除需以上内容外，还应符合国家其他相应法规的要求。

表 10-3-5　在人工晶体包装上应该包括的内容

	内容	原包装和附加包装[1]	贮存容器
1	制造者名称、标志或商业名称	×	×
2	制造者地址		×
3	晶体的商品名称(包括可能的产品号)	×	×
4	适用于"前房或后房用人工晶体"字样		×
5	以"LOT"引导的产品批号或系列号	×	×
6	光焦度 D,m^{-1}	×	×
7	总直径(ϕ_T),mm	×	×
8	产品最大、最小直径(ϕ_B),mm	×	×
9	"无菌"字样	×	注[2]
10	"不得重复使用"字样(可以用符号表示)		×
11	"不得重复灭菌"字样(可以用符号表示)		×
12	以年、月表示的失效期(可以用符号表示)		×
13	附加叙述,如几何量、UV 吸收、激光间隔、A 常数		注[3]
14	晶体外形图		×
15	"用户定制晶体"字样(若适用)		×
16	"临床专用"字样(若适用)		×
17	注册号	×	×

1)为保证器械的无菌,原包装和附加包装有不同的系统,以下内容应在不同的包装上给出,以保证器械的安全使用和适当处理;

2)若无菌注在贮存器上,则应写成"内有(几个)无菌人工晶体";

3)可选。

× 为应包括的内容。

六、基本要求

1. 性能和设计

人工晶体必须符合 YY0290.2 和 YY0290.3 规定的要求。此外，生产者应保存有 YY0290.2 和 YY0290.3 规定的但无具体极限值的试验方法资料。

2. 材料

人工晶体所采用的材料，必须以下列的途径之一证明其具有生物相容性：
(1) 按照 YY0290.5 的规定进行评定；
(2) 选用先前已在眼内临床植入证明为适用的材料。

3. 临床评价

遵照国家临床评价有关规定对人工晶体进行的临床评价，应能证明人工晶体在临床上是安全有效的。

4. 制造

人工晶体生产者应有符合 YY/T 0287 或 YY/T 0288 的质量体系。

5. 灭菌

包装内的人工晶体必须在标签注明的失效日期内，保持无菌。须标上灭菌方法以保证灭菌性。

目前，下列方法已经标准化：① 工业湿热灭菌；② 环氧乙烷灭菌；③ 辐射灭菌。

若采用其他灭菌方法，则生产者有责任提供充分的证据来证明其有效性，还应提供适当的验证文件。

环氧乙烷灭菌的人工晶体，应具有低于 ISO10993.7 规定容限的环氧乙烷残留量和释放速率。

6. 包装和有效期

人工晶体应用标签说明出厂之日至有效期内，均符合本标准规定的所有条款。包装设计应能保证人工晶体在生产者规定的储存运输和搬运条件下均不破损、不变质，这些要求按照 YY0290.6 进行评定。

7. 标签

人工晶体的销售包装上的标记，应符合 YY0290.4 及国家有关法规的要求。

8. 检验报告

除了引用标准中专门规定的检验报告内容外，还应包括下列一般性内容：
(1) 被测样品应有标志以利于溯源的唯一性；
(2) 若未采用引用标准给出的试验，或者省略了一个特殊试验或使用了其他试验方法，则应分别给出理由；

（3）若采用非标准方法，则应给出此方法的详细描述，以便于其他人员可根据需要复现该方法。

思 考 题

1. 什么是人工晶体？其作用是什么？

2. 人工晶体材料需具备哪些条件？

3. 现阶段人工晶体主要有哪几类，各有什么特点？

4. 对人工晶体进行光学性能测试时，主要需测量哪几个参数？

5. 对人工晶体进行机械性能测试时，主要需测量哪几个参数？

6. 根据 GB/T 16886.1 的要求，对人工晶体的整体生物学评价应考虑哪些因素？

参 考 文 献

蔡用之．1986．人造心脏瓣膜与瓣置换手术．第 1 版．北京：人民卫生出版社．

陈凡，吴熹，马旺扣，等．2000．掺杂氧化钛的新型人工心脏瓣膜耐磨性与血液相容性研究．中华实验外科杂志，17（6）：551－553．

陈庆福，田文彦，王利明，等．2005．管材属性对血管支架行为及支架制造性能影响．材料科学与工艺，13（1）：90－93．

高玉成，等．2000．基于光阻碍技术的注射液中不溶性微粒检查．药物分析杂志，20(4)：280－281．

高玉成，贡立青，等．2002．基于光阻法原理的智能微粒检测仪．仪器仪表学报，23（4）：366－368．

高玉成，贡立青，曲丹丹，等．2002．基于光阻法原理的智能微粒检测仪．仪器仪表学报，23(4)：366－379．

国家技术监督局．1990．人工心脏瓣膜通用技术条件（GB12279－90）．

国家技术监督局．1990．外科金属植入物通用技术条件（GB12417－90）．

国家技术监督局．1997．植入后局部反应试验（GB/T 16886.6－1997）．

国家食品药品监督管理局．2005．国食药监械［2005］126 号文件．

国家医药管理局．1997．人工晶体（YY0290－1997）．

国家医药管理局．2002．骨接合用非有源外科金属植入物通用技术条件．中华人民共和国医药行业标准．

国家医药管理局．2005．髋关节假体（YY0118－2005）．

国家质量技术监督局．1993．血压计和血压表（GB3053－93）．

国家质量技术监督局．1995．血压计和血压表（JJG270－95）．

国家质量技术监督局．1998．医用输液、输血、注射器具检验方法第 1 部分：化学分析方法（GB/T 14233.1－1998）．

国家质量技术监督局．1999．数字式电子血压计（静态）（GB692－1999）．

国家质量技术监督局．2001．一次性使用无菌注射器（GB15810－2001）．

国家质量技术监督局．2005．一次性使用重力输液式输液器（GB8368－2005）．

国家质量技术监督局．2005．医用输液、输血、注射器具检验方法第 2 部分：生物学试验方法（GB/T 14233.2－2005）．

国家质量监督检验检疫总局．2001．一次性使用无菌注射针（GB15811－2001）．

郝和平．2000．医疗器械生物相容性评价标准实施指南．第 1 版．北京：中国标准出版社．

郝和平，奚廷斐，卜长生．2000．医疗器械监督管理和评价．北京：中国医药科技出版社：122－148．

胡军，张成鸿，孔力，等．2003．几种血管支架材料与人体血液的生物相容性实验．大连医科大学学报，25（4）：288．

空心纤维透析器．1991．中华人民共和国医药行业标准．

李斯．2002．医疗器械质量监督检验控制技术标准与管理评价方法实用手册．北京：万方数据电子出版社．

李玉宝．2003．生物医学材料．北京：化学工业出版社．

林国庆，曲哲．2000．空心纤维透析器进展与评价．医疗装备，12（11）．

刘兰霞，冷希岗，宋存先．2005．药物涂层支架的研究进展．国外医学生物医学工程分册，28（3）：

168－171.

刘梅，于秀敏．2000．人工晶体的进展．山东医大基础医学院学报，14（5）：315－316.

陆颂芳，奚廷斐．2000．人工心脏瓣膜研究进展．材料导报，14（10）：11－13.

吕树铮，陈韵岱．2003．冠脉介入诊治技巧及器械选择．北京：人民卫生出版社.

罗诗金，曲丹丹，高玉成，等．2004．光阻法智能微粒检测仪实时监控系统的设计．分析仪器，2：20－22.

倪中华，易红，王跃轩，等．2004．预防心血管再狭窄纳米颗粒载药涂层支架的研究．东南大学学报（自然科学版），34（6）：789－793.

沈卫峰．2004．实用临床心血管疾病介入治疗学．上海：上海科学技术出版社.

沈卫峰．2005．心血管疾病新理论新技术．北京：人民军医出版社.

苏承昌，等．2000．分析仪器．第1版．北京：军事医学科学出版社.

唐采白，胡兵，郭召军．2006．导丝技术在ERCP操作中的应用技巧．世界华人消化杂志，14（10）：1027－1029.

童健，苏鸿熙，李功宋，等．1999．国产钛镍合金血管支架的生物相容性研究．生物医学工程学杂志，16（2）：132－134.

王跃轩，易红，倪中华，等．2005．医用血管支架生物力学性能分析方法研究．东南大学学报（自然科学版），35（2）：216－221.

王重庆．1981．人工器官与材料．第1版．天津：天津科学技术出版社.

徐国辰．1995．血管支架的类别及其特性．心血管病学进展，16（2）：65－67.

徐国辰．1995．血管支架的临床应用及其进展．心血管病学进展，16（2）：67－70.

徐志云，张宝仁．2003．组织工程心脏瓣膜的研究现状与展望．第二军医大学学报，24（12）：1284－1286.

杨岷，成少飞，王学宁，等．2006．牛心包组织工程心脏瓣膜支架脱细胞的研究．上海交通大学学报（医学版），26（1）：72－75.

杨志华，罗阳，刘胜青，等．2005．人工机械心脏瓣膜的发展及其设计制造的优化．中华实用医药杂志，5（15）.

叶剑，陈小瑶．2005．白内障手术现状及人工晶体研究进展．实用医院临床杂志，2（4）：13－14.

曾照方，翟建才．2001．临床检验仪器学．第1版．北京：人民卫生出版社.

张剑荣，等．1999．仪器分析实验．第1版．北京：科学出版社.

中华人民共和国国家标准．2001．医疗器械生物学评价第7部分：环氧乙烷灭菌残留量.

中华人民共和国卫生部．2005．血液透析器复用操作规范.

周永恒，廖健宏，蒙红云，等．2005．血管内支架分类与技术进展．华南师范大学学报（自然科学版），2：136－142.

Bachmann C，Wilson M，Kini V，et al. 2000．The osmotic swelling characteristics of cardiac valve prostheses. Journal of Biomechanical Engineering，122（4）：453－454.

Bang J S，Yoo S M，Kim C N. 2006．Characteristics of pulsatile blood flow through the curved bileaflet mechanical heart valve installed in two different types of blood vessels：Velocity and pressure of blood flow. ASAIO Journal，52（3）：234－242.

Bezrouk A，Hanus J，Zahora J. 2005．Temperature characteristics of nitinol spiral stents. Scripta Medica（Brno），78（4）：219－226.

Califf R M，Fortin D F，Frid D J，et al. 1991．Restenosis after coronary angioplasty：An overview. Am

CollCardiol，17：2B—13B.

Canic S，Ravi-Chandar K，Krajcer Z，et al. 2005. Mathematical model analysis of wallstent® and aneuRx®：
    Dynamic responses of bare-metal endoprosthesis compared with those of stent-graft. Texas Heart Institute
    Journal，32（4）：19—23.

Chew B H，Duvdevani M，Denstedt J D. 2006. New developments in ureteral stent design，materials and
    coatings. Expert Rev. Med. Devices，3（3）：395—403.

Eberhard L B. 2004. Rapamycin analogs for stent-based local drug-delivery everolimus-and tacrolimus-eluting
    stent. Herz，29：162—166.

Honda T，Sakamoto T，Miyamoto S，et al. 2005. Successful coronary stenting of the left anterior descend-
    ing artery at the branching site of the targeted septal perforator immediately after percutaneous translumi-
    nal septal myocardial ablation in hypertrophic obstructive cardiomyopathy. Internal Medicine，44（7）：
    722—726.

Julian H Braybrook. 2001. 医疗器械和材料生物相容性评价. 由少华，等译. 国家药品监督管理局济南
    医疗器械质量监督检验中心.

Kim S S，Lim S H，Cho S W，et al. 2006. Tissue engineering of heart valves by recellularization of glutaral-
    dehyde-fixed porcine valves using bone marrow-derived cells. Experimental and Molecular Medicine，38
    （3）：273—283.

Koki T，Tsuneo C，Yusuke A B E，et al. 2004. A temporal and spatial analysis of cavitation on mechanical
    heart valves by observing faint light emission. ASAIO Journal，50（3）：285—290.

Lee S H，Ko Y G，Jang Y，et al. 2005. Sirolimus-versus paclitaxel-eluting stent implantation for unprotect-
    ed left main coronary artery stenosis. Cardiology，104：181—185.

Lin Hsin Yi，Brian A B，Steven D，et al. 2000. Observation and quantification of gas bubble formation on a
    mechanical heart valve. Journal of Biomechanical Engineering，122（4）：304—309.

Nair K，Muraleedharan C V，Bhvaneshwar G S. 2003. Developments in mechanical heart valve
    prosthesis. Sadhana，28：575—587.

Olbrich T，Williams D O，Doig J C，et al. 2006. In vivo assessment of coronary artery angioplasty and stent
    deployment from balloon pressure-volume data. Physiol. Meas.，27：213—223.

Peter Johansen MSc. 2004. Cavitation at mechanical heart valves. Danish Medical Bullet，51（4）：452.

Sarah M W，Tiffany S，Michael S. 2005. Cyclic loading response of bioprosthetic heart valves：Effects offix-
    ation stress state on the collagen fiber architecture. Biomaterials，26：2611—2619.

Shiraishi J，Higaki Y，Oguni，et al. 2005. Transradial renal artery angioplasty and stenting in a patient with
    leriche syndrome. Int. Heart J.，46（3）：557—562.

Suzuki S，Furui S，Kaminaga T，et al. 2005. Evaluation of coronary stents in vitro with CT angiography-
    effect of stent diameter，convolution kernel，and vessel orientation to the z-axis. Circ. J.，69：
    1124—1131.

Zapanta C M，Liszka E G Jr，Lamson T C，et al. 1994. A method for real-time in vitro observation of cavita-
    tion on prosthetic heart valves. Journal of Biomechanical Engineering，116（4）：460—468.